军队"2110工程"建设项目　信息安全技术

军用软件工程

韦群　龚波　任昊利　编著

国防工业出版社

·北京·

内 容 简 介

　　本书在对军用软件及其相关概念进行介绍的基础上,针对软件生存周期的各个阶段,详细阐述了军用软件开发的方法、原理及相关技术。本书主要介绍了结构化开发方法和面向对象开发方法,强调了软件体系结构在军用软件开发中的作用,通过对软件测试、软件质量保证以及军用软件开发标准等内容的介绍,以确保军用软件的质量。

　　本书主要用做军用软件开发课程的教材,适用于计算机科学与技术专业本科生或研究生、各类继续教育人员,亦可作为高等院校计算机科学与技术专业或其他相关专业的教学参考书,或作为从事软件开发的科技人员的参考书、培训教材等。

图书在版编目(CIP)数据

军用软件工程 / 韦群,龚波,任昊利编著. —北京：
国防工业出版社,2010.6
军队"2110 工程"建设项目. 信息安全技术
ISBN 978 - 7 - 118 - 06763 - 7

Ⅰ. ①军... Ⅱ. ①韦... ②龚... ③任... Ⅲ. ①军用计
算机 - 软件工程 Ⅳ. ①E919

中国版本图书馆 CIP 数据核字(2010)第 088146 号

※

*国防工业出版社*出版发行
(北京市海淀区紫竹院南路 23 号　邮政编码 100048)
北京嘉恒彩色印刷有限责任公司
新华书店经售
*
开本 710×960　1/16　印张 18¼　字数 320 千字
2010 年 6 月第 1 版第 1 次印刷　印数 1—3000 册　定价 39.00 元

(本书如有印装错误,我社负责调换)

国防书店:(010)68428422　　　　发行邮购:(010)68414474
发行传真:(010)68411535　　　　发行业务:(010)68472764

装备指挥技术学院"2110 工程"教材(著作)

编审委员会

装备指挥技术学院信息安全技术教材（著作）

编 委 会

主　编　　潘　清

副主编　　阎　慧　王　宇

编　委　　王明俊　韦　群　周　辉　胡欣杰

　　　　　赵立军

序

　　计算机技术、通信技术、网络技术的发展,给军队指挥自动化系统、综合电子信息系统的建设与发展带来了深刻的影响。未来以电子战、网络战和作战保密等为主要作战样式的信息化战争,离不开信息技术的支撑。武器装备的信息化、网络化加快了信息技术在装备的研制、试验、采购、指挥、管理、保障和使用全过程中的渗透与应用。因此,在军队深入开展军事信息技术学科的建设,加强军事人才信息化素质与能力的培养,是继往开来的一件大事,也是对军事装备学、作战指挥学等学科建设的有力支持。

　　为了总结梳理装备指挥技术学院军事信息技术学科的建设成果,提升学科建设水平和装备人才培养质量,在军队"2110工程"专项经费支持下,在装备指挥技术学院"2110工程"教材(著作)编审委员会统一组织指导下,军事信息技术学科领域的专家学者编著了一批适应装备人才培养需求,对我军装备信息化和装备信息安全工作具有主要指导作用的系列丛书。

　　编辑这套丛书是我院军事信息技术学科建设的重要内容,也是体现军事信息技术学科建设水平的重要标志。通过系统、全面地梳理,将军队开展信息化建设的实践经验进一步理论化、科学化,形成具有军事装备特色的军事信息技术知识体系。

本套丛书定位准确、内容创新、结构合理、针对性强，一方面总结了我院军事信息技术学科建设和装备信息化人才培养的理论研究与实践探索的重要成果和宝贵经验；另一方面紧紧围绕我军武器装备信息化建设的需要，以装备全寿命管理的信息化和装备信息保障为主要内容，着重基本概念、原理的论述和技术方法的应用，其编著出版对于推进军事信息技术学科的建设，提高装备人才的培养质量，加快装备信息化建设和军事斗争准备具有十分重要的现实意义和深远的历史意义。

装备指挥技术学院
信息安全技术教材（著作）编委会
2009 年 12 月

前　言

　　信息技术在军事领域的广泛应用,使计算机软件成为军事系统中的重要组成部分。各类军事系统(如武器装备系统和自动化指挥系统等)对软件的依赖性越来越强,软件的规模越来越大,复杂性越来越高,因此,军用软件的质量成为确保军事和武器系统质量的关键。

　　软件工程是一门迅速发展的新兴学科,现已成为计算机科学的一个重要分支,软件工程利用工程学的原理和方法来组织和管理软件生产,以保证软件产品的质量、提高软件生产率。军用软件是应用于军事领域的一类软件,属于软件的范畴。针对军用软件的特点,采用软件工程的理论、原理和方法,是提高军用软件质量和开发效率的根本手段。

　　本书系统地介绍了与军用软件相关的软件工程的有关概念、原理、方法、技术、标准和相关管理技术。全书共 8 章,以软件生存周期为主线,对软件工程有关的分析、设计、验证、维护和管理等方面内容做了详尽阐述,突出结构化技术、面向对象技术和构件技术在软件开发过程中的运用,强调软件产品质量和软件过程质量的分析与保证,重视软件工程标准化对软件工程的影响。全书从方法学角度出发,内容紧凑,每章之后都配有练习题,讲述力求理论联系实际,并通过与实例相结合,深入浅出,循序渐进。本书第 1~4、6 章由韦群编写,第 5、7章由龚波编写,第 8 章由任昊利编写。全书由韦群统稿,李艺和王林旭审阅。由于作者水平有限,书中不足之处在所难免,敬请读者批评指正。

作　者

2010 年 2 月 10 日

目 录

第1章 军用软件工程概述

随着我军现代化建设的不断深入和我军军事战略任务的调整,武器装备体系化、复杂化和高技术化趋势的日益显著,武器装备的研制、开发及保障任务日益增多,大量的电子装备、信息装备已经在军事领域中得以广泛应用;在国防应用中还常常需要自主开发软件进行战术的模拟、仿真、指挥及调度,以及武器装备的检修与维护。各类军用软件的使用越来越广泛,结构越来越复杂,软件已经成为我军装备和军队信息化的重要组成部分,在国防中发挥了日益重要的作用,军用软件已不再是硬件的附属物,已经成为与硬件并列的、独立的技术状态管理项目,是现代武器装备的灵魂。

1.1 软件的概念及特点

软件是一台计算设备的思维中枢,世界上出现了第一台计算机之后,就有了程序的概念,经过几十年的发展,人们对软件有了深刻的认识,软件产业成为了投资回报率最高的产业之一。计算机硬件和软件构成一个计算机应用系统,软件是与硬件相互依存的另一部分。软件是指与操作一个计算机有关的计算机程序、使程序能够正确运行的数据结构以及描述程序研制过程和方法的文档。

软件是无形的,是逻辑部件,相对于传统的工业产品,软件有其独特的特性,主要表现在以下方面:

(1) 软件是一种逻辑实体,具有抽象性。软件可以被记录在纸上、内存、磁盘和光盘等各类存储介质上,但看不到软件本身的形态,必须通过分析、思考、判断才能了解它的功能、性能等特性。

(2) 软件没有明显的制造过程。跟建造硬件产品不同,软件是通过智力活动,把知识和技术转化成信息的一种产品。软件产品研制开发成功后,通过大量复制进行批量生产,软件质量控制是在软件开发过程中进行的。

(3) 软件在使用过程中,没有磨损、老化的问题。软件在生存周期后期也不会存在硬件产品因为磨损而老化的问题,但会为了适应硬件、环境以及需求的变化而要进行修改。这些修改又不可避免地会引入错误,导致软件失效率升高,从而使得软件退化。当修改的成本变得难以接受时,软件就被抛弃。软件的实际故障率曲线如图 1 - 1 所示。

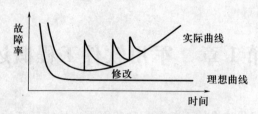

图 1 - 1　软件的实际故障率曲线

（4）软件对硬件和环境有着不同程度的依赖性。软件的开发和运行常受到计算机系统的限制，这导致了软件移植的问题，这是衡量软件质量的因素之一。

（5）软件的开发至今尚未完全摆脱手工作坊式的开发方式，生产效率低。目前，还不能像设计和建造楼房、汽车那样开发软件。软件开发远没有建筑工程、机械工程那样成熟，那样真正的工程化。尽管对软件复用技术、自动生成技术、软件开发工具或软件开发环境等软件技术新的开发方法进行了大量的研究，但采用的比率低。

（6）软件是复杂的，而且以后会更加复杂。软件是人类有史以来生产的复杂度最高的工业产品，涉及人类社会的各行各业、方方面面，软件开发常常涉及其他领域的专业知识，这对软件工程师提出了很高的要求。

（7）软件的成本相当昂贵。软件开发需要投入大量、高强度的脑力劳动，成本非常高，风险也大。现在软件的开销已大大超过了硬件的开销。

1.2　军用软件的分类和作用

以信息化为核心的军事思想、军事理论、军队体制、武器装备乃至作战样式等方面的军事变革成为了军队信息化建设中的主要研究内容。军队信息化的主要途径包括对现有主战武器装备进行信息技术改造、研制新型信息化主战武器装备、发展先进的军用综合信息系统、研制电子战信息战武器、发展新概念武器等。军用软件通常是指用于上述军事目的的一类软件，其定义比较广，按照不同的目的，可以有多种分类方法。

一般军用软件可以分为两大类：一类是武器系统软件；另一类是非武器系统软件。武器系统软件包括：为武器系统专门设计或专用的嵌入式软件（武器系统不可缺少的组成部分）；指挥、控制和通信软件；对武器系统及其完成军事任务进行保障的其他武器系统软件，如战斗管理软件、后勤保障软件、演习分析软件、训练软件等。非武器系统软件（称为自动化信息系统软件）主要是指执行与武器系统无关的系统使用和保障功能的软件,如科学计算、人员管理、资源控制、设备维修、仿真、人工智能等软件。

按照军用软件的属性和应用可以分为嵌入式武器装备软件和军用综合信息系统软件两大类。嵌入式武器装备软件包括武器平台嵌入式软件和武器系统嵌入式软件。军用综合信息系统软件包括预警探测、情报侦察等信息获取软件,通信导航软件,指挥控制软件,后勤保障软件和军队信息管理软件等。

在信息化战争中,各种高新技术武器装备和信息系统得到越来越广泛的应用。这些装备和系统通常具有软件密集性,其作战效能的发挥直接依赖于软件质量。军用软件一旦出现故障或缺陷,轻则造成巨大经济损失,重则导致人员伤亡。如军工试验,由于软件的错误,导致整个试验失败;又如一些航空航天项目,一次失误将可能造成数百亿元的直接经济损失,在战争中造成的后果更是不可估量。

军用软件的特点表现在以下几方面:

(1)规模大且结构复杂,运行状态多;

(2)嵌入式软件多,实时性要求强,有多进程并发功能要求;

(3)要适应各种恶劣军事应用环境,对可靠性、可维护性和安全性要求高;

(4)军方要求变化多且用户界面要求高;

(5)使用和维护阶段时间长。

随着计算机技术及信息技术突飞猛进的发展,武器系统(尤其是它的控制系统)中越来越多地采用了计算机软件,武器装备系统对计算机软件质量的依赖性越来越大,软件在武器装备系统中的地位逐渐由硬件的配套产品上升为独立的产品,其作用体现在以下几个方面:

(1)软件是新技术武器的灵魂和中枢。现代高新技术特别是计算机软件技术在新技术武器中得到了广泛应用,是整个军事系统的控制中枢和威力培增器。

(2)软件极大地提高了武器装备的性能。软件是实现主战装备信息化的手段,成为提高主战装备作战性能的一种高效费比的方法。一方面在研制新一代武器装备时大量采用软件技术,另一方面利用软件技术改造在役的作战平台。由于武器装备大量采用软件技术,作战效能获得了质的飞跃。

(3)软件是信息化武器装备体系发展的关键。信息技术的进步和作战需求的变化,促进了各类信息化武器装备的发展,通过软件控制使得各种传感器、指挥中心、武器系统集成为一个整体,各种作战信息按照作战要求有序流动,从而提高了武器装备体系的整体作战效能,软件成为了信息化武器装备体系发展的关键。

(4)软件是信息化战争的焦点。现代高新技术战争将以信息战为主要形态和特征,而信息技术的进步和在军事上的广泛应用又将大大推动信息战的发展。空间信息战的信息攻击可以是利用各种信息武器窃获、干扰、阻塞、欺骗直至阻止、破坏、瘫痪敌方空间信息系统的各种攻击方式。目前研究的天基信息攻击武器集中在计算机病毒武器的研究上,这是一类特殊软件。同时,信息安全软件和网络防护软件是信息战防御的关键软件。软件在高技术战争中成为了争夺制信息权的焦点,是获取信息优势的必要手段和途径。

1.3　软件工程及军用软件工程

随着计算机应用日益普及和深化,计算机软件的数量和规模都急剧膨胀,但是,软件质量没有可靠的保证,软件开发的生产率也远远跟不上计算机应用的要求,软件已经成为制约计算机应用发展的"瓶颈"。面对软件开发和维护过程中遇到的一系列严重问题,1968 年北大西洋公约组织的计算机科学家提出了软件危机的概念。软件危机包含两方面问题:一是如何开发软件即研究软件开发方法以满足不断增长、日趋复杂的需求;二是如何维护数量不断膨胀的已有软件产品。软件危机的具体表现有以下方面:

(1) 软件的生产率远远跟不上硬件的发展速度和水平,跟不上计算机应用领域深度与广度的发展,成为制约 IT 产业发展的瓶颈。

(2) 软件开发成本与进度计划难以准确估计,软件开发中遇到的各种问题使软件开发过程难以保证按预定的计划实现,为了追赶进度或降低成本所作的快速努力又往往损害了软件的质量或性能,引起用户的不满。

(3) 软件产品质量差。软件产品的质量取决于开发人员的技术水平、意志品质和团队精神,软件开发整体上仍然受非智力的个性心理特征的制约。如何控制和管理软件产品的质量,是整个软件行业一开始就面临的问题。

(4) 软件的可维护性、可移植性、可适应性差。软件是逻辑元件,不是一种实物。软件故障是由软件中的逻辑故障所造成的,不是硬件的"用旧"、"磨损"问题,软件维护不是更换某种设备,而是要纠正逻辑缺陷。

(5) 软件的文档资料不完整或更新不及时以及文档管理不当造成开发过程沟通不充分,增加了软件的成本,降低了软件的品质和可维护性。

(6) 软件的价格昂贵,在整个信息系统总成本中所占的比例不断上升。

为了解决软件危机,需要采取必要的技术措施和组织管理措施,从管理和技术两方面研究如何更好地开发和维护计算机软件。从 20 世纪 60 年代后期起,人们开始认真研究解决软件危机的方法,围绕软件项目,开展了有关开发模型、方法以及支持工具的研究,各种有关软件的技术、思想、方法和概念不断地被提出,软件工程逐渐发展成一门独立的学科。

软件工程定义为软件开发、运行、维护和引退的系统方法,目的是为软件全生存期活动提供工程化的手段,提高软件的质量、降低成本以及缩短开发周期等。后来,尽管又有一些人提出了许多更为完善的定义,但主要思想都是强调在软件开发过程中需要应用工程化原则的重要性。

软件工程包括三个要素,即方法、工具和过程。

软件工程方法为软件开发提供了"如何做"的技术。它包括了多方面的任务,如项目计划与估算、软件系统需求分析、数据结构、系统总体结构的设计、算法过程的设计、编码、测试以及维护等。

软件工具为软件工程方法提供了自动的或半自动的软件支撑环境。目前,已经推出了许多软件工具,这些软件工具集成起来,建立起计算机辅助软件工程(CASE)的软件开发支撑系统。CASE 将各种软件工具、开发机器和一个存放开发过程信息的工程数据库组合起来形成一个软件工程环境。

软件工程的过程则是将软件工程的方法和工具综合起来以达到合理、及时地进行计算机软件开发的目的。过程定义了方法使用的顺序、要求交付的文档资料、为保证质量和协调变化所需要的管理及软件开发各个阶段完成的里程碑。

军用软件在以信息技术为核心的现代高技术局部战争中,无论在作战指挥、武器装备还是在后勤保障等方面都将发挥着越来越重要的作用。随着我军信息化建设步伐的加快,军用软件开发的高峰正在到来,但是目前我军军用软件开发在很多方面还不规范、不科学,从而导致了军用软件的质量不高、性能不强、适应性差。鉴于此,采用工程化的方法对军用软件进行开发和管理,即军用软件工程技术在军用软件的开发管理中逐渐形成。

军用软件工程定义为军用软件开发、运行、维护和引退的系统方法,是软件工程理论和方法在军事领域中的应用。针对军用软件的特殊应用和特点,军用软件工程包括军用软件的开发方法与技术、工具与环境、管理以及军用软件工程标准四个要素。

1.4 软件生存期和软件工程过程

1.4.1 软件生存期和软件工程过程

由于软件庞大的维护费用远比软件开发费用要高,因此,软件开发不能只考虑开发期间的费用,而应考虑软件生存期的全部费用;不仅要降低开发成本,更要降低整个软件生存期的总成本。

1. 软件生存期

软件生存期是软件产品或系统一系列相关活动的全周期。从形成软件产品概念开始,经过研制,交付使用,在使用中不断增补修订,直到最后被淘汰,让位于新的软件产品的全过程,即软件生存期是指从设计软件产品开始,到该软件产品不再能使用为止的时间周期。软件生存期通常包括概念阶段、需求阶段、设计阶段、实现阶段、测试阶段、安装和验收阶段、运行和维护阶段,有时还包括引退阶段,这些阶段可以有重叠。

软件生存期的六个步骤是制定计划、需求分析和定义、软件设计、程序编写、软件测试和运行/维护。

2. 软件开发生存期

软件开发生存期是指软件产品从考虑其概念开始到该软件产品交付使用为止的整个时期,一般包括概念阶段、需求阶段、设计阶段、实现阶段、测试阶段、安装阶段以及交付阶段。

3. 软件工程过程

软件工程过程是为获得软件产品,在软件工具支持下由软件工程师完成的一系列软件工程活动。软件工程过程通常包含四种基本的过程活动。

(1) P(Plan):软件规格说明。规定软件的功能及其运行的限制。

(2) D(Do):软件开发。产生满足规格说明的软件。

(3) C(Check):软件确认。确认软件能够完成客户提出的要求。

(4) A(Action):软件演进。为满足客户的变更要求,软件必须在使用的过程中演进。

事实上,软件工程过程是一个软件开发机构针对某一类软件产品为自己规定的工作步骤,它应当是科学的、合理的,否则必将影响到软件产品的质量。

4. 软件工程项目的基本目标

组织实施软件工程项目,最终希望得到项目的成功。成功指的是达到以下几个主要的目标:

(1) 付出较低的开发成本;

(2) 达到要求的软件功能;

(3) 取得较好的软件性能;

(4) 开发的软件易于移植;

(5) 需要较低的维护费用;

(6) 能按时完成开发工作,及时交付使用。

在具体项目的实际开发中,企图让以上几个目标都达到理想的程度往往是非常困难的。

图 1-2 表明了软件工程目标之间存在的相互关系。其中有些目标之间是互补关系，如易于维护和高可靠性之间，低开发成本与按时交付之间；有些项目之间是互斥关系，如低开发成本与高性能之间，高可靠性与高性能之间等。

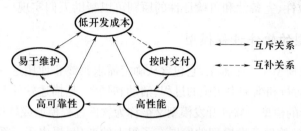

图 1-2　软件工程目标之间的关系

5. 软件工程的原则

以上的软件工程基本目标适合于所有的软件工程项目。为达到这些目标，在软件开发过程中必须遵循下列软件工程原则。

（1）抽象。抽取事物最基本的特性和行为，忽略非基本的细节。采用分层次抽象，自顶向下、逐层细化的办法控制软件开发过程的复杂性。

（2）信息隐蔽。将模块设计成"黑箱"，实现的细节隐藏在模块内部，不让模块的使用者直接访问。这就是信息封装，使用与实现分离的原则。使用者只能通过模块接口访问模块中封装的数据。

（3）模块化。模块是程序中逻辑上相对独立的成分，是独立的编程单位，应有良好的接口定义，如 C 语言程序中的函数过程、C++语言程序中的类。模块化有助于信息隐蔽和抽象，有助于表示复杂的系统。

（4）局部化。要求在一个物理模块内集中逻辑上相互关联的计算机资源，保证模块之间具有松散的耦合，模块内部具有较强的内聚。这有助于控制解的复杂性。

（5）确定性。软件开发过程中所有概念的表达应是确定的、无歧义性的、规范的。这有助于人们之间在交流时不会产生误解、遗漏，保证整个开发工作协调一致。

（6）一致性。整个软件系统（包括程序、文档和数据）的各个模块应使用一致的概念、符号和术语。程序内部接口应保持一致。软件和硬件、操作系统的接口应保持一致。系统规格说明与系统行为应保持一致。用于形式化规格说明的公理系统应保持一致。

（7）完备性。软件系统不丢失任何重要成分，可以完全实现系统所要求功能的程度。为了保证系统的完备性，在软件开发和运行过程中需要严格的技术评审。

（8）可验证性。开发大型的软件系统需要对系统自顶向下、逐层分解。系统分解应遵循系统易于检查、测试、评审的原则，以确保系统的正确性。

使用一致性、完备性和可验证性的原则可以帮助人们实现一个正确的系统。

1.4.2 典型的软件过程模型

软件开发模型是一个框架，它包含从确定需求到终止使用这一生存期的软件产品的开发、运行和维护中实施的过程、活动和任务，是描述软件开发过程中各种活动如何执行的模型。软件开发模型又被称为软件过程模型或软件工程范型。

几十年来，软件开发模型的发展有了很大的变化，提出了一系列的模型以适应软件开发发展的需要。在软件工程的发展过程中，曾出现了不同类型的软件生存期模型，如瀑布模型、快速原型模型和软件演进模型等。以下是几种主要的软件开发模型。

1. 编码修正模型

编码修正模型是从一个大致的想法开始工作，然后经过非正规的设计、编码、调试和测试方法，最后完成工作，如图 1-3 所示。

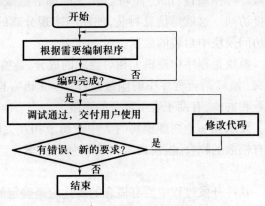

图 1-3　编码修正模型

这种开发模型，是一种类似作坊式的方式，其优点如下：

（1）成本可能很低。

（2）只需要很少的专业知识，任何写过程序的人都可以完成。

（3）对于一些非常小的、开发完后就会很快丢弃的软件可以采用。

它存在如下问题：

（1）代码缺少统一规划，低估了设计的重要性，代码结构随着修改次数的增多变得越来越坏，以致错误越来越难改，甚至无法改。

8

（2）即使有的软件设计得很好，但其结果往往并非用户所需要的，造成软件开发风险大，主要是因为没有重视需求而造成的。

（3）对测试、维护修改方面考虑不周，使得代码的维护、修改困难。所以，当开发的软件规模不断扩大时，这种模型就会引起严重的后果，必须加以改进。

2. 瀑布模型

瀑布模型也称线性顺序模型、传统生命周期。该模型提出了软件开发的系统化的、顺序的方法。

吸取软件开发早期的教训，人们开始将软件开发视为工程来管理。类似其他工程的管理，软件开发也有一定的工序。于是，软件生命周期这一概念被真正提了出来，并划分成六个步骤：制定计划、需求分析和定义、软件设计、程序编写、软件测试、运行和维护。在这一基础上，Winston Royce 在 1970 年提出了著名的"瀑布模型"，如图 1-4 所示。

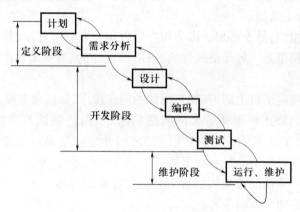

图 1-4　瀑布模型（支持带有反馈的循环）

软件总是一个大系统的组成部分，要建立所有系统成分的需求，再将其中某个子集分配给软件。瀑布模型包括上述六个工程活动。

（1）制定计划，确定总目标。给出功能、性能、可靠性及接口等要求；可行性；方案；成本/效益分析；实施计划。

（2）详细需求定义：需求说明书。需求收集过程特别集中于软件上。必须了解软件的信息领域，需求的功能、行为、性能和接口。系统需求和软件需求都文档化，并与用户一起复审。

（3）软件设计（核心）。软件设计是一个多步骤的过程，集中于程序的四个完全不同的属性上：数据结构、软件体系结构、界面表示及过程（算法）细节。

设计过程把需求转换成软件表示，在编码之前可以评估其质量。

（4）代码生成。设计必须转换成机器可读的形式。如果设计表示得很详细,代码生成可以自动完成。

（5）测试（保证软件质量的重要手段）。测试过程集中于软件的内部逻辑（保证所有语句都测试到）以及外部功能（引导测试去发现错误），并保证定义好的输入能够产生与预期结果相同的输出。

（6）运行/维护。软件在交付给用户后,当遇到错误、当软件必须适应外部环境的变化（如新的操作系统或外设）以及当用户希望增强功能或性能时都不可避免地要进行修改。软件维护重复以前的各个阶段,不同之处在于它是针对已有的程序问题,非新程序。

瀑布模型的特点如下：

（1）阶段间具有顺序性和依赖性。

（2）推迟程序的物理实现。

（3）质量有保证。每个阶段必须完成规定的文档；每个阶段结束前完成文档审查,及早改正错误。

（4）易于组织,易于管理。因为用户可以预先完成所有计划。

（5）瀑布模型是一种严格线性的、按阶段顺序的、逐步细化的过程模型（开发模式）。

瀑布模型规定了自上而下、相互衔接的固定次序,如同瀑布流水,逐级下落,并试图解决编码修正模型所带来的问题（需求、设计、测试及维护过程中的问题）。软件开发实践表明,上述各项活动之间并非完全是自上而下,呈线性图式。实际情况是各项活动具有如下特征：

（1）从上一项活动接受该项活动的工作对象,作为输入；

（2）完成该项活动的内容；

（3）给出该项活动的成果,作为输出,传给下一活动。

（4）对该项活动实施的工作进行评审。如果确认,就继续实现下一项活动；否则,返回前一项或更前一项,要尽量减少多个阶段间的反复,以相对较小的费用来开发软件。

软件维护在软件生存期中具有以下特点：软件投入运行之后,才提出了维护的具体要求。经过"评价",确定变更的必要性,才进入维护工作。维护中对软件的变更仍然要经历软件生存期中的各项活动,这些活动就构成了软件生存周期循环,如图 1-5 所示。

事实上,有人把维护称为软件的二次开发。软件投入运行后,可能要经历多次变更,把维护活动和开发活动分开,就有了 b 形软件生存期表示,如图 1-6 所示。

瀑布模型适用于以下场合：

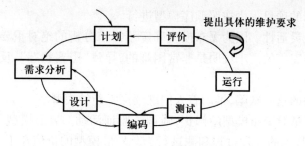

图1-5 软件生存周期循环

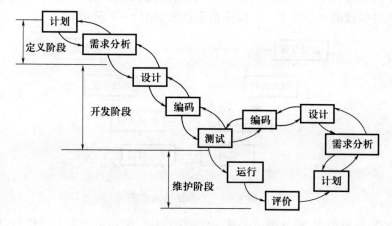

图1-6 具有维护循环的软件生存期

（1）当有一个稳定的产品定义和很容易被理解的技术解决方案时，纯瀑布模型特别合适。

（2）当对一个定义得很好的版本进行维护或将一个产品移植到一个新的平台上，瀑布模型也特别合适。

（3）对于那些容易理解但很复杂的项目，采用纯瀑布模型比较合适，因为可以用顺序方法处理问题。

（4）在质量需求高于成本需求和进度需求的时候，它尤为出色。

（5）当开发队伍的技术力量比较弱或者缺乏经验时，瀑布模型更为适合。

瀑布模型为软件开发和维护提供了一种有效的管理方式。通过制定开发计划，进行成本预算，来组织开发力量，以项目的阶段评审和文档控制为手段，对整个开发过程进行指导，来保证软件产品及时交付，达到预期的质量要求。

瀑布模型的缺点如下：

（1）在项目开始的时候，用户常常难以清楚地给出所有需求；用户与开发人员对需求理解存在差异。

（2）实际的项目很少按照顺序模型进行。

（3）缺乏灵活性。因为瀑布模型确定了需求分析的绝对重要性，但是在实践中要想获得完善的需求说明是非常困难的，导致"阻塞状态"，反馈信息慢，开发周期长。

瀑布模型的这些缺陷，推动着人们继续探索新的模型。

V形模型是对瀑布模型的修正，强调了验证活动。V形模型中的过程从左到右，描述了基本的开发过程和测试行为。V形模型的价值在于它非常明确地标明了测试过程中存在的不同级别，并且清楚地描述了这些测试阶段和开发过程期间各阶段的对应关系。V形模型示意图如图1-7所示。

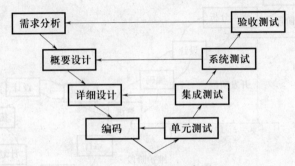

图1-7　V形模型示意图

在V形模型中，单元测试是基于代码的测试，最初由开发人员执行，以验证其可执行程序代码的各个部分是否已达到了预期的功能要求。

集成测试验证了两个或多个单元之间的集成是否正确，并有针对性地对详细设计中所定义的各单元之间的接口进行检查。

在所有单元测试和集成测试完成后，系统测试开始以客户环境模拟系统的运行，以验证系统是否达到了在概要设计中所定义的功能和性能。

最后，当技术部门完成了所有测试工作后，由业务专家或用户进行验收测试，以确保产品能真正符合用户业务上的需要。

平行瀑布模型是对瀑布模型的改进。平行瀑布模型在各阶段之间转换时不一定要求完全按顺序进行，可适当并行开展各阶段的开发工作，即在上一阶段还未完全结束前，就可开始后一阶段的开发工作，是把阶段重叠起来的瀑布模型。例如，需求分析完成60%时，就可以进行这60%的已完成分析部分的设计工作；同时，并行进行余留的40%的需求分析。

根据不同情况，平行瀑布模型可以有不同的并行度。在用户想法不稳定、要求不太清楚时，可以增加并行度。如果短期显示成果的压力大，可增加并行度。例如，在某种场合，在某些人的眼中，按期完成70%测试后的程序，比做完100%

的设计但无一行代码的印象好得多。如果可靠性要求高、资源及预算严密,而且技术错误的后果严重时,需要减少并行度。一般来说,并行度对系统关系不大,但对于大型系统的开发,必须根据实际情况,认真分析考虑,难以用一个固定标准衡量。

由于平行瀑布模型各阶段之间有重叠,因而里程碑不明确,很难有效地进行过程跟踪和控制。

3. 原型模型

在开发一个新的软件项目时,如果用户只能提出软件的一般性目标,但不能详细说明系统的输入、处理过程及输出需求;或者,开发者不能确定算法的有效性、操作系统的适应性或人机交互的形式等情况下,原型模型可能是最好的选择。

原型开发过程如图 1-8 所示。

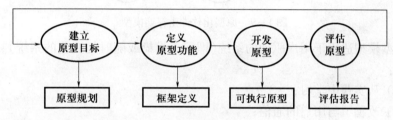

图 1-8　原型开发过程

(1)原型模型从需求收集开始。开发者和用户一起定义软件的总体目标,标识出已知的需求,并指出需要进一步定义的区域。

(2)快速设计。主要集中于软件中那些对用户/客户可见的部分的表示(如输入方式和输出格式)。

(3)构造原型。在软件的快速设计的基础上,可以构造出系统的原型。

(4)评估。由用户/客户对原型进行评估,并进一步精化待开发软件的需求。

(5)调整原型。逐步调整原型使其满足客户的要求,同时也使开发者对将要做的事情有更好的理解,这个过程是迭代的。

理想上,原型可以作为标识软件需求的一种机制。如果建立了可运行原型,开发者就可以在此基础上利用已有的程序片断或使用工具(如报表生成器、窗口管理器等)来尽快生成工作程序。

在大多数项目中,建造的第一个系统很少是可用的。但用户和开发者确实都喜欢原型模型,因为用户能够感受到实际的系统,开发者能够很快地建造出一些东西;可以处理模糊需求,得到良好的需求定义。

原型模型是软件工程的一个有效范型。原型模型可以分成抛弃型原型和进

13

化型原型两种。抛弃型原型是指建造原型仅是为了定义需求,之后,就该被抛弃(或至少部分抛弃),在充分考虑了质量和可维护性之后,才开发实际的软件。为此,可以结合瀑布模型,常在需求分析或设计阶段平行地进行几次快速原型,来消除风险和不确定性,如图 1-9 所示。进化型原型是指原型系统不断被开发和被修正,最终它变为一个真正的系统。

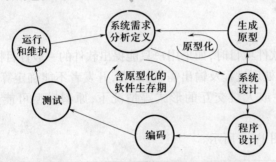

图 1-9　原型化软件生存期模型

原型模型适用于用户驱动的系统(即需求模糊或随时间变化的系统),其优点如下:

(1)从实践中学习;

(2)改善了与用户的通信;

(3)加强了用户的参与;

(4)使部分已知需求清晰化;

(5)能够展示对系统的描述是否一致和完整;

(6)提高系统的实用性、可维护性;

(7)节省开发的投入、缩短整个软件的开发周期。

原型模型存在的问题如下:

(1)用户有时误解了原型的角色,例如,他们可能误解原型应该和真实系统一样可靠。

(2)缺少项目标准,进化原型方法有点像编码修正。

(3)缺少控制。由于用户可能不断提出新要求,因而原型迭代的周期很难控制。

(4)额外的花费。研究结果表明,构造一个原型可能需要 10% 额外花费。

(5)为了尽快实现原型,采用了不合适的技术,运行效率可能会受影响。

(6)原型法要求开发者与用户密切接触,有时这是不可能的,如外包软件。

4. 形式化方法模型

形式化方法模型,其主要思想是用形式化的方法自动生成程序。形式化方

法模型包含了一组活动,它们带来了用数学说明对计算机软件进行描述的方法。主要步骤如下:

(1)采用形式化的规格说明书。

(2)通过自动系统自动地变换成代码。

(3)必要时作一些优化,改进性能。

(4)交付用户使用。

(5)根据使用的经验来调整形式化的规格说明书。返回第一步重复整个过程。

形式化方法模型如图1-10所示。

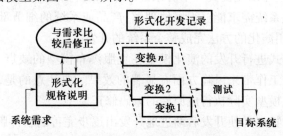

图1-10 形式化方法模型

形式化方法模型与瀑布模型的本质区别在于软件需求描述被精炼成一个数学符号表达的详细的形式化描述。设计、实现和测试等开发过程被一个转换的开发过程代替,在这个转换过程中,形式化描述经过一系列转换变成一个可执行程序。

形式化方法模型的优点如下:

(1)在软件开发中,形式化方法提供了一种机制,能够消除其他模型难以克服的很多问题。例如,二义性、不完整性和不一致性可以通过对应用的数学分析,被容易地发现与校正。

(2)在系统设计时,形式化方法可以作为程序验证的基础,能够发现和纠正错误。

(3)提供了可以产生无缺陷软件的承诺,适用于对安全性、可靠性或保密性需求极高的系统。

形式化方法模型的缺点如下:

(1)需要庞大的支持体系,自动转换系统中包含和维护的知识数量巨大,开发费时且昂贵。

(2)开发人员具有较少的使用形式化方法所需的背景知识,尚需多方面的培训。

(3)难以将该模型与用户进行交流。

15

形式化方法模型又可细分为转换模型(Transformational Model)、净室模型(Clean Room Model)和基于 B 模型(Based on B Model)。

5. 演化软件过程模型

软件的变化特征在上述的传统软件工程模型中都没有考虑,在不断的开发实践中,人们已经越来越认识到软件就像所有复杂系统一样要经过一段时间的演化。一方面,业务和产品的需求随着开发的发展常常发生改变,想找到最终产品的一条直线路径是不可能的;另一方面,紧迫的市场期限使得难以完成一个完善的软件产品,但可以先提交一个有限的版本以对付竞争或商业的压力。所以只要核心产品或系统需求能够很好地理解,产品或系统的细节部分可以进一步定义,即可以采用演化的方法完成整个系统的开发。

依靠演化方式进行开发的演化模型在克服瀑布模型的缺点、减少由于软件需求不正确而给工作带来风险方面有显著的效果。要注意的是,采用演进方式时不要把演化式模型实际执行成原始的编码修正模型。

演化模型的特点是使开发者渐进地开发出逐步完善的软件版本。

1)增量模型

增量模型融合了瀑布模型线性顺序的基本成分(重复地应用)和原型实现的迭代特征。增量模型以功能递增的方式进行软件开发,能较快地产生可操作的系统。在每一步递增中,均发布一个新的增量,把用户/开发者的经验结合到不断求精的产品中,其中,第一个增量是产品的核心功能,以后的每一个增量都是对系统功能的增强,每个增量的开发可以使用不同的过程。通过逐步发布增量,可改善测试效果和降低软件开发总成本(图 1 – 11)。

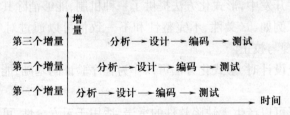

图 1 – 11　增量模型

使用增量范型开发字处理软件的过程如下:可能在第一个增量中发布基本的文件管理、编辑和文档生成功能;在第二个增量中发布更加完善的编辑和文档生成能力;第三个增量实现拼写和文法检查功能;第四个增量完成高级的页面布局功能。应该注意,任何增量的处理流程均可以结合进原型范型。

当使用增量模型时,第一个增量往往是核心的产品,即实现了基本的需求,但很多补充的特性(其中一些是已知的,另外一些是未知的)还没有发布。核心产品交用户使用(或进行更详细的复审),使用和/或评估的结果是下一个增量的开发计划。该计划包括对核心产品的修改,使其能更好地满足用户的需要,并发布一些新增的特点和功能。这个过程在每一个增量发布后不断重复,直到产生最终的产品。

增量过程模型像原型和其他演化方法一样,具有迭代的特征。但与原型不一样,增量模型强调每一个增量均发布一个可操作产品。早期的增量是最终产品的"可拆卸"版本,但它们确实提供了给用户服务的功能,并且提供了给用户评估的平台。

增量模型存在的问题如下:增量应该相对较小,每个增量应该包含一定的系统功能。所以,很难把用户的需求映射到适当规模的增量上。大多数系统需要一组在系统许多部分都会用到的基本服务。但由于增量实现前,需求不能被详细定义,所以,明确所有增量都会用到的基本服务就比较困难。

2)螺旋模型

20世纪70年代和80年代,硬件技术不断提高,软件系统也不断庞大。对一个复杂的大型软件系统,采用"瀑布模型"或"原型模型"都难于有效地完成项目。Barry Boehm在1988年正式发表了软件系统开发的"螺旋模型"。

在螺旋模型中,软件开发是一系列的增量发布。在早期的迭代中,发布的增量可能是一个纸上的模型或原型;在以后的迭代中,逐步产生系统的更加完善的版本。螺旋模型是将原型的迭代特征和瀑布模型的控制与系统化特征结合起来,并强调了其他模型均忽略了的风险分析。

软件风险是普遍存在于任何软件开发项目中的实际问题,因为在制定软件开发计划时,系统分析员必须回答项目的需求是什么、需要投入多少资源以及如何安排开发进度等一系列问题。要他们立即给出准确无误的回答是不容易的,甚至是不可能的,但他们又不可能完全回避这一问题。凭借经验估计出初步的设想,难免会带来一定的风险。实践表明,项目规模越大,问题越复杂,资源、成本、进度等因素的不确定性越大,项目所承担的风险越大。

总之,风险是软件开发不可忽略的潜在不利因素,它可能在不同程度上损害到软件开发过程或软件产品的质量。风险分析的目标是在造成危害之前,及时对风险进行识别、分析,采取对策,减少或消除风险的损害。

如图1-12所示,螺旋模型沿着螺旋旋转,在笛卡儿坐标四个象限上表达了四个方面的活动,这些活动包括制定计划、风险分析、实施工程和客户评估。制定计划是要确定软件目标,选定实施方案,弄清限制条件;风险分析要对所选方案进行分析,识别、消除风险;实施工程要实施软件开发;客户评估要对开发工作进行评价,提出修正建议。

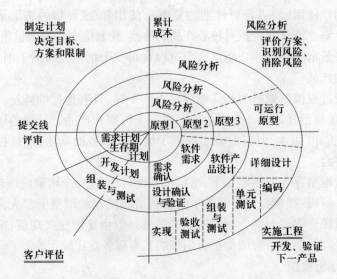

图 1 - 12　螺旋模型

当需求有了较好的理解或把握较大时,无需开发原型,采用普通的瀑布模型,即为单圈螺线。当对需求理解较差时,则要开发原型,甚至多个原型。适合大型软件的开发,是最为实际的方法,吸收了"演化"的概念,使得开发人员和客户对每个演化层出现的风险有所了解,并做出应有的反应,然而,这也需要丰富的风险评估经验和专门知识。若项目风险较大,又未能及时发现,就会造成巨大的损失。

上述螺旋模型被划分为四个框架活动。Boehm 提出了螺旋模型的变种,即将螺旋模型划分为三个到六个任务区域,图 1 - 13 刻划了包含六个任务区域的螺旋模型。用户通信用于建立开发者和用户之间有效通信所需要的任务;制定计划是定义资源、进度及其他相关项目信息所需要的任务;风险分析是评估技术

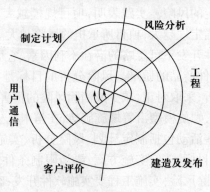

图 1 - 13　螺旋模型的变种

18

和管理风险所需要的任务;工程是建立应用的一个或多个表示所需要的任务;建造及发布是建造、测试、安装和提供用户支持(如文档及培训)所需要的任务;用户评估是基于在工程阶段产生的或在安装阶段实现的软件表示的评估,获得用户反馈所需要的任务。

每一个区域均含有一系列适应待开发项目的特点的工作任务。对于较小的项目,工作任务的数目及其形式化程度均较低。对于较大的、关键的项目,每一个任务区域包含较多的工作任务,以得到较高级别的形式。

随着演化过程的开始,软件工程项目组按顺时针方向沿螺旋移动,从核心开始。螺旋的第一圈可能产生产品的规格说明,再下面的螺旋可能用于开发一个原型,随后可能是软件的更完善的版本。经过计划区域的每一圈是为了对项目计划进行调整,基于从用户评估得到的反馈,调整费用和进度。此外,项目管理者可以调整完成软件所需的计划的迭代次数。

与传统的过程模型不同,它不是当软件交付时就结束了,螺旋模型能够适用于计算机软件的整个生命周期。本质上,具有上述特征的螺旋是一直运转的,直到软件退役。有时,这个过程处于睡眠状态,但任何时候出现了改变,过程都会从合适的入口点开始(如产品增强)。

对于大型系统及软件的开发来说,螺旋模型是一个很现实的方法。因为软件随着过程的进展演化,开发者和用户能够更好地理解和对待每一个演化级别上的风险。螺旋模型使用原型作为降低风险的机制,但更重要的是,它使开发者在产品演化的任一阶段均可应用原型方法。它保持了传统生命周期模型中系统的、阶段性的方法,但将其并进了迭代框架,更加真实地反映了现实世界。螺旋模型要求在项目的所有阶段直接考虑技术风险,用风险分析推动软件设计向深一层扩展、求精,如果应用得当,能够在风险变成问题之前降低它的危害。强调持续地判断、确定和修改用户任务目标,并按成本、效益来分析候选的软件产品性质对任务目标的贡献。

但像其他模型一样,螺旋模型也存在不足。它可能难以使用户(尤其在合同情况下)相信演化方法是可控的;它需要相当的风险评估的专门技术,且其成功依赖于这种专门技术。如果一个大的风险未被发现和管理,毫无疑问会出现问题;最后,该模型本身相对比较新,不像线性顺序模型或原型模型那样被广泛应用。

6. 构件组装模型

构件组装模型融合了螺旋模型的许多特征。它本质上是演化的,支持软件开发的迭代方法。但是构件组装模型是利用预先包装好的软件构件(有时称为"类")来构造应用程序的。

对象技术为软件工程的基于构件的过程模型提供了技术框架。面向对象模型强调了类的创建,类封装了数据和用于操纵该数据的算法。如果经过合适的设计和实现,面向对象的类可以在不同的应用及基于计算机的系统结构中复用。

基于构件的开发提供了一种自底向上的、基于预先定制包装好的软件构件来构造应用系统的途径,当前讨论的重点主要局限于基于 COM、CORBA 和 EJB 等的二进制构件。但是,没有理由仅仅从这个局限的角度来看待构件,也不应该仅仅局限于此,应该涉及整个软件生存周期。

如图 1 - 14 所示,开发活动从候选类的标识开始。这一步通过检查将被应用程序操纵的数据及用于实现该操纵的算法来完成。相关的数据和算法封装成一个类。以前的软件工程项目中创建的类(在图中称为构件)被存储在一个类库或仓库中。一旦标识出候选类,就可以搜索该类库,确认这些类是否已经存在。如果已经存在,就从库中提取出来复用。

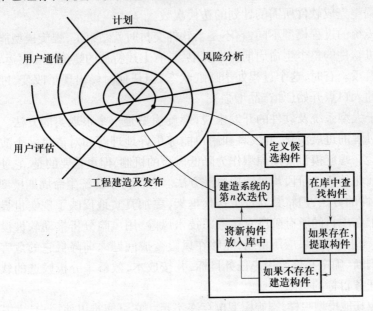

图 1 - 14　构件组装模型

如果一个候选类在库中并不存在,就采用面向对象方法开发它。之后,就可以利用从库中提取出来的类以及为了满足应用程序的特定要求而建造的新类,来构造待开发应用程序的第一个迭代。在过程流程之后又回到螺旋,并通过随后的工程活动最终再进入构件组装迭代。构件组装模型导致软件复用,可复用性大大提高了软件开发的效率。

7. 第四代技术(4GT)

自从第一台计算机研制成功后,就有了程序的概念。程序设计语言的发展

过程如图 1 - 15 所示

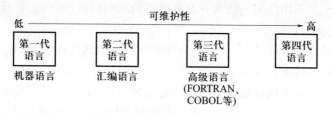

图 1 - 15　程序设计语言的发展

第一代语言是最早使用的机器语言,主要采用二进制的形式使用计算机;第二代语言是汇编语言,通过一些汇编指令,简化了对计算机的使用;第三代语言包括各类高级语言,如 FORTRAN、COBOL 等;第四代语言包括了对数据库查询的非过程语言、报表生成语言、图形语言以及应用生成语言等。

第四代技术包含了一系列的软件工具,它们的一个共同点是能使软件开发人员在较高层次上规约软件的某些特性,然后,根据开发者的规约自动生成源代码。毫无疑问,说明软件的级别越高,就能越快地建造出程序。软件工程的第四代技术模型的应用关键在于说明软件的能力——它用一种特定的语言来完成或者以一种用户可以理解的问题描述方法来描述待解决问题的图形来表示。4GT模型如图 1 - 16 所示。

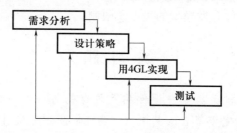

图 1 - 16　4GT 模型

目前,一个支持第四代技术模型的软件开发环境包含如下部分或所有工具:数据库查询的非过程语言;报表生成器;数据操纵;屏幕交互及定义以及代码生成;高级图形功能;电子表格功能。上述的许多工具最初仅能用于特定应用领域,但在今天,第四代技术环境已经扩展,能够满足大多数软件应用领域的需要。

第四代技术模型从需求收集开始。由于用户不能准确地描述需求,或描述事实时可能存在二义性,或不愿意、乃至不能够采用一个第四代技术工具能够理解的形式来说明信息。因此,用户与开发者的通信方式在第四代技术方法中仍是一个必要的组成部分。对于较小的应用软件,使用一个非过程的第四代语言(4GT)就可能直接从需求收集过渡到实现。但对于较大的应用软件,就有必要制定一个系统的设计策略。对于较大项目,如果没有很好的设计,即使使用第四代技术也会产生不用任何方法来开发软件所遇到的同样的问题,如质量低、可维护性差,难以被用户接受。

当相关信息的数据结构已经存在,并且能够被第四代技术访问时,软件开发者可以应用第四代语言的生成功能自动生成代码来表示期望的输出。

为了将一个由第四代技术生成的功能变成最终产品,开发者必须进行测试,写出有意义的文档,并完成其他软件工程模型中同样要求的所有集成活动。此外,还必须考虑维护是否能够迅速实现。第四代技术已经成为软件开发的一个重要方法,4GT 的使用对很多的领域而言是一种可行的途径,对中小型应用,可以提高生产率,降低分析和设计的工作量。当与构件组装方法结合起来时,第四代技术模型可能成为软件开发的主流方法。

复 习 要 点

1. 了解软件概念、特点及分类方法。
2. 了解软件发展及软件危机的起因。
3. 了解软件工程过程及软件生存期的概念。
4. 了解软件工程的概念及其要素。
5. 了解各类软件开发模型的优点及限制。

练 习 题

1. 软件是计算机系统中与硬件相互依存的另一部分,它是包括(　　)、(　　)及(　　)的完整集合。其中,(　　)是按事先设计的功能和性能要求执行的指令序列,(　　)是使程序能够正确操纵信息的数据结构,(　　)是与程序开发、维护和使用有关的图文材料。供选择的答案:① 软件　② 程序　③ 代码　④ 硬件　⑤ 文档　⑥ 外设　⑦ 数据　⑧ 图表

2. 软件工程过程有哪几个基本过程活动?

3. 试说明"软件生存周期"的概念。

4. 试论述瀑布模型软件开发方法的基本过程。

5. 软件工程是开发、运行、维护和修复软件的系统化方法,它包含哪些要素?

6. 软件工程学的基本原则有哪些?

7. 有人说:软件开发时,一个错误发现得越晚,为改正它所付出的代价就越大,对否? 请解释你的回答。

第2章 军用软件需求分析

2.1 概 述

在信息化战争中,各种高新技术武器装备和信息系统得到越来越广泛应用。这些装备和系统通常具有软件密集性,现代化战争武器装备和军事系统的技术含量与软件质量成正比,军用软件已成为确保军事和武器系统质量的关键,其作战效能的发挥直接依赖于所开发的各类军事应用软件。但是,随着计算机技术的飞速发展,军用软件的规模越来越大,复杂性越来越高,对武器装备和军事系统质量的制约也越来越大,软件的质量问题也越来越突出。因此,研究和分析军用软件的需求特点是军用软件开发和应用的基础。

军用软件的特殊应用主要体现在以下几个方面:

(1)军用软件应具有高可靠性、高安全性和高生存性。军用软件要在复杂、不确定和恶劣的作战环境中使用,军用软件要具有抗毁能力和容错能力。

(2)军用软件要具有高保密性。在信息对抗环境下,军用软件要具有较高的安全防护能力。

(3)军用软件要具有高的实时性要求。作战任务对军用软件的信息传输速度、对外部事件的快速相应能力提出了更高的要求。

(4)嵌入式软件是军用软件的一个重要部分。嵌入式软件的开发和应用受到硬件与软件条件的严格制约,同时还与武器装备的研制过程密切相关。

(5)军用软件规模巨大、结构复杂,为软件开发带来了技术和管理上的困难。

(6)军用软件具有高互操作性要求。现代化战争是一体化的联合作战,需要进行数据交换、信息共享、应用协同。

软件在各类火控系统、精确制导武器(灵巧武器)系统、自行武器系统(坦克、火炮、各类战车等)、舰船以及航空航天等战略武器、指挥自动化系统等武器和军事系统中得到了广泛应用。通过软件需求分析,可以获取军用软件的完整需求规约,为进一步的军用软件开发奠定基础。

软件需求是指用户对目标软件系统在功能、行为、性能、设计约束等方面的期望。通过对应问题及其环境的理解与分析,为问题涉及的信息、功能及系统行为建立模型,将用户需求精确化、完全化,最终形成需求规格说明,这一系列的活动即构成软件开发生命周期的需求分析阶段。

　　需求分析是随着计算机的发展而发展的,在计算机发展的初期,软件规模不大,软件开发所关注的是代码编写,需求分析很少受到重视。后来,软件开发引入了生命周期的概念,需求分析成为它的第一阶段。随着软件系统规模的扩大,需求分析与定义在整个软件开发与维护过程中越来越重要,直接关系到软件的成功与否。人们逐渐认识到需求分析活动不再仅限于软件开发的最初阶段,它贯穿于系统开发的整个生命周期。

　　需求分析的主要目的是给待开发系统提供一个清晰的、一致的、精确的并且无二义的模型,通常以"需求规格说明书"的形式来定义待开发的所有外部特征。

　　需求分析是指应用已证实有效的技术、方法进行需求分析,确定客户需求,帮助分析人员理解问题并定义目标系统的所有外部特征的一门学科。它通过合适的工具和记号系统地描述待开发系统及其行为特征和相关约束,形成需求文档,并对用户不断变化的需求演进给予支持。软件需求分析是一门分析并记录软件需求的学科,它把系统需求分解成一些主要的子系统和任务,把这些子系统或任务分配给软件,并通过一系列重复的分析、设计、比较研究、原型开发过程把这些系统需求转换成软件的需求描述和一些性能参数。

　　软件开发成功的至关重要的因素是要完全理解软件需求,需求规约为开发者和客户提供了软件完成后进行质量评估的依据。

2.2　需求分析的内容

　　对软件进行需求分析的目的是通过与用户广泛地交流确定应用软件的目标。软件需求包括三个不同的层次:业务需求、用户需求以及功能需求和非功能需求(图2-1)。业务需求说明了提供给客户和产品开发商的新系统的最初利益,反映了组织机构或客户对系统、产品高层次的目标要求,它们在项目视图与范围文档中予以说明;用户需求文档描述了用户使用产品必须要完成的任务,这在使用文档或方案脚本说明中予以说明;功能需求定义了开发人员必须实现的软件功能,使得用户能完成他们的任务,同时,还要定义软件的性能等非功能性需求,从而使软件系统满足业务需求。

　　软件需求分析要实现以下几个目标:

　　(1) 给出软件系统的数据领域、功能领域和行为领域的模型;

　　(2) 提出详细的功能说明,确定设计约束条件,规定性能要求;

24

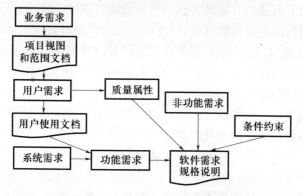

图 2 - 1　软件需求各组成部分关系

（3）密切与用户的联系，使用户明确自己的任务，以便实现上述两项目标。

因此，需求分析的任务如下：

（1）需求获取。分析人员研究系统规约和软件项目计划，了解软件在系统中的作用。其次，与用户建立通信关系，了解用户提出的功能和性能要求。其目标是弄清用户理解的基本问题元素。

（2）需求分析。分析人员必须获得数据的流程和数据结构，评价优缺点；结合用户要求，修改现行的系统，提出新系统的功能，加以细化；提出软件的约束条件、响应时间、存储条件等；使用文本、图形等表示形式的组合描述软件系统的数据、功能和行为的需求；同时也是评审的焦点，以及设计的基础。

（3）建立需求规格说明。软件需求规约包含软件功能、性能、接口、有效性和逻辑模型的描述。为了证实软件能否被成功实现，就要规定相应的检验标准，这些标准在软件开发期间将作为测试的依据。

（4）评审。由软件开发人员和用户共同对需求说明书进行严格的评审。

2.2.1　需求获取

1. 需求获取是需求分析的主体

对于待开发的软件系统，获取需求是一个确定和理解不同用户类的需要和限制的过程。业务需求决定用户需求，它描述了用户利用系统需要完成的任务。从这些任务中，分析者能获得用于描述系统活动的特定的软件功能需求。制定软件的需求规格说明不只是软件开发人员的事，用户起着至关重要的作用；必须对软件功能和性能提出初步的要求，并澄清一些模糊概念。要求软件开发人员和用户要保持紧密的工作协作关系。

需求获取可能是软件开发中最困难、最关键、最易出错及最需要交流的方

25

面。需求获取只有通过有效的客户—开发者的合作才能成功。分析者必须建立一个对问题进行彻底探讨的环境,而这些问题与产品有关。为了方便、清晰地进行交流,就要列出重要的小组,而不是假想所有的参与者都持有相同的看法。对需求问题的全面考察需要一种技术,利用这种技术不但考虑了问题的功能需求方面,还可讨论项目的非功能需求。确定用户已经理解,对于某些功能的讨论并不意味着即将在产品中实现它。对于想到的需求必须集中处理并设定优先级,以避免一个不能带来任何益处的无限大的项目。

需求获取是一个需要高度合作的活动,而并不是客户所说的需求的简单誊本。作为一个分析者,必须透过客户所提出的表面需求理解他们的真正需求。询问一个可扩充的问题有助于更好地理解用户目前的业务过程并且知道新系统如何帮助或改进他们的工作。调查用户任务可能遇到的变更,或者用户对系统的其他可能的使用方式。站在用户的角度来指导需求的开发和利用,记下每一个需求的来源。

2. 需求获取是在问题及其最终解决方案之间架设桥梁的第一步

获取需求的一个必不可少的结果是对项目中描述的客户需求的普遍理解。一旦理解了需求,分析者、开发者和客户就能探索出描述这些需求的多种解决方案。参与需求获取者只有在他们理解了问题之后才能开始设计系统,否则,对需求定义的任何改进,设计上都必须大量返工。把需求获取集中在用户任务上而不是集中在用户接口上,有助于防止开发组由于草率处理设计问题而造成的失误。

需求获取利用了所有可用的信息来源,这些信息描述了问题域或在软件解决方案中合理的特性。尽量理解用户用于表述他们需求的思维过程。充分研究用户执行任务时做出决策的过程,并提取出潜在的逻辑关系。流程图和决策树是描述这些逻辑决策途径的好方法。

正如人们经常说的,需求主要是关于系统做什么,而解决方案如何实现是属于设计的范围。这样说虽然很简洁,但似乎过于简单化。需求的获取应该把重点放在"做什么"上,但在分析和设计之间还是存在一定的距离。可以使用假设"怎么做"来分类并改善对用户需求的理解。在需求的获取过程中,分析模型、屏幕图形和原型可以使概念表达得更加清楚,然后提供一个寻找错误和遗漏的办法。把在需求开发阶段所形成的模型和屏幕效果看成是方便高效交流的概念性建议,而不应该看成是对设计者选择的一种限制。

3. 调查研究是需求获取的基础工作之一

调查研究包括对应用系统的理解,与用户的交流和材料的收集等。虽然最终必须要编成基于计算机解决方案的描述,但到目前为止,我们关注的文档仍在相应的应用领域,没有计算机方面的术语。如果是编写一个会计软件,那么,一位会计师都应该清楚地理解程序员写的会计方面的问题说明书。在对客户或相应人员了解问题时,一定要通过记笔记把各种细节记录下来。

调查研究从以下几个方面进行。第一,了解系统需求。软件开发是系统开发的一部分,仔细研究系统分析的文档资料,以了解系统需求中对软件的需求。第二,进行市场调查。了解市场上的需求形势,掌握相关软件的技术和价格数据,有利于决定开发的方针策略。第三,访问用户和领域专家。用户提出的要求应视为重要的原始资料,领域专家提供的信息有助于软件开发人员对用户需求的理解。第四,考察现场。直接掌握第一手材料,从专业角度考察待开发系统的操作环境和操作要求。

调查的方式可以有以下几种:

(1)调查提纲和调查表:各个层次用户、预见的隐用户。

(2)小型调查会议。根据用户的层次结构,召开小型调查会议,了解业务范围、工作内容、业务特点及对开发系统的想法、建议。

(3)个别访问。熟悉用户领域业务和信息流的专家。

(4)现场调查:现场考察和现场会议。

(5)资料。查阅各种系统资料。

(6)调查工具,如事务工程分析图或事务流程图等。

4. 需求获取过程的结束标志

没有一个简单、清楚的信号暗示你什么时候已完成需求获取。用户和开发者都会对潜在产品不断产生新的构思,但是下列提示将会暗示你在需求获取的过程中的返回点。

(1)如果用户不能想出更多的使用实例,也许你就完成了收集需求的工作。用户总是按其重要性的顺序来确定使用实例的。

(2)如果用户提出新的使用实例,但你可以从其他使用实例的相关功能需求中获得这些新的使用实例,这时也许你就完成了收集需求的工作。这些新的使用实例可能是你已获取的其他使用实例的可选过程。

(3)如果用户开始重复原先讨论过的问题,此时,也许你就完成了收集需求的工作。

(4)如果所提出的新需求比你已确定的需求的优先级都低时,也许你就完成了收集需求的工作。

(5)如果用户提出对将来产品的要求,而不是现在我们讨论的特定产品,也许你就完成了收集需求的工作。

2.2.2 需求分析

产生需求规格说明书的过程就是需求分析过程,又称需求定义。

1. 需求分析

需求分析是从用户最初的非形式化需求到满足用户要求的软件产品的映射过程,是对用户意图不断揭示和判断的过程,目的在于细化、精华软件的作用范围,确定拟开发软件的功能和性能、约束、环境等。

用户需求分为功能性需求和非功能性需求两类。

(1)功能性需求。功能性需求主要说明系统各功能部件与环境之间相互作用的本质,即拟开发软件在职能上要做到什么,是用户的主要需求,包括系统输入、系统能完成的功能、系统输出以及备选功能的定义和识别等。

(2)非功能性需求。非功能性需求反映软件系统质量和特性的需求,又称约束,主要从各个角度对所考虑的可能的解决方案起约束和限制作用。任何一个软件的非功能性需求都可能不同,由软件类型和工作环境等决定,如软件具有生死存亡的意义,可靠性就至关重要,对于一个实时系统,可靠性、效率和可用性等起决定作用。

非功能性需求包括过程需求、产品需求以及外部需求。过程需求是用户对软件开发过程提出的需求,包括交付需求、实现方法需求以及标准需求等。产品需求是对软件产品提出的需求,包括可用性需求、效用需求、可靠性需求、可移植性需求以及可重用性需求等。外部需求包括法规需求、费用需求以及互操作性需求等。

产品需求中,可移植性是软件在不同的操作环境下能够运行的程度。无法定量说明可移植性。一种定义是"移植到系统 X 上所需要的最大时间"及"软件移植到系统 X 后,功能和性能如何"等。另一种定义是依据源程序代码、操作系统和选择的编译器来标识系统的可移植性。可靠性是在一定的环境中,以用户能够接受的方式运行时所表现出来的始终如一的能力。可靠性与系统的硬件和软件两方面的因素有关,硬件方面如系统的平均无故障时间(MTTF)、系统平均故障间隔时间、失效率等,软件方面如出错保障能力、健壮性、内部信息的一致性、错误识别能力、错误处理能力及系统对噪声的敏感性等。

效率(或性能)是对软件效率方面的需求,系统的最大客户容量,运行的峰值速率、平均速率、峰值延迟,是否存在服务降级问题,充分运行时最少需要多少内存,同步问题等。软件的效率体现在下述方面,如容量,定义有多少用户、多少终端,是否为网络中的节点等;性能,对于许多需求表现,要指明将提供多少容量及系统将实现什么样的功能,并且指出系统负荷超过容量时,系统会有什么样的表现;内存,说明内存限制条件时,最大需要使用多少数量的内存;定时,时间限制条件定义了软件或软件环境的相应时间要求。

可用性是指人机界面友好、使用舒适、可理解性好、可修改性好等。

安全保密性包括用户的访问权限、操作权限、系统的抗攻击性能等。网络环境中,系统的安全保密问题尤为重要。

可重用性:软件开发规模越来越大,软件的可重用性需求成为开发人员追求的目标。

功能性需求构成待开发软件的基本功能部件;非功能性需求也是软件满足用户需求的重要内容,它涉及的面多而广。

2. 需求分析方法

在很多情形下,分析用户需求是与获取用户需求并行的,主要通过建立模型的方式来描述用户的需求,为客户、用户、开发方等不同参与方提供一个交流的渠道。这些模型是对需求的抽象,以可视化的方式提供一个易于沟通的桥梁。用户需求的分析与获取用户需求有着相似的步骤,区别在于分析用户需求时使用模型来描述,以获取用户更明确的需求。

模型化或模型方法是通过抽象、概括和一般化,把研究的对象或问题转化为本质(关系或结构)相同的另一对象或问题,从而加以解决的方法。模型化方法要求所建立的模型能真实反映所研究对象的整体结构、关系或某一过程、某一局部、某一侧面的本质特征和变化规律。通过建模过程,可以更好地了解现有系统的功能,通过抽象降低系统的复杂性,获得现有系统的模型,并依据对新系统的目标要求,进一步建立新系统的模型。借助于模型的帮助,分析人员能够更好地理解系统的信息、功能和行为,使分析任务更容易、更系统,模型成为评审的焦点,用以确定规约的完整性、一致性和精确性,模型是设计的基础。模型有助于开发小组之间的交流以及与用户的交流,并为系统的维护提供文档。

需求分析的方法大致分为面向过程、面向数据、面向控制和面向对象四类。

(1) 面向过程的分析方法主要研究系统输入输出的转化方式,对数据本身及控制方面并不很重视。传统的结构分析方法 SA(Structure Analysis)、SADT(Structure Analysis and Design Technique)等属于这一类。

(2) 面向数据的方法强调以数据结构的方式描述和分析系统状态,JSD(Jackson System Development, Jackson 系统开发方法)和关系实体(ER)模型都属于此类。

(3) 面向控制的方法强调同步、死锁、互斥、并发以及进程激活和挂起,控制流图就是典型的面向控制的方法，SADT 是以面向控制的方法为辅的。

（4）面向对象的方法把分析建立在系统对象以及对象间交互的基础上，通过对象的属性、分类结构和集合结构定义与沟通需求。从对象模型、动态模型和功能模型三个方面对问题进行描述。面向对象的方法正在成为需求分析中的一个热点，并展现出良好的应用前景。Yourdan 和 Coad 的 OOA 方法、Booch 的方法、Jacobson 的 OOSE 方法、Rumbaugh 的 OMT 方法等，都是这一方法的典型流派。

因此，用于需求建模的方法有很多种，最常用的包括数据流图（DFD）、实体关系图（ERD）和用例图（Use Case）三种方式。DFD 作为结构化系统分析与设计的主要方法，已经得到了广泛的应用，DFD 尤其适用于 MIS 系统的表述。DFD 使用四种基本元素来描述系统的行为，这四种基本元素是过程、实体、数据流和数据存储。DFD 方法直观易懂，使用者可以方便地得到系统的逻辑模型和物理模型，但是从 DFD 图中无法判断活动的时序关系。ERD 方法用于描述系统实体间的对应关系，需求分析阶段使用 ERD 描述系统中实体的逻辑关系，在设计阶段则使用 ERD 描述物理表之间的关系。需求分析阶段使用 ERD 来描述现实世界中的对象，ERD 只关注系统中数据间的关系，而缺乏对系统功能的描述。如果将 ERD 与 DFD 两种方法相结合，则可以更准确地描述系统的需求。在面向对象分析的方法中通常使用 Use Case 来获取软件的需求。Use Case 通过描述"系统"和"活动者"之间的交互来描述系统的行为。通过分解系统目标，Use Case 描述活动者为了实现这些目标而执行的所有步骤。Use Case 方法最主要的优点在于，它是用户导向的，用户可以根据自己所对应的 Use Case 来不断细化自己的需求。此外，使用 Use Case 还可以方便地得到系统功能的测试用例。

2.2.3　需求规格说明

需求文档可以使用自然语言或形式化语言来描述，还可以添加图形的表述方式和模型表征的方式。需求文档应该包括用户的所有需求，即功能性需求和非功能性需求。目前，没有一个需求分析方法能充分描述系统的所有需求，可能需要多种规格说明语言，如面向数据流方法不足以反映控制方面的需求，形式化语言不能表达非功能性的需求。因此，最现实的方法是采用自然语言 + 规格说明技术，即在自然语言不能精确陈述的时候，附加精确的模型或形式化注释。需求分析的成果是得到软件需求规格说明书（Software Requirement Specification，SRS）。SRS 作为系统开发各方达成的共识，是对系统进行设计、实现、测试和验收的基本依据。需求规格说明书的格式如表 2 - 1 所列。

表 2-1　需求规格说明书(ISO 标准版)

1. 引言
　1.1　编写的目的
　　　[说明编写这份需求说明书的目的,指出预期的读者。]
　1.2　背景
　　　a. 待开发的系统的名称;
　　　b. 本项目的任务提出者、开发者、用户;
　　　c. 该系统同其他系统或其他机构的基本的相互来往关系。
　1.3　定义
　　　[列出本文件中用到的专门术语的定义和外文首字母组词的原词组。]
　1.4　参考资料
　　　[列出用得着的参考资料。]
2. 任务概述
　2.1　目标
　　　[叙述该系统开发的意图、应用目标、作用范围以及其他应向读者说明的有关该系统开发的背景材料。解释被开发系统与其他有关系统之间的关系。]
　2.2　用户的特点
　　　[列出本系统的最终用户的特点,充分说明操作人员、维护人员的教育水平和技术专长,以及本系统的预期使用频度。]
　2.3　假定和约束
　　　[列出进行本系统开发工作的假定和约束。]
3. 需求规定
　3.1　对功能的规定
　　　[用列表的方式,逐项定量和定性地叙述对系统所提出的功能要求,说明输入什么量、经怎么样的处理、得到什么输出,说明系统的容量,包括系统应支持的终端数和应支持的并行操作的用户数等指标。]
　3.2　对性能的规定
　　3.2.1　精度
　　　　[说明对该系统的输入输出数据精度的要求,可能包括传输过程中的精度。]
　　3.2.2　时间特性要求
　　　　[说明对该系统的时间特性要求。]
　　3.2.3　灵活性
　　　　[说明对该系统的灵活性的要求,即当需求发生某些变化时,该系统对这些变化的适应能力。]
　3.3　输入输出要求
　　　[解释各输入输出数据类型,并逐项说明其媒体、格式、数值范围、精度等。对系统的数据输出及必须标明的控制输出量进行解释并举例。]
　3.4　数据管理能力要求(针对软件系统)
　　　[说明需要管理的文卷和记录的个数、表和文卷的大小规模,要按可预见的增长对数据及其分量的存储要求作出估算。]
　3.5　故障处理要求
　　　[列出可能的软件、硬件故障以及对各项性能而言所产生的后果和对故障处理的要求。]
　3.6　其他专门要求
　　　[如用户单位对安全保密的要求,对使用方便的要求,对可维护性、可补充性、易读性、可靠

性、运行环境可转换性的特殊要求等。]

4. 运行环境规定

    4.1 设备

        [列出运行该软件所需要的硬设备。说明其中的新型设备及其专门功能,包括:

        a. 处理器型号及内存容量;

        b. 外存容量、联机或脱机、媒体及其存储格式、设备的型号及数量

        c. 输入及输出设备的型号和数量,联机或脱机;

        d. 数据通信设备的型号和数量;

        e. 功能键及其他专用硬件。]

    4.2 支持软件

        [列出支持软件,包括要用到的操作系统、编译程序、测试支持软件等。]

    4.3 接口

        [说明该系统同其他系统之间的接口、数据通信协议等。]

    4.4 控制

        [说明控制该系统的运行的方法和控制信号,并说明这些控制信号的来源。]

2.2.4 验证

在将需求规格说明书提交给设计阶段之前,必须进行需求评审。如果在评审过程中,发现了存在的错误和缺陷,应及时进行纠正和弥补,并重新进行相应部分的需求分析,完成后,再进行评审。

一般的评审分为用户评审和同行评审两类。用户和开发方对于软件项目内容的描述,是以需求规格说明书作为基础的;用户验收的标准则是依据需求规格说明书中的内容制定的,所以评审需求文档时用户的意见是第一位的。而同行评审的目的,是在软件项目初期发现那些潜在的缺陷或错误,避免这些错误和缺陷遗漏到项目的后续阶段。

一个完善的 SRS 应该具有正确性、无二义性、完整性、可验证性、一致性、可修改性、可跟踪性以及增加适当的注释。正确性是最基本的要求之一,指 SRS 中系统的功能、行为、性能的描述与用户对目标软件产品的期望相吻合。无二义性是指 SRS 中陈述的任何事情只有一种解释,可以通过使用标准化术语,并对术语的语义进行显式的、统一的说明等措施来保证。完整性指 SRS 中包含软件要做的全部事情;指明系统对有效和无效输入的反应;不要遗留任何有待解决的问题。可验证性,因为任何二义性均会导致不可验证性。一致性是指没有冲突术语、冲突特性,具有定时关系。可理解性是指非计算机人员能理解。可修改性是指它的格式和组织方式能够保证后续的修改容易完全、协调地进行。可跟踪性是指 SRS 中的需求可以在系统需求中找到其依据(称后向需求可跟踪性),并且,SRS 中的每一项需求都应该在设计和实现中得以完成(称前向需求可跟踪

性)。在 SRS 中要有注释,给开发人员和开户一些提示。

　　需求获取、分析、编写需求规格说明和验证并不遵循线性的顺序,这些活动是相互隔开、增量和反复的。当和客户合作时,就将会问一些问题,并且取得他们所提供的信息(需求获取)。同时,将处理这些信息以理解它们,并把它们分成不同的类别,还要把客户需求同可能的软件需求相联系(分析)。然后,可以使客户信息结构化,并编写成文档和示意图(说明)。下一步,就可以让客户代表评审文档并纠正存在的错误(验证)。这四个过程贯穿着需求分析的整个阶段。

2.3　需求分析的结构化技术

2.3.1　概述

　　软件工程的分析阶段,从一系列的建模任务开始,建立软件的完整的需求规约和全面的设计表示。分析模型实际上是一组模型,是系统的第一个技术表示。在过去的若干年中,人们提出了许多种分析建模的方法,其中两种在分析建模领域占有主导地位,第一个是"结构化分析",这是传统的建模方法。另一种方法是"面向对象的分析",将在面向对象分析与设计中详细介绍。结构化需求分析是面向数据流进行需求分析的方法,大多使用自顶向下、逐层分解的系统分析方法来定义系统的需求。在结构化分析的基础之上,可以做出系统的规格说明,由此建立系统的一个自顶向下的任务分析模型。

　　分析模型必须达到三个主要目标:描述客户的需要;建立创建软件设计的基础;定义在软件完成后可以被确认的一组需求。为了达到这些目标,在结构化分析中导出的分析模型采用图 2 – 2 所描述的形式。

图 2 – 2　结构化分析模型的结构

　　在模型的核心是"数据字典",包含了软件使用或生产的所有数据对象描述的中心库。围绕着这个核心有三种图。第一种图是实体—关系图。实体—关系图描述数据对象间的关系,是用来进行数据建模活动的记号,在实体—关系图中出现的每个数据对象的属性可以使用"数据对象描述"来描述。第二种图是数据流图。数据流图服务于两个目的,即指明数据在系统中移动时如何被变换;描述对数据流进行变换的功能(和子功能)。数据流图提供了附加的信息,它们可以用于信息域的分析,并作为功能建模的基础。在数据流图中出现的每个功能的描述包含在"加工规约"中。第三种图是状态—变迁图。状态—变迁图指明作为外部事件的结果,系统将如何动作,为此,状态—变迁图表示了系统的各种行为模式(称为"状态")以及在状态间进行变迁的方式,状态—变迁图是行为建模的基础。关于软件控制方面的附加信息包含在"控制规约"中。

分析模型包含了图2-2中提到的各种图、规约、描述和字典。描述系统需求时可以从系统的功能、行为和信息三个方面进行,侧重点可以不一样。结构化分析方法采用的功能分析工具是数据流图(DFD)、数据字典(DD)、结构化英语、判定表和判定树;行为分析工具是状态迁移图、Petri网等;数据分析工具是ER图或者EER(扩展ER)图。结构化分析方法主要针对数据处理领域,因此,系统分析的侧重点在于功能分析和数据分析,而行为分析使用得较少。以下各节将对分析模型中的这些元素进行更加详细的讨论。

2.3.2 数据建模

数据建模要回答与任何数据处理应用相关的一组特定问题,如系统处理哪些主要的数据对象,每个数据对象的组成如何,哪些属性描述了这些对象,这些对象当前位于何处,每个对象与其他对象有哪些关系,对象和变换它们的处理之间有哪些关系。

为回答这些问题,数据建模使用实体—关系图,采用图形符号来标识数据对象及它们之间的关系。在结构化分析的语境中,实体—关系图定义了应用中输入、存储、变换和产生的所有数据。

实体—关系图只是关注于数据,表示了存在于给定系统中的"数据网络"。实体—关系图对于数据及其之间的关系比较复杂的应用特别有用。与数据流图不同(数据流图用来表示数据如何被变换),数据建模独立于变换数据的处理来考察数据。

1. 数据对象、属性和关系

数据模型包含三种互相关联的信息:数据对象、描述数据对象的属性和数据对象相互连接的关系。

数据对象是几乎任何必须被软件理解的复合信息的表示。复合信息是指具有若干不同的特征或属性的事物。因此,"宽度"(单个的值)不是有效的数据对象,但坐标系(包括高度、宽度和深度)可以被定义为一个对象。数据对象可能是一个外部实体(如生产或消费信息的任何事物),一个事物(如报告或显示),一次行为(如一个电话呼叫)或事件(如一个警报),一个角色(如销售人员),一个组织单元(如统计部门),一个地点(如仓库)或一个结构(如文件)。例如,人或车可以被认为是数据对象,因为它们可以用一组属性来定义。

数据对象描述则包含了数据对象及其所有属性。数据对象是相互关联的,例如,人可以"拥有"车,"拥有"关系意味着人和车之间的一种特定的连接。关系总是由被分析的问题的语境定义的。数据对象只封装了数据,在数据对象中没有指向作用于数据的操作的引用。因此,数据对象可以表示为一个表,表头反映了对象的属性。

例如,一个教师是通过姓名、性别、职称、教师编号(ID#)及联系电话(Phone No.)来定义。表2-2中的实体表示了数据对象的特定实例。例如,Mary Meade是数据对象教师的一个实例。

表2-2 数据对象教师

姓 名	性别	职 称	ID#	Phone No.
Mary Meade	Female	Professor	T640827001	65342101
Chuck Hamill	Male	Assistant Professor	T841013099	65342109

属性定义了数据对象的性质,它可以具有以下三种不同的特性之一,即可以用来为数据对象的实例命名,描述这个实例,建立对另一个表中的另一个实例的引用。另外,一个或多个属性应被定义为"标识符",即当要找到数据对象的一个实例时,标识符属性成为一个"关键性属性"。在有些情况下,标识符的值是唯一的,尽管这不是必须的。在数据对象教师的例子中,ID#可以是一个合理的标识符。

数据对象可以以多种不同的方式互相连接。例如,数据对象"书"和"书店",可以定义一组"对象—关系对"来定义有关的关系,如书店订购书、书店销售书等,关系"订购"、"销售"定义了书和书店间的相关连接。对象—关系对是双向的,即它们可以在两个方向——书店订购书或书是否被书店订购。

2. 实体—关系图(Entity Relationship Diagraph,ERD)

对象—关系对是数据模型的基础,这些对可以使"实体—关系图"以图形的方式进行表示。ERD 最初是由 Peter Chen 为关系数据库系统的设计提出的,并被其他人进行了扩展。ERD 标识了一组基本的构件,如数据对象、属性、关系和各种类型指示符。ERD 的主要目的是表示数据对象及其关系。如图2-3所示,一个教师可以教0门或多门课程。

教师(**教师编号**,姓名,职称,联系电话)　　课程(**课程号**,课程名,学时数)

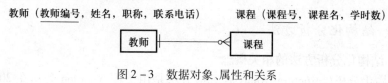

图2-3 数据对象、属性和关系

35

基本的 ERD 符号是:带标记的矩形表示数据对象;连接对象的带标记的线表示关系,在 ERD 的某些变种中,连接线包含一个标记关系的菱形;数据对象的连接和关系使用各种表示基数与形态的特殊符号来建立(图2-4)。

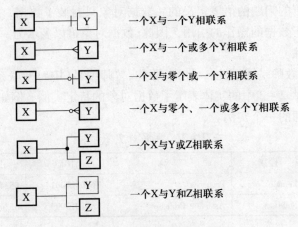

一个X与一个Y相联系

一个X与一个或多个Y相联系

一个X与零个或一个Y相联系

一个X与零个、一个或多个Y相联系

一个X与Y或Z相联系

一个X与Y和Z相联系

图2-4　实体—关系表示符号

例如,在教学管理中,学校开设若干门课程,一个教师可以教授其中的零门、一门或多门课程,每位学生也需要学习其中的几门课程。

在本例中涉及的对象包括学生、教师和课程。用 E-R 图描述他们之间的关系如下(图2-5):

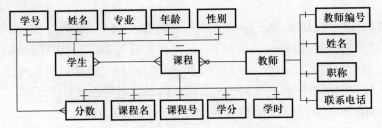

图2-5　教学实体模型

数据建模和实体—关系图向分析员提供了一种简明的符号体系,从而可以方便对数据处理应用语境中的数据进行考察。在多数情况下,数据建模方法用来创建部分分析模型,但它也可以用于数据库设计,并支持任何其他的需求分析方法。

2.3.3　结构化分析方法

1. 结构化分析方法的相关概念

结构化分析(Structural Analysis,SA)方法是由美国 Yourdon 公司在 20 世纪

70 年代末提出,适用于分析大型的数据处理系统,以结构化的方式定义系统的一种分析方法。结构化分析方法的特点是利用数据流图来帮助人们理解问题,对问题进行分析,用图形工具来模拟数据处理过程。SA 方法中加入一些其他技术进行扩展,如为适用于实时控制系统,又加入了状态转移图。结构化分析方法的实质是采用一组分层数据流图及相应的数据字典作为系统的模型。由于 SA 主要针对数据处理领域,因此,系统分析的侧重点在于功能分析和数据分析,而行为分析使用得较少。

结构化分析包括下列工具,用于系统的功能分析:数据流图(Data Flow Diagram,DFD)、数据字典(Data Dictionary,DD)以及结构化语言、判定表及判定树。

数据流图用来描述系统的数据流,指明数据在系统中移动时如何被变换,描述对数据流进行变换的功能,DFD 中每个功能的描述包含在加工规约(小说明中),数据流图用于功能建模。数据流图用来表示信息流程和信息变换过程的图解方法,是结构化分析的核心部分。

分析模型中包含了对数据对象、功能和控制的表示。在每种表示中,数据对象和/或控制项都扮演一定的角色,因此,有必要提供一种有组织的方式来表示每个数据对象和控制项的特性,这是由数据字典来完成的。数据字典是对所有与系统相关的数据元素的一个有组织的列表,以及精确的、严格的定义,使得用户和系统分析员对于输入、输出、存储成分和中间计算有共同的理解。数据字典几乎总是作为 CASE"结构化分析与设计工具"的一部分。对于大型的基于计算机的系统,数据字典的规模和复杂性迅速增长,事实上,手工维护数据字典是非常困难的,这就是使用 CASE 工具的原因。

结构化英语、判定表和判定树用于具体描述数据流图中的基本功能,即用于对数据处理过程进行描述。

结构化分析方法的实质就是采用一组分层数据流图及相应的数据字典作为系统的模型。结构化分析方法的基本步骤如下:

步骤 1:画出现有系统的 DFD,指明系统的输入输出数据流,描述数据在系统中的流动,对数据操作的处理过程。

步骤 2:画出相对于现有系统的等价的逻辑 DFD。如现实的文档文件用员工薪水文件来代替,送往李经理办公室这类的加工处理采用报表清单替代。

步骤 3:构造新系统的 DFD。构造新系统的 DFD 没有通用的规则,由于新系统还不存在,因此,什么是数据流,什么是要处理的过程,都需要分析员基于经验和对系统的看法来判断。新系统的 DFD 只对现存系统 DFD 中属于需改变范围以内的部分进行改进。

步骤 4:完成人—机界线,指出在新系统的 DFD 中哪些被自动化完成,哪些仍将由手工完成。

其中,步骤 1 和步骤 2 描述的是当前系统的模型,步骤 3 和步骤 4 描述的是新系统的模型。

2. 控制系统复杂性的基本思想

对于大型复杂系统来说,最困难的事情是如何处理复杂性。在软件工程中控制复杂性的主要手段是"分解"与"抽象",在 SA 中通过对不同层次的细节和指标的抽象,来处理一个复杂的系统。逐层分解的方法是:顶层抽象地表达整个系统;低层具体地画出系统的每一个细节;中间层是从抽象到具体的过渡。所以,无论系统多么复杂,分析工作总可以有条不紊地进行;无论系统规模有多大,分析工作的复杂程度不会随之增大,而只是多分解几层而已。即 SA 方法能有效地控制分析工作的复杂性,可以很好地处理大型复杂系统的需求分析工作和表达系统的需求说明书。

3. 数据流图

数据流图中采用四种基本符号,代表不同的数据因素。

———→数据流:箭头的始点和终点分别代表数据流的源和目标;数据流描绘 DFD 中各成分的接口。数据流具有方向。

数据源(源点、终点):矩形用来表示外部实体,代表系统之外的人、物或组织,提供系统和外界环境之间关系的注释性说明。

对数据的加工(处理):对数据执行某种操作或变换。把输入数据变成输出数据流的一种变换。每一个加工有一个名字、编号。

或— 数据的存储:可以表示文件、文件的一部分、数据库的因素或记录的一部分。

DFD 记号的简单性是结构化分析技术被最广泛使用的原因之一。

数据流是一组成分已知的信息包,信息包中可以有一个或多个已知的信息。两个加工之间可以有好几个数据流,若数据流之间毫无关系,也不是同时流出(或同时到达)时,应用多个数据流表示。数据流应有良好的命名,数据的标识,有利于深化对系统的认识。同一数据流可以流向不同的加工,不同加工可以流出相同的流(合并与分解)。流入/流出简单存储的数据流不需要命名,因为数据存储名已有足够的信息来表示数据流的意义。数据流不代表控制流,数据流反映了处理的对象;控制流是一种选择或用来加工的性质,而不是对它进行加工的对象。

数据流图指明数据在系统中移动时如何被变换,描述对数据流进行变换的功能,DFD 中每个功能的描述包含在加工规约(小说明)中。

画 DFD 的一种方法是首先识别出主要输入和输出,然后从输入向输出推进,找出通道上的主要变换。大多数情况下,原则上是由外向里、自顶向下去模拟问题的处理过程,通过一系列的分解步骤,逐步求精地表达出整个系统功能的内部关系。

画数据流图采用的步骤如下:

步骤1:在图的边缘标出系统的输入、输出数据流:决定研究的内容和系统的范围。

步骤2:画出数据流图的内部:将系统的输入、输出用一系列的处理连接起来,可以从输入数据流画向输出数据流,或从中间画出去。

步骤3:仔细为数据流命名。

步骤4:根据加工的输入、输出内容,为加工命名:"动词＋宾语"。

步骤5:不考虑初始化和终点,暂不考虑出错路径等细节,不画控制流和控制信息。

步骤6:反复与检查:人类的思维过程是一种迭代的过程。

4. 分层数据流图

为了有效地控制复杂度,可以在产生数据流图时,采用分层技术,提供一系列的分层 DFD 图,来逐级地降低数据流图的复杂性。分层的结构起到了对信息进行抽象和隐蔽的作用:高层次的数据流图是其相应的低层的抽象表示,而低层次的数据流图表现了它相应的高层次图中的有关数据处理的细节。

一个系统的分层数据流图划分为顶层 DFD、中间层 DFD 和低层 DFD 三种。

顶层数据流图结构简单,描述了整个系统的作用范围,对系统的总体功能、输入和输出进行了抽象,反映了系统和环境的关系。在软件系统中,只存在一张顶层数据流图,称为内外关系图(Context Diagram)。中间层数据流图通过分解高层数据流图中的数据加工得到。一张中间层的数据流图具有几个可分解的加工,就存在几张低层次数据流图。这种分解可以不断重复,直到新的数据流图中每个数据加工的功能明确,相关的数据流被严格定义为止,分层数据流图如图2-6所示。

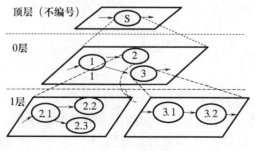

图 2-6 分层数据流图

建立分层的数据流图时,应遵守下述分层原则:父图和子图关系,编号,平衡规则,文件的局部性和分解程度。

(1)父图和子图关系。对任一层数据流图而言,称其上层图为它的父图,其下层图为它的子图。如果父图有 5 个加工,就有可能存在≤5 个子图。子图代表了父图中某个加工的细节,父图表示了子图间的接口,二者代表了同一个东西。

(2)编号。为了使数据流图便于查阅,在进行层次分解时对图进行编号。在顶层图中的加工使用的编号为 0;低层图的编号为它的高层图中相应加工的编号,子加工的编号是图号加上"·",加上加工在本图中的局部编号;每个加工的编号所含的小数点的数目就是该图所属的层次数;有时为了简化图上的加工编号,可在加工上只标出局部号,实际编号可以由图号和局部号组成。

(3)平衡规则。每次细化时,细化部分的输入和输出必须保持一致,即保持信息流连续性。进入子图的数据流与父图上相应加工的数据流本质上是同一的,故子图的输入输出数据流和父图上的相应加工上的输入输出数据流必须一致,称"平衡规则"(图 2-7)。

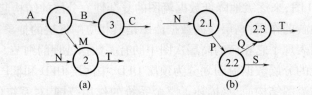

图 2-7　平衡规则

(a)父图;(b)子图(不平衡,输入缺 M,输出多 S)。

(4)文件的局部性。在文件第一次出现时,对它的所有加工的定义就已确定,称为文件的局部性,文件只在 DFD 中某一级中作为两个或多个加工之间的接口关系时才开始在该级及以下级的图上表示出来(图 2-8)。

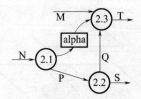

图 2-8　文件的局部性

(5)分解程度。每个过程的每次细化一般控制在 3 个~4 个分过程,总的原则是便于理解。经验表明,分解力求自然,不强求一个固定数;分解后,各界面清晰,意义明确;在不影响可读性时,多一些加工,使图纸容易理解。何时分解停止可以有多种判断方法：DeMarco 认为一个底层加工的小说明能在一页纸上写下时，层次的细化可以停止；Jackson 认为加工的输入/输出关系为 1 对 1 或多对 1 关系时，可以停止分解。

5. 数据字典

数据字典是关于数据信息的集合，是数据流图中所有元素（数据流、数据流的组成、文件加工小说明及其他应进入字典的一切数据）严格定义的场所。数据字典中的条目按一定次序排列，应提供查阅各数据元素的检索手段。结构化分析阶段产生的数据量很大，容易达到 5000 条以上。数据流图和数据字典一起构成系统的逻辑模型，数据字典最重要的用途是作为分析阶段的工具，在数据字典中建立严密一致的定义有助于改进分析员和用户之间的通信，避免误解，有助于改进不同的开发人员或开发小组之间的通信。

数据流图中表现的是对系统的功能和数据流的分解。数据字典中对数据的定义也表现为对数据的自顶向下的分解，当数据被分解到不需要进一步解释说明，大家都清楚其含义时，就完成了数据的定义。组成条目的方式有顺序、选择和重复三种基本类型。顺序类型以确定的次序连接两个或多个成分；选择类型从两个或多个成分中选取一个；重复类型把特定的成分重复 0 次或多次。在数据字典中，使用一套特定的逻辑运算符对数据进行精确而简洁的描述，如表 2 - 3 所列。

表 2 - 3 数据字典中对数据的逻辑操作符

操 作 符	含 义
=	由……组成(定义为……)
+	和(顺序结构)
{…}	重复,使用上限和下限进一步注释重复的次数(循环结构)
[…	…]	或(选择结构)
(…)	可选(也可不选)
…,	注释符

数据字典中条目的种类由下述四类元素的定义组成：数据流、加工、数据存储及数据项（即数据流及数据存储的组成部分），每个条目的内容可以包括数据元素的名称、别名、内容描述、数据结构、数据类型、使用特点（取值范围、使用频率、使用方式等）、控制信息（来源、用户、引用它的程序、读写权限）等。

数据流条目给出 DFD 中某个数据流的定义，通常包括数据流标识、数据流来源、数据流去向、数据流的数据组成以及流动属性描述（如频率、数据量）等。

数据存储条目是对某个文件的定义，包括文件名、描述、数据结构、数据存储

41

方式、关键码、存取频率和数据量以及安全性要求等。

数据项条目是组成数据流和数据存储的最小元素,是不可再分解的数据单位,包括名称、描述、数据类型、长度(精度)、取值范围及默认值、计量单位、相关数据元素及数据结构等。

加工条目用于对数据处理进行描述,也称为加工小说明。加工条目描述实现加工的策略,即实现加工的处理逻辑而非实现加工的细节,描述如何把输入数据流变换为输出数据流的加工规则。

数据字典的实现方法有全人工过程、全自动过程(依赖数据字典处理软件)以及混合过程(利用已有的实用程序来辅助人工过程)。

数据字典的特点包括:通过名字能方便地查阅数据定义;没有冗余;尽量不重复在规格说明的其他部分中已出现的信息;容易修改和更新;能单独处理描述每个数据元素的信息;定义的书写方法简便而严格;具有交叉参照表,错误检测和一致性校验等功能。

人工方法实现数据字典的步骤如下:

步骤1:为每个要定义的名字准备一张卡片。

步骤2:在卡片上书写名字和类型(数据流、数据流分量、数据存储或加工)。

步骤3:书写名字的定义。

步骤4:书写名字的其他特性或限制——别名、描述或安全保密等方面的限制。

步骤5:按照名字的某种顺序将卡片排列起来。

步骤6:制作一个目录,放在数据字典的前面以便索引。

程序实现时,数据字典应具备的功能包括:规定数据字典的条目格式;接受按规定格式输入的字典的条目;错误检查机制,报告非法输入(如语法错误、重定义等);编辑功能,对字典条目进行插入、修改、删除等操作;顺序输出字典条目清单;生成各种查询报告。

尽管各个工具中字典的形式各不相同,但都包含以下信息:名称是数据或控制项、数据存储或外部实体的主要名称;别名是第一项的其他名字;何处使用/如何使用说明使用数据或控制项的加工列表,以及如何使用(如加工的输入、加工的输出、作为存储、作为外部实体);内容描述为表示内容的符号;补充信息是关于数据类型、预设值(如果知道)、限制或局限等的其他信息。

一旦数据对象或控制项的名称和别名被输入了数据字典,就要保持命名的一致性,即如果一个分析组的成员决定将一个新导出的数据项命名为 xyz,而 xyz 已经存在于字典中,支持字典的 CASE 工具应发出警告,指出重名,这改进了分析模型的一致性,有助于减少错误。

6. 加工小说明的定义方法

在数据流图中,每一个加工框中只简单地写上一个加工名,这显然不能表达加工的全部内容。加工小说明用来定义底层数据流图中的加工,应精确地描述一个加工做什么,包括加工的激发条件、加工逻辑、优先级别、执行频率、出错处理等细节;通常采用自然语言表达,此外,还有结构化英语(或汉语),判定表和判定树等。软件规模小时,一般采用自然语言表达需求;当需求变得复杂时,要按一定的书面规格来说明需求。一般来说,对于顺序执行和循环执行的动作,用结构化语言描述;对于存在多个条件复杂组合的判断问题,用判定表和判定树。

(1)结构化语言。结构化语言的结构分为内外两层:外层的语法比较严格,用来描述控制结构,采用顺序、选择和重复三种基本结构;内层的语法比较灵活,使用规定的语法和词汇。在结构化语言中主要使用祈使句、使用数据流图中定义过的名词及动词,没有形容词和副词;也允许使用某些运算符和关系符;连接词必须取自三种语法结构的保留字,IF、WHILE、UNTIL。

结构化语言的优点是无确定的语法、可分层、可嵌套,接近自然语言、易学、易理解;使用结构化语言的原则是尽可能精确,避免二义性。

例:用结构化语言对某民航旅客订票系统加上"核实订票处理"的小说明。

加工名:核实订票处理

编号:4.2

激活条件:收到取订票信息

处理逻辑:1 读订票旅客信息文件

    2 搜索此文件中是否有与输入信息中姓名及身份证号相符的项

   IF 有

    THEN 判断余项是否与文件中信息相符

     IF 是 THEN 输出已订票信息

      ELSE 输出未订票信息

    ELSE 输出未订票信息

执行频率:实时

(2)判定表。判定表是描述多条件、多目标动作的形式化工具,可以把复杂的逻辑关系和多种条件组合既明确又具体地表达出来。在某些数据处理问题中,其数据流图的处理需要多个逻辑条件的取值,这些取值的组合可能构成多种不同情况,必须相应执行不同的动作。这类问题用结构化语言来描述很不方便,用判定表(或判定树)作为表示加工小说明的工具。

判定表的组成部分包括基本条件、基本动作、条件项以及动作项。基本条件列出了各种可能的条件;基本动作列出了所有可能采取的动作;条件项对各种条件给出了多种取值;动作项指出在条件项的各组取值下应采取的动作规则,即任何一个条件项的特定取值。判定表的规则是任何一个条件项的特定取值及其相应要执行的动作,如表2-4所列。

判定表的最大优点是:它能把复杂的情况按各种可能的情况逐一列举出来,简明而且易于理解,也可以避免遗漏。目前,已有自动工具用于建立判定表。判定表的缺点是:无法表达重复执行的动作,如循环结构等。

例:计算某民航售票系统的机票折扣率,如表2-5所列。

表2-4 判定表的规则

规则号	1	2
基本条件	条件	组合
基本动作	动作	组合

表2-5 某民航售票系统的机票折扣率

旅游时间	7月~9月,12月		1月~6月,10月,11月	
订票量	≤20	>20	≤20	>20
折扣量	5%	15%	20%	30%

(3)判定树。判定树是判定表的变种,用判定表能表达的问题都能用判定树来表达。判定树的分枝表示不同的条件。判定树的的叶子给出应完成的动作。

例:对上例中的某民航售票系统的机票折扣率计算采用判定树,如图2-9所示。

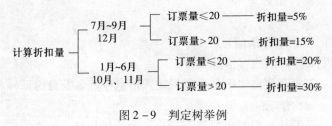

图2-9 判定树举例

(4)规则表达式。用来对符号字符串的结构作正式的说明。可用于说明输入数据、指令顺序以及消息内容等。规则表达式常用于编译生成识别符号和标识。

规则表达式基本成分包括原子、合成、替换以及闭包。原子是语言字母表的基本符号;合成由两个规则表达式连接而成($r_1 r_2$);替换表示也/或的关系(r_1/r_2);闭包表示一个规则表达式的复合出现次数,用$(r)*$表示,"$*$"表示符号$*$前的字符串被用于连接0次或多次。

在实际应用中许多数据流能用这些基本成分定义,使用抽象名称能构成层次性的规格说明,如包含学生记录的文件。每个学生记录包含姓名、社会安全代号、已选取的系列课程：

Record – file = （Name SSN Courses）*

Name = （last first）

Last, first = （A|B…|Z）（a|b…|z）*

SSN = digit digit digit digit digit digit digit digit digit

Digit = （0|1…|9）

Courses = （C_number）*

在表达一个基本加工逻辑时，结构化英语、判定表和判定树常交叉使用，互相补充。加工逻辑说明是结构化分析方法的一个组成部分，对每一个加工都要说明。

7. 审查

在构造了系统的 DFD 及相关数据字典后，要对其正确性进行检验。实际应用中往往采用人工的方式进行检验，可能发现的问题包括：未标记的数据流；丢失数据流，得不到某处理过程需要的数据信息；纯记录性的数据流，处理过程中的某些数据未加以利用；在改进过程中未保持数据一致性；遗失处理过程；包含的控制信息等。

从数据流图的角度，根据语法、语义，结合数据字典，对正确性和可理解性进行下述检查：通过检查数据守恒、文件使用、文字图平衡等进行正确性检验。简化加工之间的联系、均匀地进行分解、适当地命名可提高可理解性。使用重新组合与分解来改进数据流图。

8. 实例分析

下面用实例说明数据流图的具体建模方法。

实例：教育基金会捐款资金管理系统。要求：捐款者提出捐助请求，身份确认后，对捐款者进行登记，捐款存入银行。教育单位提出用款申请，进行合法性校验，并对捐款储备后，做出支出。每月给理事会提供一份财政状况表，列出本月的收入、支出及资金余额。

数据流图的具体建模方法如下：

第一步：初步确定基本元素——数据源点和终点、数据流（图 2 – 10）。

图 2 – 10　教育基金会捐款资金管理系统顶层数据流图

第二步:分解。用加工代替资金管理系统,数据流中增加一个数据存储,对数据存储和加工进行编号(图2-11)。

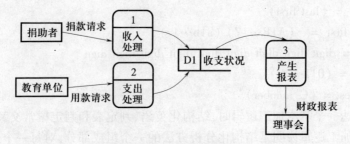

图2-11 功能级数据流图

第三步:对每一个加工进一步分解。如图2-12所示,"收支状况"中,有报表所需的全部信息;"产生报表"只是按一定的格式排列和输出这些信息,即当一个功能的继续分解涉及到具体实现时,不必继续分解。

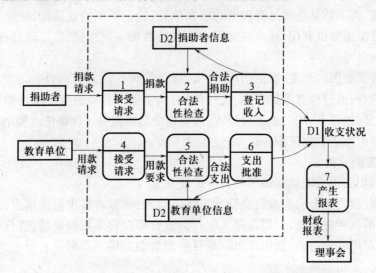

图2-12 教育基金会捐款资金管理系统功能级数据流图

2.3.4 其他具有结构化思想的需求分析方法

1. 层次方框图

层次方框图用树形结构的一系列多层次的矩形框描绘系统的层次结构。树形结构的顶层是一个单独的矩形框,它代表完整的系统结构;下面的各层矩形框代表这个系统的子集;最底层的各个框代表组成这个信息系统的实际元素(不能再分割的元素)。

46

例如,描绘一家计算机公司全部产品的结构可以用图2-13所示的层次方框图表示。

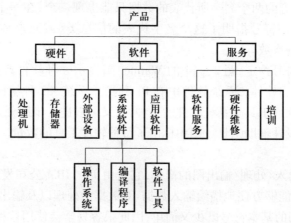

图2-13 层次方框图的一个例子

这家公司的产品由硬件、软件和服务三类组成,软件产品又分为系统软件和应用软件,系统软件又进一步分为操作系统、编译程序和软件工具等。

随着结构的精细化,层次方框图对信息结构也描绘得越来越详细,这种模式非常适合于需平行地进行分析的需求。系统分析员从顶层信息分类开始,沿图中每条路径反复细化,直到确定了系统的全部细节为止。

2. Warnier 图

法国计算机科学家 Warnier 提出了表示信息层次结构的另外一种图形工具。与层次方框图类似,Warnier 图也用树形结构描绘信息,但是这种图形工具比层次方框图提供了更丰富的描绘手段。用 Warnier 图可以表示信息的逻辑组织,也就是说,它可以指出一类信息或一个信息量是重复出现的,也可以表示特定信息在某一类信息中是有条件地出现的。因为重复和条件约束是说明软件处理过程的基础,所以很容易把 Warnier 图转变成软件设计的工具。

图2-14 是用 Warnier 图描绘一类软件产品的例子,它说明了这种图形工具的用法:

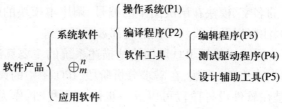

图2-14 用 Warnier 图描绘一类软件产品

图中大括号用来区分数据结构的层次,在一个大括号内所有名字都属于同一类信息;异或符号表明一类信息或一个数据元素在一定条件下出现,而且在这个符号的上、下方的两个名字所代表的数据只能出现一个;在一个名字下(或右边)的圆括号中的符号指明了这个名字代表的信息类(或元素)在这个数据结构中重复出现的次数。

根据上述符号约定,图 2-14 的 Warnier 图表示一种软件产品要么是系统软件,要么是应用软件。系统软件中有 P1 种操作系统、P2 种编译程序,此外还有软件工具。软件工具是系统软件的一种,它又可以进一步细分为编辑程序、测试驱动程序和设计辅助工具。图中标出了每种软件工具的数量。

3. IPO 图

IPO 图是输入/处理/输出图的简称,它是由美国 IBM 公司发展完善起来的一种图形工具,能够方便地描绘输入数据、对数据的处理以及输出数据之间的关系。IPO 图使用的基本符号既少又简单,因此很容易学会使用这种图形工具。

IPO 图的基本形式是在左边的框中列出有关的输入数据;在中间的框内列出主要的处理;在右边的框内列出产生的输出数据。处理框中列出的处理次序显示了执行的顺序,但是用这些基本符号还不足以精确描述执行处理的详细情况。

图 2-15 是一个主文件更新的例子,通过这个例子不难了解 IPO 图的用法。

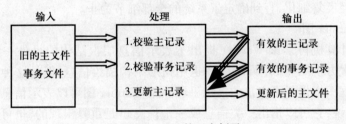

图 2-15   IPO 的一个例子

常常使用一种改进的 IPO 图,这种图包含某些附加的信息,在软件设计过程中将比原始的 IPO 图更有用,如图 2-16 所示。

改进的 IPO 图中包含的附加信息主要有系统名称、图的作者、完成的日期、本图描述的模块的名字、模块在层次图中的编号、调用本模块的模块、本模块调用的模块的清单、注释以及本模块使用的局部数据元素等。

在需求分析阶段可以使用 IPO 图简略地描述系统的主要算法(即数据流图中各个处理的基本算法)。当然,在需求分析阶段,IPO 图中的许多附加信息暂时还不具备,但是在软件设计阶段可以进一步修正这些图,作为设计阶段的文档,这正是在需求分析阶段用 IPO 图作为描述算法的工具的重要优点。

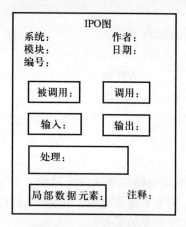

图 2 – 16　改进的 IPO 图

2.4　快速原型方法

2.4.1　概述

快速原型方法是迅速地根据软件系统的需求产生出软件系统的一个原型的过程。该原型要表达出目标系统的功能和行为特性,但不一定符合其全部的实现需求。利用原型,软件的设计者可以得到系统可用性的反馈信息,系统的用户也可以得到宝贵的早期经验。

1. 快速原型方法的主要好处

采用快速原型方法可尽早获得更完整、更正确的需求和设计,可以通过改进原型得到目标系统,而不必从头做起。快速原型的总体效果是使软件开发生命期的总效益得到改善。

2. 快速原型对需求定义及设计的影响

在用户与软件系统交互作用之前,不易发现软件需求中的缺陷。有了原型,用户就可以与原型进行交互,能尽早发现需求的缺陷,进而能得到正确而完整的需求。

一般而言,在软件开发人员得到一个系统的可执行版本之前,常常不易发现软件设计中的缺陷。设计人员与原型交互作用,就可以很快检查出设计的可行性,而不必再把力量花在开发一个有问题的目标系统上了。在进行目标系统的详细设计前,也可以比较容易地改正原型设计中全局特性方面的问题。这样,在最终系统中只会有少量的需求和设计问题,所以,目标系统的编码及测试时间也将大大减少。

3. 原型对编码方面的影响

快速原型方法影响着系统的目标版本产生的方式。可以不再直接从系统设计得到目标版本的编码，而是更方便地把原型作为一个模型来变换出目标系统。

4. 快速原型对软件生命期的影响

采用快速原型法的软件生存周期中，原型开发过程处于核心。原型方法可以在生存期的任何阶段引入，也可合并若干阶段，用原型开发过程替代，如图2-17所示。

快速原型法增加了原型编码和测试两个阶段。建立原型时，发现并改正了需求和设计方面的错误，缩短了测试时间。在原型的目标代码上编码，编码时间缩短了。总之，减少了软件开发的工作量。

2.4.2 快速原型方法

快速原型方法可以看成由功能选择、构造、评估及进一步说明4个阶段组成。

1. 功能选择

原型的功能范围与最终产品的功能范围是有区别的，主要有以下几种形式。第一，最终产品要提供所实现的全部功能，而原型只包含所选择的一部分功能（又称垂直原型）。第二，在原型中所实现的功能是概括的，一般是为了进行演示。在原型中可以忽略或模拟一部分功能，而在最终产品中则要详细、全面地实现（又称水平原型）所有功能。第三，原型反映了各种可选择的方案。如果利用原型辅助或代替分析阶段，则软件开发在整体上是采用传统的模式，即是从可行性分析结果出发，使用原型化方法补充和完善需求说明；如果利用原型辅助设计阶段，即在设计阶段引入原型，可得到完善的设计规格说明；如果利用原型代替分析和设计阶段，即将原型应用到开发的整个过程，可以得到良好的需求规格说明和设计规格说明；如果利用原型代替分析、设计和实现阶段，即在软件开发环境的支持下，通过原型生存期的反复迭代，直到得到软件的程序系统，交系统测试；如果利用原型代替全部定义和开发阶段，则可以直接得到最终的软件产品，如图2-17所示。

2. 原型构造

原型构造是指形成原型所需做的工作，工作量要比开发一个最终产品所需的工作量小，可以通过采用适当的功能选择以及构造原型的适当技术和工具来构造原型。在构造一个原型时，应着眼于预期的评估，而非正规的长期使用。

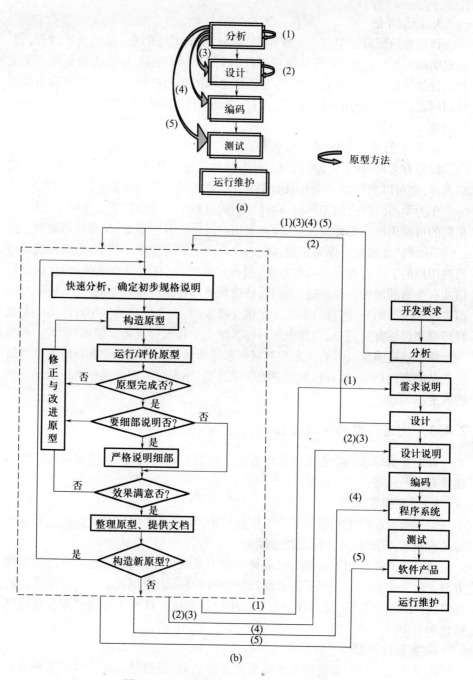

图 2-17 采用快速原型法的软件生存周期

（a）采用原型方法的软件生命周期；（b）模型的细化。

3. 原型评估

评估在原型方法中起决定性作用,通过评估来决定进一步的开发过程。要确定明确的评估原则,明确地说明系统执行的工作步骤,并将此编写成一个文件。评估从以下两个方面进行:一是系统工作的单用户级,强调人机界面有关的认识问题;二是几个用户间或其他人员之间的合作问题,要考虑人与人之间的通信问题。

4. 原型的进一步使用

原型有多种可能的使用途径,例如,可以把原型作为学习或讨论的工具,然后丢弃;也可以把全部或部分原型作为目标系统的一个组成部分。

作为学习或讨论的工具时,设计原型的过程中应考虑以下几个特点。第一,早期的可使用性。为开发人员、顾客和用户提供充分的益处,又称快速原型。第二,演示评估及修改。原型必须以能向用户演示作为主要工作方式,这种演示应当对用户的工作过程有实质性意义,包含权威性的、有适当难度的问题,这时评估才有合适的地位。评估时,若需要修改现有的特征或增加新的特征,还要对原型进行修改。第三,教育与训练。评估及修改后,一个成功的原型可作为一个教育环境来训练有关用户,为将来在目标系统上工作做好准备。第四,承诺。如果一个原型经过演示、评估,则原型对目标系统所做出的承诺就非常肯定了。在最终产品的实现期间,没有得到用户的明确意见,不要对原型的某些特征做出本质的改变。

2.4.3 快速原型的实现途径

首先要确定系统是否适合原型方法。按照要达到的目的,实现快速原型的途径有以下三类:

1. 研究探索原型

当构造原型的工具所需要的工作量较小,系统预期的生命周期长或系统需要高质量的需求时,采用研究探索原型。

研究探索原型用来澄清目标系统的需求及所要求的特征,也讨论其他实现方案。研究探索原型强化了需求及功能分析阶段,把原型看成确定目标系统所提供特征的辅助手段,促进开发人员与用户的交流。这些工作应整理在系统规格说明书中。

2. 实验性原型

在正式进行目标系统的大规模实现工作之前,通过建立实验性原型来确定所提出的解决办法是否恰当。通常是根据用户的问题,提出某种方案,做出原型,供实验评估。

实验性原型方法最接近术语原型方法的本意。根据策略不同,可分为以下五类。

(1)全功能模拟。在用户正常使用时,可以显示目标系统的全部功能,可以采用较易实现和较易修改的技术,而不考虑结果系统的效率。

(2)人机接口模拟。代表用户与系统的人机接口部分的交互作用。

(3)框架程序设计。使用户了解系统的整体结构,但只涉及很少的系统功能。要设计出整个系统,而大大缩减系统所实现的功能范围。

(4)基本系统构造。介于研究探索性与实验性原型之间。实现用户可以利用的一些基本功能,并附加上把这些基本功能与用户在评估时所需要的高级功能组合在一起构成的系统。在几个用户集团的需求不一致时,采用本原型十分有益。

(5)部分功能模拟。用来测试系统的一些假设。

其中,全功能模拟和人机接口模拟适用于开发人员与用户的交流;框架程序设计、基本系统构造和部分功能模拟适用于在开发小组中交流。在软件开发的分析阶段,初始规格说明书完成后,实验性原型方法适用于任一阶段。

3. 演进性原型

演进性原型逐步使系统能够适应变化了的需求,在早期不能可靠地确定需求时采用。该方法打破了开发阶段的线形次序,变成逐次的开发循环。按循环发生的程度,区分为下述两种开发形式。一种是增式系统开发。增式系统开发也称作"缓慢增长系统",通过对基本系统的逐步扩充来获得复杂问题的解决。增式系统开发与分阶段软件开发模型是相吻合的。另一种是演进式系统开发。演进式系统开发在总体上把开发看成是一系列的循环,即重新设计、重新实现、重新评估,把所有阶段都影射到逐次的开发循环。在一个动态的、变化的环境中构造软件,不可能事先掌握一套完整的需求,而是要适应一系列甚至事先不可预料的变化来构造系统。

根据不同情况,可以安排不同的循环次数来表示偏离分析阶段开发模型的程度。例如,分析阶段做一次或二次研究探索性原型;设计阶段做一次或多次研究实验性原型;实现阶段采用增式系统开发。

原型方法可以是封闭结束的,也可以是开放结束的。封闭结束的方法经常称为丢弃型原型方法,仅仅粗略展示需求,然后,原型就被丢弃,再使用不同的软件开发范型来开发软件。开放结束的方法称为演化型原型方法,原型作为继续进行设计和构造的分析活动的第一部分,软件的原型是最终系统的第一次演化。

2.4.4 原型方法的技术与工具

原型方法并非完全依赖于新的技术和工具,只要恰当地使用现有的技术和工具,就可以在很大程度上取得成功。与原型方法有关的最重要技术是模块设计(部件设计)、人机接口设计及模拟。

(1)模块设计。其目的是要把原型归入目标系统中。应用于人机接口模拟、框架程序设计及增式系统开发等原型策略中,模块化有利于用目标系统单元替换原型单元。

(2)人机接口设计。使用户接口变得透明而灵活。要求能够命名、讨论和变更各种详细程度上的人机接口界面特性,包括界面的整体结构、系统命名选择、屏幕设计、出错及特殊情况处理,增加交互式应用系统设计的灵活性。

(3)模拟。作为一种原型方法,对于目标系统在实际评估中不能完全忽略,又没有在演示时用其最终形式实现的部分,采用模拟技术。例如,文件管理部分用内存数据结构来模拟;目标系统的响应时间利用简单的循环来模拟。

实现原型不必重新建立一套专门的工具,可以采用现有的方法,如高级语言、数据库管理系统、会话定义系统、解释性规划语言及符号执行系统、应用生成系统、程序生成系统及一组复用软件等。

复习要点

1. 了解软件需求的目标和任务。
2. 了解软件软件需求的获取方法。
3. 了解可行性研究的方法和可行性研究报告的主要内容。
4. 掌握结构化分析方法。
5. 了解支持需求分析的原型化方法。
6. 了解需求规格说明和需求评审的主要内容。

练习题

1. 在软件需求分析时,首先建立当前系统的物理模型,再根据物理模型建立当前系统的逻辑模型。试问:什么是当前系统?当前系统的物理模型与逻辑模型有什么差别?

2. 软件需求分析是软件工程过程中交换意见最频繁的步骤。为什么交换意见的途径会经常阻塞?

3. 可行性研究主要研究哪些问题?

4. 数据流图的作用是什么? 它有哪些基本成分?

5. 数据词典的作用是什么? 它有哪些基本词条?

6. 传统的软件开发模型的缺陷是什么? 原型化方法的类型有哪些? 原型开发模型的主要优点是什么?

7. 试简述原型开发的过程和运用原型化方法的软件开发过程。

8. 软件需求分析说明书主要包括哪些内容?

第3章 软件体系结构

3.1 研究软件体系结构的意义

20 世纪 60 年代的软件危机使得人们开始重视软件工程的研究,提出了一系列的理论、方法、语言和工具,解决了软件开发过程中的若干问题。但是,软件固有的复杂性、易变性和不可见性,使得软件开发周期长、代价高和质量低的问题依然存在。起初,人们把软件设计的重点放在数据结构和算法的选择上,随着软件系统的规模越来越大,复杂度越来越高,整个软件系统的结构和规格说明显得越来越重要。对于大规模的复杂软件系统,总体的系统结构设计和规格说明比起计算的算法和数据结构的选择已经变得重要得多,代码级别的软件复用已经远远不能满足大型软件开发的需求。在此种背景下,人们认识到软件体系结构的重要性,并认为对软件体系结构的系统深入的研究将会成为提高软件生产率和解决软件维护问题的新的最有希望的途径。

事实上,软件总是有体系结构的。早期的结构化程序是以语句组成模块,模块的聚集和嵌套形成层层调用的程序结构,也就是体系结构。结构化程序的程序结构和逻辑结构的一致性及自顶向下开发方法自然而然地形成了体系结构。由于结构化程序设计时代程序规模不大,通过强调结构化程序设计方法学,自顶向下、逐步求精,并注意模块的耦合性就可以得到相对良好的结构,所以,并未特别研究软件体系结构。

好的开发者常常会使用一些体系结构模式作为软件系统结构设计策略,但他们并没有规范地、明确地表达出来,这样就无法将他们的知识与别人交流。软件体系结构是设计抽象的进一步发展,满足了更好地理解软件系统,更方便地开发更大、更复杂的软件系统的需要。

软件体系结构的形成借鉴了计算机体系结构和网络体系结构中很多宝贵的思想和方法,最近几年软件体系结构研究已完全独立于软件工程的研究,成为计算机科学的一个新的研究方向和独立学科分支。软件体系结构研究的主要内容涉及软件体系结构描述、软件体系结构风格、软件体系结构评价和软件体系结构的形式化方法等。解决好软件的重用、质量和维护问题,是研究软件体系结构的根本目的。

计算机应用系统的日益复杂和庞大,使得软件体系结构(Software Architecture,SA)的研究成为当前的热点。软件体系结构设计已经成为软件生命周期中的一个重要环节,它位于需求分析之后、软件设计之前。随着软件系统越来越大、越来越复杂,软件设计的核心已经转移到系统总体结构的设计和规范。

　　软件体系结构的好坏直接影响软件系统的可理解性和可维护性,这一点在复杂性高的大型软件系统中表现尤其明显。为此,人们对软件体系结构做了很多研究工作,其中包括软件体系结构的定义、体系结构风格、体系结构描述、体系结构分析与评价等方面的探索。

3.2　软件体系结构定义及发展

　　软件体系结构研究软件系统通用的高层组织和结构。SA 早期的工作可以追溯到 30 多年前,然而,真正作为一个专门领域进行大规模研究还是近十多年的事。

3.2.1　软件体系结构定义

　　虽然软件体系结构已经在软件工程领域中有着广泛的应用,但迄今为止还没有一个被大家所公认的定义。目前,关于软件体系结构的定义有 60 多种,许多专家学者从不同角度和不同侧面对软件体系结构进行了刻画,有的定义是从构造的角度来审视软件体系结构,有的侧重于从体系结构风格、模式和规则等角度来考虑,较为典型的定义有以下几种:

　　(1) Dewayne Perry 和 Alex Wolf 的定义:

$$SA = \{ elements, form, rational \}$$

　　软件体系结构是由具有一定形式的一组体系结构元素组成,这些元素分为处理元素、数据元素和连接元素三类。处理元素负责对数据进行加工,数据元素是被加工的信息,连接元素把体系结构的不同部分连接起来。这一定义注重区分处理元素、数据元素和连接元素,这一方法在其他的定义和方法中基本上得到保持。软件体系结构形式(Form)是由专有特性(Properties)和关系(Relationship)组成。专有特性用于限制软件体系结构元素的选择,关系用于限制软件体系结构元素组合的拓扑结构。而在多个体系结构方案中选择合适的体系结构方案往往基于一组准则(Rational)。

　　(2) Mary Shaw 和 David Garlan 在 *Software Architecture*:*Perspectives on an Emerging Discipline* 一书中,认为软件体系结构是设计过程的一个层次,它处理那些超越算法和数据结构的设计,研究系统整体结构设计和描述方法,包括:总体组织和全局控制结构;通信协议、同步和数据存取;设计元素的功能定义、物理分布和合成;设计方案的选择、评估和实现等。

$$SA = \{components, connectors, constrains\}$$

构件(Component)可以是一组代码,如程序的模块;也可以是一个独立的程序,如数据库的 SQL 服务器。连接器(Connector)表示构件之间的相互作用。它可以是过程调用、管道、远程过程调用等。一个软件体系结构还包括某些限制(Constrain)。该模型视角是程序设计语言,构件主要是代码模块。

(3) Kruchten 指出,软件体系结构有四个角度,它们从不同方面对系统进行描述:概念角度描述系统的主要构件及它们之间的关系;模块角度包含功能分解与层次结构;运行角度描述一个系统的动态结构;代码角度描述各种代码和库函数在开发环境中的组织。

(4) Hayes Roth 则认为,软件体系结构是一个抽象的系统规范,主要包括用其行为来描述的功能构件和构件之间的相互连接、接口和关系。

(5) Barry Boehm 和他的学生提出,一个软件体系结构包括一个软件和系统构件,互连及约束的集合;一个系统需求说明的集合;一个基本原理用以说明这一构件,互连和约束能够满足系统需求。

$$SA = \{components, connections, constraints, stakeholders' needs, rationale\}$$

软件体系结构包含系统构件、连接件、约束的集合;反应不同人员需求的集合;能够展示由构件、连接件和约束所定义的系统在实现时如何满足系统不同人员需求的原理的集合。

(6) 1997 年,Bass、Ctements 和 Kazman 在 *Software Architecture in Practice* 一书中给出如下的定义:一个程序或计算机系统的软件体系结构包括一个或一组软件构件、软件构件的外部的可见特性及其相互关系。软件体系结构是系统的抽象,定义了构件以及它们如何交互,隐藏了纯粹的属于局部的信息。其中,软件外部的可见特性是指软件构件提供的服务、需要的服务、具备的性能、特性、容错能力、共享资源的使用等。软件体系结构的基本元素如图 3 - 1 所示。

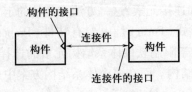

图 3 - 1 软件体系结构的基本元素

由上述软件体系结构的定义可知,软件体系结构最基本的组成元素是构件、连接件和约束,如图 3 - 1 所示。构件是组成软件体系结构的基本计算单元或数据存储单元,用于实施计算和保存状态。连接件用于表达构件之间的关系,是对构件之间的交互、指导这些交互的规则等内容进行建模的软件体系结构元素;简单交互有过程调用、共享变量访问等,复杂和语义丰富的交互有客户/服务器协议、数据库访问协议、异步事件广播以及管道数据流等。约束定义了构件和连接件之间的匹配,描述体系结构配置和拓扑的要求,确定体系结构的构件和连接件的关系。体系结构的拓扑是构件和连接件的连接图,描述了系统结构的适当连接、并发和分布特性、符合设计规则和风格规则。

软件体系结构是一个程序或系统的构件的组织结构、它们之间的关联关系以及支配系统设计和演变的原则和方针。一般地,一个系统的软件体系结构描述了该系统中的所有计算构件,构件之间的交互、连接件以及如何将构件和连接件结合在一起的约束。

3.2.2 软件体系结构的发展

软件系统的规模在迅速增大的同时,软件开发方法也经历了一系列的变革。在此过程中,软件体系结构也由最初模糊的概念发展到一个渐趋成熟的技术。

20 世纪 70 年代以前,尤其是在以 ALGOL 68 为代表的高级语言出现以前,软件开发基本上都是汇编程序设计。此阶段系统规模较小,很少明确考虑系统结构,一般不存在系统建模工作。20 世纪 70 年代中后期,由于结构化开发方法的出现与广泛应用,软件开发中出现了概要设计与详细设计,而且主要任务是数据流设计与控制流设计。因此,此时软件结构已作为一个明确的概念出现在系统的开发中。

20 世纪 80 年代初期到 90 年代中期,是面向对象开发方法兴起与成熟阶段。由于对象是数据与基于数据之上操作的封装,因而,在面向对象开发方法下,数据流设计与控制流设计则统一为对象建模,同时,面向对象方法还提出了一些其他的结构视图。如在 OMT 方法中提出了功能视图、对象视图与动态视图(包括状态图和事件追踪图);在 BOOCH 方法中则提出了类视图、对象视图、状态迁移图、交互作用图、模块图、进程图;而 1997 年出现的统一建模语言 UML 则从功能模型(用例视图)、静态模型(包括类图、对象图、构件图、包图)、动态模型(协作图、顺序图、状态图和活动图)、配置模型(配置图)描述应用系统的结构。

20 世纪 90 年代以后则是基于构件的软件开发阶段,该阶段以过程为中心,强调软件开发采用构件化技术和体系结构技术,要求开发出的软件具备很强的自适应性、互操作性、可扩展性和可重用性。此阶段中,软件体系结构已经作为一个明确的文档和中间产品存在于软件开发过程中,同时,软件体系结构作为一门学科逐渐得到人们的重视,并成为软件工程领域的研究热点。

纵观软件体系结构技术发展过程,从最初的"无结构"设计到现行的基于体系结构软件开发,可以认为经历了以下四个阶段:

(1)"无体系结构"设计阶段。以汇编语言进行小规模应用程序开发为特征。

(2)萌芽阶段。出现了程序结构设计主题,以控制流图和数据流图构成软件结构为特征。

(3)初级阶段。出现了从不同侧面描述系统的结构模型,以 UML 为典型代表。

(4)高级阶段。以描述系统的高层抽象结构为中心,不关心具体的建模细节,划分了体系结构模型与传统的软件结构的界限。

对于软件体系结构所描述的系统特性,不同人员关注的侧面不同,例如,用户关注系统提供哪些功能及系统是否可靠等,客户关心系统何时能交付使用,而设计人员则关注系统是否实现了设计目标等。目前,人们已提出许多视图模型用于组织软件体系结构所描述的系统特性,如 4 + 1 视图模型、SNH 视图模型、AV 模型等。

3.2.3　软件体系结构的研究重点

归纳现有体系结构的研究活动,主要包括如下几个方面:

(1)体系结构理论模型研究。研究软件体系结构的首要问题是如何表示软件体系结构,即如何对软件体系结构建模。针对规模日益庞大、结构日益复杂的应用软件,系统模型的设计目标是提高实际应用系统的开放性和集成性,同时兼顾效率。目前,根据建模的侧重点的不同,将软件体系结构的模型分为结构模型、框架模型、动态模型、过程模型和功能模型五种,在这五种模型中,最常用的是结构模型和动态模型。随着软件研发技术的不断进步,软件体系结构的五种模式也不能完全代表体系结构的基本构成了,从而诞生了正交软件体系结构、三层 C/S 体系结构、C/S 与 B/S 混合软件体系结构等。体系结构模型应该从不同视角综合反映系统的软件体系结构的全部内容。

(2)体系结构描述研究。主要研究体系结构描述语言及其支持环境、体系结构描述规范。体系结构描述语言(Architecture Description Language)的目的是提供一种规范化的体系结构描述,以增加软件体系结构设计的可理解性和重用性,从而使得体系结构的自动化分析变为可能。软件体系结构设计作为软件工程的一部分,它的计算机辅助实现手段是相当重要的。我们应当开发出一些软件工具来实现体系结构的描述和分析,开发阶段转换工具,以实现阶段成果的自动转换,例如,把需求规格说明自动转换为构件等。目前,关于这方面的研究成果很少,特别是可以应用到实际项目开发中的工具和环境就更少。软件体系结构的标准化采用研究部件及其互连问题的标准化工作成果,如 CORBA、DCOM/COM 等。

（3）体系结构设计研究,包括体系结构设计方法、体系结构风格等内容。

（4）体系结构分析与验证。研究如何将软件的非功能特性转化为体系结构的需求,如何分析体系结构满足期望的需求的属性,对体系结构的语法、语义、类型失配等进行检查与验证的研究。

（5）体系结构演化与复用研究。研究产品线中软件体系结构演进的理论与方法,从已有文档、系统设计和代码中逆向提取软件体系结构、体系结构复用等。

（6）动态体系结构研究。研究软件系统由于特殊需要必须在连续运营情况下的体系结构变化与支撑平台。

（7）基于体系结构的软件开发。研究引入体系结构后的软件开发过程、基于体系结构开发与中间技术集成、基于体系结构的程序框架自动生成技术等。

软件体系结构设计是设计的一部分,它凌驾于算法和数据结构之上,是一个软件系统的高层结构,具有以下重要特性:体系结构是从整体角度观察一个系统的高层次的抽象;该结构必须满足系统的功能性需求,因此,在设计体系结构时必须考虑系统的动态特性;体系结构要符合系统质量需求(即非功能性需求),包括性能、安全性和可靠性需求等;在体系结构层次隐藏所有的实现细节。

3.3　常见的体系结构风格

体系结构风格是 SA 研究的一个重要方向,软件体系结构风格是指众多系统中共同的结构和语义特性。软件体系结构风格指导如何把各模块和系统组织成一个完整的系统,软件体系结构的风格包括数据流风格、调用/返回风格、面向对象风格、独立部件风格、虚拟机风格、数据中心风格等。软件体系结构的风格化是比软件体系结构抽象级别更高的概念。它们的共同点是都要考虑如何将构件组织成整个系统,不同点是软件体系结构要具体描述构件之间的连接,软件体系结构风格仅给出构件间连接的一些约束。对软件体系结构风格的研究和实践促进了对设计的复用,一些经过实践证明的解决方案也可以可靠地用于解决新的问题。

下面各节分别介绍了一些常用的软件体系结构风格。

3.3.1　管道和过滤器风格

在管道和过滤器软件体系结构中,每一个模块都有一组输入和一组输出,从一个模块的输入端接收输入数据流,经过内部处理后,将结果数据流输出到输出端。模块内部的处理过程通常是对输入流的变换或增量计算,输出数据流是变换或计算的结果。因此,这里的模块被称为过滤器,连接器被称为管道,一个过滤器的输出通过管道传送到另一过滤器的输入。此风格特别重要的过滤器必须是独立的实体,它不能与其他的过滤器共享数据,而且一个过滤器不知道它上游和下游的标识。一个管道/过滤器网络输出的正确性并不依赖于过滤器进行增量计算过程的顺序。

管道和过滤器风格如图 3 - 2 所示。

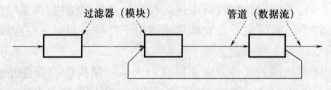

图 3 - 2　管道和过滤器风格

此风格中,过滤器必须是独立的实体,它不能与其他的过滤器共享数据,而且一个过滤器不知道与它相连的其他过滤器的信息。在管道/过滤器软件体系结构中,过滤器的先后顺序不影响输出的结果。

管道和过滤器结构将一个系统的整体输入/输出行为理解为各个独立过滤器行为的简单组合,具有以下优点。

(1) 该结构支持重用,它指定了两个过滤器之间交流数据的格式,因此,只要数据满足格式要求,任何两个过滤器都可以连接起来作为一个整体。

(2) 该结构使得维护或增强系统功能变得更加容易,在现有系统中,可以添加新的过滤器,或用改进的过滤器替换旧的过滤器。

(3) 允许对系统进行一些属性分析,如吞吐量和死锁分析等。

(4) 支持并发执行,每一过滤器可以作为一个单独的任务实现并可与其他过滤器并行执行。

实例:KWIC(Key Word In Context)系统。

KWIC 问题的描述:KWIC 索引系统接收行的有序集合,行是字的有序集合,字是字符的有序集合。任何行可以字为单位循环移位(重复地把第一个字删除,然后接到行末)。KWIC 索引系统把所有行的各种移位情况按照字母表顺序输出。

采用管道和过滤器结构的解决方案如图 3 - 3 所示。

其中,输入模块按行读取数据并传递给下一模块。循环移位模块在第一行数据到来后开始运作,它把原始数据行和移位后的行输出给下一模块。字

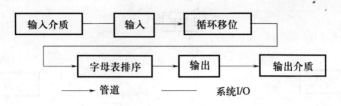

图3-3 KWIC问题的管道和过滤器体系结构

母表排序模块首先接收行数据并缓存,当数据都到达后,开始排序,最后输出排序结果。输出模块在排序后被调用,它读取排序生成的数据并逐行格式化输出。

3.3.2 数据抽象和面向对象风格

在数据抽象和面向对象风格这种结构中数据表示和与之相关的基本操作都封装在一个抽象数据类型或对象中。这种结构中的部件就是对象,或者说是抽象数据类型的实例。对象之间通过函数和过程调用发生相互作用(图3-4)。

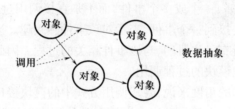

图3-4 数据抽象和面向对象风格

在该结构中,对象负责维持本身的完整性,对象的结构以及方法的实现,对其他对象不可见,即具有信息隐藏的特点。数据与操作绑在一起,易于将问题分解成相互作用的对象集合。但是,为了实现某个对象与其他对象相互作用(通过过程调用),必须知道该对象的标识。

仍以 KWIC 为例,系统划分为六个模块:主控制、输入、输出、行存储、循环变换、按字母顺序排序。每个模块提供一些接口,其他模块通过引用这些接口的过程来访问数据。

基于数据抽象和面向对象风格的解决方案如图3-5所示。其中,主控制模块用于控制其他模块的执行顺序。输入模块读取数据行并使用字符串抽象数据类型进行存取。行存储模块用于管理行和字符串。循环移位模块提供存取字符串的函数,在输入完成后,需要调用"初始化"。字母顺序排序模块提供循环移位索引,循环移位后调用"alph"进行初始化。输出模块用于输出移位后的按字母顺序排序的所有行。

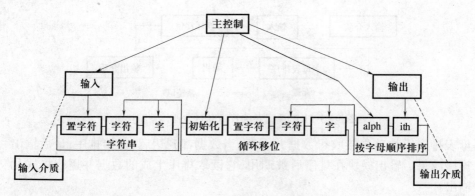

图 3 - 5　KWIC 问题的数据抽象

3.3.3　基于事件的风格(隐式调用)

在一个由过程和函数集合构成的系统中,各部件通过其接口显示调用这些过程或函数来实现部件间的相互作用。隐式调用的思想是:一个软件体系结构部件可以声明(或广播)一个或多个事件,而不是直接调用过程。系统中其他成分通过将一个过程连接到一个事件,表示对该事件感兴趣。当该事件被激发时,系统本身就会调用所有已注册的、与该事件相关的过程。因此,一个事件的激发隐含地导致了对其他模块的过程调用。

从软件体系结构的角度来说,隐式调用方式中的模块接口,既提供了一组过程,也提供了一组事件,也就是过程可以用正常的显式方式调用。除此之外,一个软件系统部件可以向系统登记过程和事件的连接关系,从而形成过程的隐式调用,将事件声明和过程调用连接在一起。因此,在该结构中,事件的声明者不知哪些部件会被事件影响。因此,软件部件不能确定处理的先后次序,甚至不能确定事件会导致哪些处理过程。因为这个原因,大部分隐式调用系统都支持显式调用,作为对隐式调用的补充(图 3 - 6)。

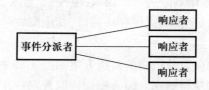

图 3 - 6　基于事件的风格

使用隐式调用方式能对软件复用提供强有力的支持,任何文件,只要声明了数据和处理过程的连接关系,就可以加入到系统中。采用隐式调用,系统升级更容易,一个软件部件可以被另一个部件替代,而不影响接口,或称提供服务的接口不变。该结构的缺点是软件部件放弃了对计算的控制,而是完全由系统完成(图3-7,图中加粗的箭头为隐式调用)。

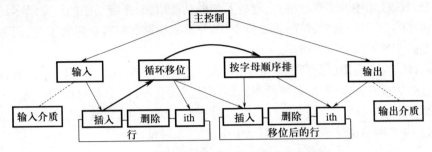

图3-7　KWIC问题的基于事件风格的结构

3.3.4　分层系统风格

分层软件体系结构是把大型软件系统按照功能的扩展性,分成若干层。分层系统组织成一个层次结构,每一层向其上层提供服务,并利用下层的服务。最内层为"内核",完成最为基本的公用操作(如对物理数据库的存取),向外各层逐渐进行功能扩展,满足不同系统规模的需求。在一些分层系统中,内部层次全部被隐藏起来,只有外部层次和一部分精心选择的功能可以被系统外部所见。该结构常用于分层通信协议、数据库系统、操作系统等。

分层软件体系结构的组织方式支持基于可增加抽象层的设计,便于增加新功能,使系统具有可扩展性。这样,允许把一个复杂系统按递增的步骤进行分解。而且,由于每一层最多只影响两层,同时只要给相邻层提供相同的接口,允许每层用不同的方法实现,为软件重用提供了强大的支持。

在分层系统中,层次间的连接是通过层次之间交互的协议。分层系统风格如图3-8所示。

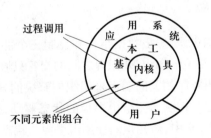

图3-8　分层系统风格

最广泛的应用是分层通信协议,其中,每一层提供一个抽象的功能,作为上层通信的基础;较低的层次定义低层的交互,最低层只定义硬件物理连接。其他应用领域可以是数据库系统、操作系统等。

该结构的优点如下:首先,支持基于抽象程度递增的系统设计,可以把一个复杂系统按递增的步骤分解开,支持系统的功能增强,系统功能的改变最多只影响相邻的上下层;其次,该结构支持复用,只要提供服务的接口定义不变,同一层的不同实现可以交换使用。

该结构的应用也受到很多限制,因为并不是每一个系统都可以容易地划分为分层的模式,有时即使系统的逻辑结构是层次化的,但出于对性能的考虑,要把高、低级的功能耦合起来,这样就很难找到一个合适的、正确的层次抽象方法,例如,一些网络协议到 ISO OSI 模型的影射就很困难。

3.3.5 仓库风格和黑板系统

在仓库系统体系结构中,有两种不同的软件系统部件,分别是表示当前状态的中心数据结构和一组相互独立的处理中心数据的部件。

不同的仓库系统与外部部件有不同的交互方式,控制方法的选择决定了仓库系统的类别。如果由输入数据流事务处理的类型来决定执行哪个处理过程,则仓库系统就是传统的数据库系统。如果由当前中心数据结构来选择执行进程,这种系统称为黑板系统(图 3-9)。

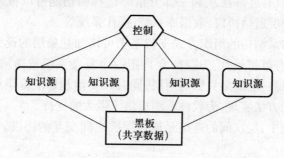

图 3-9 黑板系统

黑板系统主要由知识源、黑板数据结构和控制三个部分组成。知识源是独立、分离的与应用程序相关的知识,知识源之间的交互只通过黑板来完成。黑板数据结构是按照与应用程序相关的层次来组织的解决问题的数据,知识源不断地改变黑板来解决问题。控制是完全由黑板的状态驱动,黑板状态的改变决定使用特定的知识。图 3-9 中,对知识的使用由黑板的状态触发。

黑板系统的应用领域很多,传统的应用是信号处理领域,如语音和模式识别。也可应用于编程开发环境,常被认为是一组工具和一个共享知识库,知识库由程序和程序片段组成。

3.3.6 解释器风格

在解释器风格的结构中,用软件实现一个虚拟机来弥合程序语义与机器体系结构语义之间的差异。解释器的目的是实现一个虚拟机。解释器风格如图3-10所示。

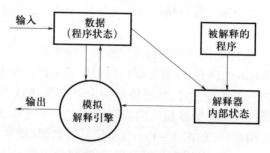

图3-10 解释器风格

解释器的用途如下:用于解释型语言,如 VB、Javascript、VBScript、HTML、Java 字节码、Matlab;脚本、配置文件;通信协议;用户输入,如游戏中的组合按键等。

3.3.7 客户—服务器风格

随着计算机技术和信息网络技术的发展,信息计算模式从早期集中式计算向客户—服务器分散式计算发展,Internet 的出现及广泛应用进一步促进了客户—服务器结构的发展。

客户—服务器软件体系结构是基于资源不对等,且为实现共享而提出来的,是 20 世纪 90 年代成熟起来的技术,客户—服务器体系结构定义了工作站如何与服务器相连,以实现数据和应用分布到多个处理机上。客户—服务器体系结构有三个主要组成部分:数据库服务器、客户应用程序和网络(图 3-11)。

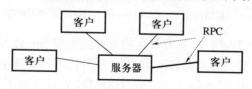

图3-11 客户—服务器风格

在客户—服务器结构中,客户请求服务,服务器处理和提供服务。服务器代表一个进程,它对其他的进程提供服务,服务器事先并不知道将有哪些客户进程要访问它,而客户机却知道服务器的标识,然后,通过远程调用访问服务器。

客户—服务器结构最初是一个简单的两层模型,一端是客户机,另一端是服务器,如图 3-12(a)所示。这种模型中客户机上都必须安装应用程序和工具,包括它们的公共程序,使客户端过于庞大、负载太重,从而影响效率。

为了减轻客户端的负担,出现了三层客户—服务器模型:客户机/应用服务器/数据库服务器,如图 3-12(b)所示,使服务器端分为两个部分:应用服务器和数据库服务器。应用服务器包括从客户端划分出的一部分应用和从专用服务器中划分出的一部分工作。

Internet 的发展给传统应用软件的开发带来了深刻的影响,随着越来越多的商业系统被搬上 Internet,浏览器/服务器结构被广泛采用。浏览器/服务器结构是上述三层结构的一种实现方式,其具体结构为浏览器/Web 服务器/数据库服务器,该结构使三层客户机/服务器结构的客户端进一步变小,客户端只安装浏览器就可以访问应用程序,如图 3-12(c)所示。浏览器/服务器体系结构主要是利用不断成熟的 WWW 浏览器技术,结合浏览器的多种脚本语言,用通用浏览器就实现了原来需要复杂的专用软件才能实现的强大功能。浏览器/服务器是客户服务器体系结构的继承和发展。

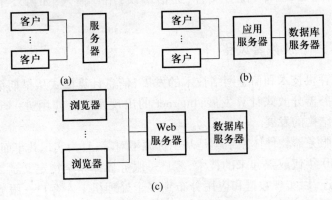

图 3-12　客户—服务器体系结构
(a) 二层结构;(b) 三层结构;(c) 浏览器/服务器结构。

客户—服务器结构简单,具有强大的数据操作和事务处理能力,系统中不同类型的任务分别由客户和服务器承担,有利于发挥不同机器平台的优势,服务器和客户可以完全异构,只要遵从统一的网络协议;支持分布式、并发环境,特别是当客户和服务器之间的关系是多对多时,可以有效地提高资源的利用率和共享程度;服务器集中管理资源,有利于权限控制和系统安全。但在大多数客户—服务器风格的系统中,构件之间的连接是通过(远程)过程调用,接近于代码一级,表达能力较弱。

68

3.3.8 特定领域的软件体系结构

特定领域的软件体系结构(Domain – Specific Software Architecture, DSSA)是为特定领域开发的参考体系结构,它提供了针对特定领域的组织结构,是对领域分析模型中的需求给出的解决方案。它不是单个系统的表示,而是能够适应领域中多个系统需求的一个高层次的设计。事实上,根据该结构的描述可以自动或半自动地生成一个可执行系统。特定领域的软件体系结构决定了最终产品的质量,如性能、可修改性、可移植性,组织结构和管理模式。

特定领域的体系结构是将体系结构理论应用到具体领域的过程。

在领域工程中,DSSA 作为开发可复用构件和组织可复用构件库的基础。DSSA 说明了功能如何分配其实现构件,并说明了对接口的需求,因此,该领域中的可复用构件应依据 DSSA 来开发。DSSA 中的构件,形成了对领域中可复用构件进行分类的基础,这样组织构件库有利于构件的检索和复用。

在应用工程中,经剪裁和实例化形成特定应用的体系结构。

由于领域分析模型中的领域需求具有一定的变化性,DSSA 也要相应地具有变化性,并提供内在的机制在具体应用中实例化这些变化性。

DSSA 在变化性方面提出了更高的要求。具体应用之间的差异可能表现在行为、质量—属性、运行平台、网络、物理配置、中间件、规模等诸多方面,例如,一个应用可能要求高度安全,处理速度较慢;而另一个应用要求速度快,安全性较低。体系结构必须具有足够的灵活性同时支持这两个应用。

DSSA 在产品生产线中的应用如图 3 – 13 所示。图中,参考需求是由领域专家提出的产品体系结构,是每一个具体应用的基线;参考需求是应用需求的第一个版本。模型描述了应用的相关部分,应用工程师不断地分析并精化模型,指明应用中特定的功能需求及限制条件。应用工程师利用组合器和模型管理器来精化模型。设计过程的目标是建立生产线环境下的特定的应用需求。领域专家提供了一个或多个参考体系结构;参考体系结构是领域专家从应用需求中提取的各种模型到体系结构的变换。依据应用需求以及参考体系结构,系统生成器生成一个具体应用系统。

软件体系结构风格为系统级别的软件复用提供了可能。然而,对于应用体系结构风格来说,由于视角的不同,系统设计师有很大的选择空间。要为系统选择或设计某一个体系结构风格,必须根据特定项目的具体特点,进行分析比较后再确定,体系结构风格的使用几乎完全是特化的。不同的结构有不同的处理能力的强项和弱点,一个系统的体系结构应该根据实际需要进行选择,以解决实际问题。

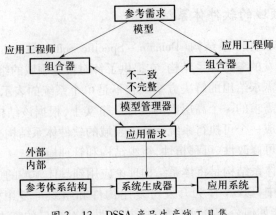

图 3-13　DSSA 产品生产线工具集

3.4　软件体系结构分析方法

3.4.1　软件体系结构设计和分析的好处

随着软件市场竞争的日益激烈,用户和开发人员都希望从软件产品中得到更多和更佳的服务。软件系统的质量已经不再是一个单纯的执行代码的词,即不再仅仅是一个软件能完成那些功能的词,相反,非功能属性,如可移植性、可修改性、可扩展性等结构上的问题已经成为成功的软件系统中越来越重要的属性。

对软件系统的非功能性属性的要求主要来自以下几个方面:软件系统越来越大,越来越复杂。软件公司试图开发的是一个软件系列而非单个产品。不同机器组成的网格及其协议正在广泛使用,新问题的复杂性要求软件工具能以更有效的方式集成在一起。总体来说,对非功能性的要求主要来自软件系统复杂程度的提高。

对于软件体系结构的分析,首先往往是这样的一种假设,即软件产品的结构设计对系统非功能属性有直接的影响:一些软件体系结构方面的问题,如模块的层次、功能划分、界面和协议、功能封装,都对软件的非功能属性有着巨大的影响甚至决定软件系统的非功能属性。在软件系统生命周期的早期,对系统做出结构分析,往往代表和预示着一种对软件系统质量的提高。相对而言,这种分析是廉价的。在系统设计的早期进行结构分析,一个精确的软件结构描述对复杂系统的开发将起到良好的辅助作用,因为它提供了一个单一的共享的概念,使得开发人员得以顺利沟通和交流。

对软件体系结构评价的困难在于对软件系统的非功能性描述没有一个统一

的度量单位。对软件体系结构的表示和声明还没有一个通用的术语集合,即没有一个通用的词汇。对非功能属性的要求大都涉及到对软件系统的要求,这是一个极复杂的任务。对软件体系结构的评价往往在软件系统生命周期的早期,不同的作者会用不同的方法来阐述非功能属性。缺乏对非功能属性的定义。

软件体系结构是促进软件发展的一种手段,但支持体系结构设计的工具很缺乏:软件体系结构通过高层次的抽象,使得系统的表达变得简单化而且易于理解。通过软件工具的支持将有助于更好地利用软件体系结构的这些优点。软件工具对体系结构的支持不仅限于设计阶段,借助它可以保证实现的系统和设计的系统之间的一致性,还可以对一个软件系统作体系结构分析。

3.4.2 软件体系结构分析与评价方法

1. 软件体系结构分析方法(Software Architecture Analysis Method,SAAM)

SAAM 是由美国卡内奇梅隆大学的软件工程研究所提出的一种评估软件体系结构的技术。它对系统的评估是提供一个基于上下文以及使用任务场景的评价方法。通过构造一组领域驱动的场景来反映最终产品的软件中所关心的质量,这些场景描述了不同的人介入到该系统中之后遇到的特定任务。"场景"包括直接场景(主要检查软件的功能)及间接场景(检查非功能特性),"人"包括用户、开发人员、管理人员、维护人员等。做出这些领域场景与候选体系结构间的映射,再通过候选体系结构满足每个场景的期望程度来评分、作对照。通过研究软件系统对特定任务场景的支持程度得出对软件系统的结构性能评价。SAAM 的一般过程如图 3 – 14 所示。

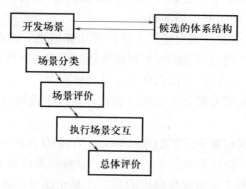

图 3 – 14 SAAM 的一般过程

SAAM 的步骤如下:

(1)描述候选体系结构。使用一个通用的结构概念描述软件体系结构。这个通用的结构概念最好在某组织内部共享。对每一个系统的结构化描述必须表示出系统的部件(计算机和数据)以及它们的关系(数据和控制)。

(2) 开发任务场景,描述哪些活动是系统必须支持的。要从不同的人(开发人员、维护人员、用户等)那里得到与系统交互的任务场景,因为不同的对象评价系统会得到不同的结果。

(3) 执行场景评价。对每一个场景,确定这个任务能否被直接支持(通过执行该系统)或间接支持(通过修改该系统)。对于后者,确定有多少部件和关系要被改动。改动越少,系统性能越好;反之,系统性能越差。

(4) 显示场景交互程度。把所有的间接场景映射到它们影响的部件和连接上去,以显示出是哪些场景造成了对部件和连接的修改。说明系统部件划分的质量:不同类别所引起的场景交互越少,系统性能越好。

(5) 总体评价。对场景和场景之间的交互作一个总体的权衡和评价。这一权衡反映了该组织对表现在不同场景中目标的考虑优先级,如有些组织最关心系统的安全性,有些则可能更关心容错能力。不同的组织通过提出不同的任务场景来表现他们对系统的哪些方面特别关心,使用这些场景进行评价得出的结论就比较适合他们特定的标准。

SAAM 最初目的是针对同一问题的不同系统结构设计作比较,给出哪种设计更好。也适合于评价一个单个的产品,指出支持哪些任务,不支持哪些任务,即该产品的非功能属性。通过场景交互信息,指出产品体系结构方面存在的优缺点,如评价多个候选体系结构,对选择做出指导。对单个体系结构做出恰当的评价等。在进行实例研究中,不同领域的专家根据领域自身的特点和需要提出若干场景来指导研究小组评价软件系统特定方面的性能;针对同一系统,如果提出的场景不同,评价的结果也将不同。

软件生命期中,主要的努力是用于维护和功能增强。体系结构分析方法能在系统体系结构角度改进可维护性和可修改性。目前的现状是开发人员没有精力关心结构问题,忙于排除、调试程序及完成功能模块。故解决的方法是要尽早进行结构分析,否则,没有机会去做或已到软件系统生命周期的较后部分,结构分析已经无意义。

2. 软件体系结构权衡分析方法(Architecture Tradeoff Analysis Method,ATAM)

ATAM 方法的一般过程如图 3 - 15 所示。软件体系结构权衡分析方法是由卡内基梅隆大学软件工程研究所提出的第二代基于场景的体系结构评价方法。ATAM 方法分为两个阶段,第一个阶段以体系结构设计者为中心,第二个阶段以客户为中心。ATAM 方法侧重于在不同的需求之间做出权衡:指明风险所在,即是还没有做出决定还是没有理解;指出敏感点,即哪些决定或属性对软件质量特性有直接的影响;指出权衡点,即哪些决定或属性互相矛盾地影响两个或多个属性。

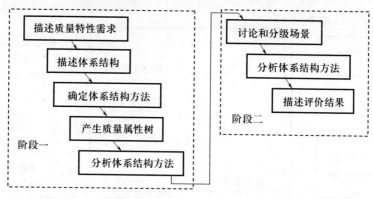

图 3 – 15 ATAM 的一般过程

SAAM 和 ATAM：

SAAM 是第一代方法，ATAM 是第二代方法；

都采用基于场景的分析；

SAAM 注重功能，ATAM 注重质量特性；

SAAM 易于使用，ATAM 需要更多的计划或理解；

ATAM 更多地考虑设计决策；

ATAM 更多地关注在不同的需求之间进行权衡；

ATAM 包括更多、更直接的用户参与。

3.5　实　例

实例 1：电子商务系统的风格。

三层体系结构代表了当前存在的大部分电子商务系统的风格，如图 3 – 16 所示。

电子商务系统分成三个逻辑层，分别是表示层、业务层和数据层。表示层是用户跟系统打交道的接口，是从业务逻辑中分离出来的，使客户端具有更大的灵活性；业务逻辑层处理所有与数据库的通信；数据层负责数据的存储。这种风格的体系结构有利于系统的演化。

电子商务系统的体系结构风格可以在不同的环境下实现。电子商务系统体系结构风格的 EJB 实现如图 3 – 17 所示。表示层为浏览器客户和胖客户，HTTP Listen 担负页面的服务和管理工作，或者是普通应用程序负责与客户的交互；客户通过使用 HTTP 或 RMI/IIOP（Romote Method Invocation：远程方法调用/Inter-

73

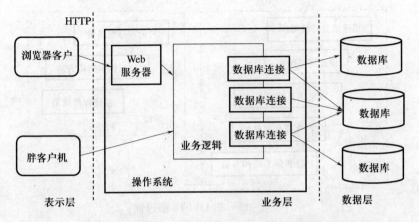

图 3 – 16 基于构件的电子商务系统体系结构风格

net Inter-ORB Protocol)来存取业务逻辑和数据。EJB(Enterprise Java Bean)是 Sun 公司 J2EE(Java 2 Enterprise)平台的核心技术,是 Java Bean 在服务器端的扩展,为商业应用提供了全面、可重用、可移植、跨平台的快速开发工具。业务层可采用的操作系统包括 Windows NT,Unix,或其他操作系统,具体业务实现可以是 Java Server Pages 应用、Java Servlets 以及 Enterprise JavaBean 应用;JDBC(Java Database Connectivity)提供连接各种关系数据库的统一接口。

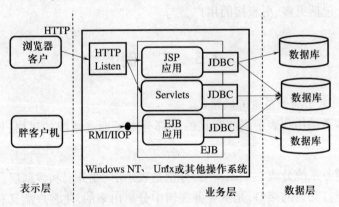

图 3 – 17 电子商务系统体系结构风格的 EJB 实现

电子商务系统体系结构风格的 DCOM 实现如图 3 – 18 所示。表示层为浏览器客户和胖客户,IIS(Microsoft Internet Information Server:Internet 信息服务器)担负页面的服务和管理工作,或者是普通应用程序负责与客户的交互;客户通过使用 HTTP 或 DCOM 来存取业务逻辑和数据,COM/DCOM 是微软提出的组件之间进行通讯的标准,是使组件彼此交互的一种二进制接口标准。MTS(Mi-

74

crosoft Transaction Server:微软事务处理服务器)是一个分布式事务管理器,为构造分布式应用程序提供了关键的高性能执行环境。MTS 自动创建事务,提供资源支持和管理事务,MTS 屏蔽了低层实现的复杂性,有效地提高了软件的开发效率。业务层只能采用 Windows NT 操作系统,具体业务实现可以是 ASP 应用或 Enterprise Java Bean 应用;ADO(Microsoft ActiveX Data Objects)提供连接各种关系数据库的统一接口。

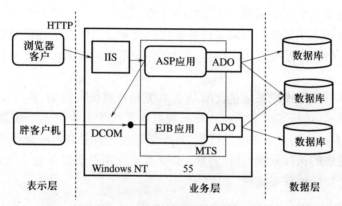

图 3 – 18   电子商务系统体系结构风格的 DCOM 实现

实例2:军事应用实例。

信息化条件下军事需求的不断变更,促进了军事领域中软件体系结构的发展。信息化条件下的军事软件系统与传统机械化条件下的军事软件系统相比,在系统的复杂性、分析方法和内容上都有很大变化。传统机械化条件下的软件体系结构,面向确定性的问题领域,强调系统的独立性和自顶向下的系统分析过程,常用确定性分析方法,"平面型"系统分析设计思想,强调系统严谨的结构化特性;而信息化条件下的软件体系结构,面向的问题具有不确定性,强调系统间的互连、互通、互操作,突出强调自顶向下、自底向上、反复迭代的分析过程和不确定性分析方法,强调系统的动态演化和生长性,通过"立体型"分析设计,实现系统的横向聚焦和集成。

联合作战的含义是要求诸兵种在取得信息优势的基础上,在联合作战指挥机构的统一指挥下,依照统一的作战原则,协调一致地组织实施陆、海、空、天一体化的作战行为。从联合作战模拟系统要完成的逻辑功能角度分析,其应该是一个支持多层次、多种作战应用形式和样式的一体化作战模拟系统,功能实现应支撑演习模拟、集团作业、作战分析、实兵演习等主要方面。

联合作战模拟系统主要包含的基本组成部分有指挥系统、模型系统、导控系统、运行支持系统、分布式数据库系统。

指挥系统是产生如战场勘查、战场态势显示等产生用户操作功能的子系统，实现了指挥、控制、通信、计算机、情报侦查和监视多功能的一体化操作界面。

模型系统是诸军兵种(专业)各类作战与保障行动模型的协调管理系统，用于解析由指挥系统下达的命令，完成各类部(分)队作战与保障行动的具体描述，形成联合作战的态势与结果。

导控系统是根据指挥人员的策略，形成战场态势并反馈给指挥人员，使他们根据新的态势产生新的策略并开始新的决策。

运行支持系统是基于网络完成各类信息交互要求的网络通信的中间件。

分布式数据库系统利用网络连接包含各子系统的数据库和整个系统的公共数据库。

根据联合作战模拟系统包含的基本系统和各系统的功能，体系结构视图如图 3-19 所示，运行支持系统和分布式数据库系统为其上层各个子系统提供服务；各个子系统之间形成独立的线索，每个子系统内部是具有一级线索的两层结构。子系统中的指挥系统、导控系统、模型系统分别形成三条独立线索，每条线索通过组合功能构件来实现。

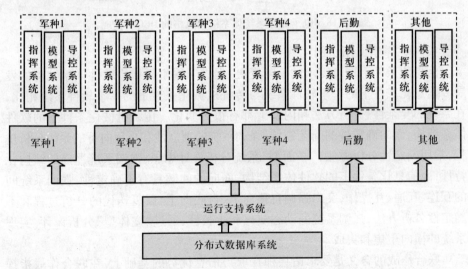

图 3-19　联合作战模拟系统体系结构视图

子系统中各独立线索均具有四个抽象层次：应用软件层、应用支持层、服务层、数据库资料层。以指挥系统为例，应用软件层实现的功能包括指挥作业、文电处理、作战信息服务等；应用支持层实现的功能包括图形处理、地理信息、作业分析计算等；服务层包括数据管理服务、安全服务、传输服务等；数据库资料层是指部门内专用的数据库、资料、文本等，如图 3-20 所示。

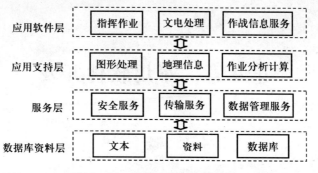

图 3 – 20   指挥系统层次结构图

软件体系结构的设计对于软件的生命周期起到决定性的作用,如何实现体系结构级软件的复用,对民用软件和军用软件都有重要意义。本文将层次式和正交式的异构软件体系结构融合应用于联合作战模拟系统,并分析其结构层次。这种融合式异构体系结构使得整个系统易于修改、复用粒度大、具有较强的维护性和可移植性,并且可以满足高科技作战条件下军事信息系统间互连、互通、互操作的要求。综上所述,异构软件体系结构将是军事领域软件体系结构设计思想的发展趋势之一。

复 习 要 点

1. 掌握软件体系结构的定义。
2. 了解常见的软件体系结构风格。
3. 理解体系结构、体系结构风格之间的联系和区别。
4. 学会运用软件体系结构及其风格进行软件高层设计。

练 习 题

1. 在软件开发过程中软件体系结构占有重要的地位,举出两种常用的软件体系结构的例子,如(   )和(   )。
2. 网站系统是一个典型的(   )体系结构。

    A. 仓库

    B. 胖客户机/服务器

    C. 瘦客户机/服务器

    D. 以上选项都不是

第4章 军用软件开发

4.1 概 述

随着信息技术在军事领域的广泛应用,武器装备系统和自动化指挥系统对软件的依赖性越来越强,军用软件的规模越来越大,复杂性越来越高,因此,采用系统化的方法进行军用软件的开发具有现实意义,能够尽快摆脱军用软件手工作坊式的开发模式,避免用分散和无约束地方式开发研制大型武器装备系统软件以及各类军事应用系统软件。

软件分析阶段的主要工作是理解问题,确定系统"做什么"。军用软件的需求分析对军用软件的确切需求进行了定义,为进一步的开发活动奠定了基础。

确定了软件需求之后,就进入开发阶段。开发阶段由三个互相关联的步骤组成:设计、实现(编码)和测试。每一个步骤都按某种方式进行信息变换,最后得到计算机软件。

在设计时作出的决策最终将会影响软件构造是否成功,更重要的是会决定软件维护的难易程度。软件设计的重要性可以用一个词来表达——质量。设计是在软件开发中形成质量的地方,设计为我们提供了可以用于质量评估的软件表示,设计是我们能将用户需求准确地转化为完整的软件产品或系统的唯一方法,是作为所有软件工程和软件维护步骤的基础。

软件设计是一个把软件需求变换成软件表示的过程。最初,软件设计是描绘软件的总框架;然后,进一步细化,在框架中填入细节,加工成接近于源程序的软件表示。从工程管理角度,软件设计分成概要设计和详细设计两步完成。概要设计把软件需求转化为软件的系统结构和数据结构,详细设计是通过过程设计对结构表示进行细化,得到软件的详细数据结构和方法。

在各种工程中,设计意味着用一种有规律的方法来创造(获得)某种问题的解。与各种工程设计一样,软件设计阶段的任务就是处理"如何做"的问题,即设计是"一种有目的解决问题的过程"。由于用户要求的复杂性,软件开发面临巨大的风险。设计的好坏,将影响后续的开发活动。要求在软件设计阶段用可供审查(书面)的方式提供未来系统解决方案的概要,系统的一个清楚和相对简单的内部结构与逻辑,提供一条从需求到实现的路径。设计的成果应能做到满足需求指定的功能规格说明(可能是非形式的);符合明确或隐含的性能、资源等非功能性需求;符合明确或隐含的设计条件的限制;满足设计过程的限制(如经费、时间及工具等)。

设计分为系统的体系结构设计、一般的设计概念及一些传统方法。设计任务的类型分为构造性、确认性和控制性工作。构造性工作又分为创造性工作和反映性工作。创造性工作包括分解、变换、抽象、细化、发展及判断;反映性工作包括研究重构、改变和观察等。确认性工作包括验证、比较、识别。控制性工作包括预测、控制、抽样。

4.2　结构化设计方法

结构化开发方法(Structured Developing Method)是现有的软件开发方法中最成熟,应用最广泛的方法,主要特点是快速、自然和方便。结构化开发方法由结构化分析方法(SA)、结构化设计方法(SD)及结构化程序设计方法(SP)构成。结构化设计方法是结构化开发方法的核心,与SA、SP密切联系,主要完成软件系统的总体结构设计。结构化设计方法又称为面向数据流的设计方法。

结构化分析模型的每一个元素均提供了创建设计模型所需的信息。软件设计中的信息流表示在图4-1中,通过数据、功能和行为模型展示的软件需求被传送给设计阶段,使用任意一种设计方法,设计阶段将产生数据设计、体系结构设计、接口设计和过程设计。

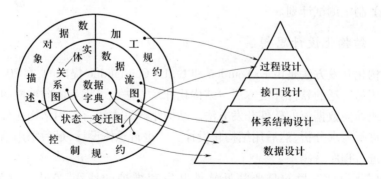

图 4-1　将结构化分析模型转换为软件设计

数据设计将分析时创建的信息域模型变换成实现软件所需的数据结构。在实体—关系图中定义的数据对象和关系以及数据字典中描述的详细数据内容为数据设计活动奠定了基础。

体系结构设计定义了程序的主要结构元素之间的关系。这种设计表示(计算机程序的模块框架)可以从分析模型和分析模型中定义的子系统的交互导出。

接口设计描述了软件内部、软件和协作系统之间以及软件同人之间如何通信。一个接口意味着信息流(如数据和/或控制流),因此,数据和控制流图提供了接口设计所需的信息。

过程设计将程序体系结构的结构元素变换为对软件构件的过程性描述。从加工规约 PSPEC(Process SPECification),控制规约 CSPEC(Control SPECification)和状态变迁图 STD(State Transit Diagram)获得的信息是过程设计的基础。

结构化设计方法的基本思想是将系统设计成由相对独立、功能单一的模块组成的结构,是基于模块化、自顶向下逐层细化及结构化程序设计等程序设计技术基础上发展起来的。结构化设计方法的实施要点是:

(1)研究、分析和审查数据流图。从软件需求规格说明中弄清数据流加工的过程。

(2)根据数据流图决定问题的类型。数据处理问题有变换型和事务型两种典型的类型。

(3)由数据流图推导出系统的初始结构图。

(4)利用一些试探性原则改进系统的初始结构图,直到符合要求的结构图为止。

(5)修改和补充数据字典。

(6)制定测试计划。

4.2.1　结构化设计思想

结构化开发方法是由 E. Yourdon 和 L . L . Constantine 提出的,在 20 世纪 80 年代使用最广泛的软件开发方法。结构化开发方法也可称为面向功能的软件开发方法或面向数据流的软件开发方法。结构化开发方法首先用结构化分析方法对软件进行需求分析,然后用结构化设计方法进行总体设计,最后采用结构化编程方法进行程序编码。

结构化设计的目的是要降低软件开发和维护的费用,它由一组相关的概念、标准和指导思想组成,该方法有利于软件的错误修正及新需求的实现,并极大地增加了代码的复用能力。结构化设计的主要思想是一个程序、一组程序或一组系统都是由一组功能操作构成的,采用模块化概念,在软件设计时不考虑程序、模块和过程的内部情况而对其间的关系进行分析,把系统看作是逻辑功能的抽象集合,即功能模块的集合,使得软件设计者有最大的自由度来选择设计系统的结构。模块划分的原则是把有关的各方面放在一起,把无关的东西不要放在一起。模块按一定的组织层次构造起来形成软件结构。结构化设计方法给出了变换型和事务型两类典型的软件结构,使软件开发的成功率大大提高。在设计阶段的后期要实现从逻辑功能模块到物理模块的映射。

结构化设计的一个重要组成部分是一系列对结构化设计的评价方法。评价软件设计有两种有效的方法:评价模块本身质量的相对效果的聚合度以及评价模块间关系的相对效果的耦合度。使用一致的评价标准,能够大量降低维护费用。针对结构化设计提出的设计质量标准能够应用到几乎所有的其他软件设计方法中。

结构化设计的目标是通过结构化设计,把软件设计为结构相互独立、功能单一的模块,建立系统的模块结构图。结构化设计的优点是通过划分独立模块,来减少程序设计的复杂性,增加软件的可重用性,减少开发和维护计算机程序的费用。如果同时考虑一个问题的多个方面那将是一件相当困难的事,通过将一些大目标的实现,转化为一些相对独立的小目标的实现来减少设计复杂性,减少开发和维护费用。如图 4 - 2 所示,当软件规模在一定范围内时,软件的开发时间随着软件规模的增加线性增长;当软件规模超过这一限度时,软件开发时间将按照指数规律快速增长。

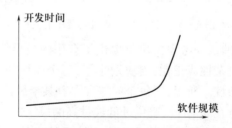

图 4 - 2 开发时间与软件规模的关系

计算机软件的模块化概念已经提出几十年了,人们在解决问题的实践中发现:当两个小问题相互独立时,如果把两个问题结合起来作为一个问题来处理,其理解复杂性大于将两个问题分开考虑时的理解复杂性之和,这样解决这个问题所需的工作量也大于两个单独问题的工作量之和。以下是基于对人解决问题的观察而提出的关于此结论的论据。

设 $C(x)$ 是描述问题 x 复杂性的函数,$E(x)$ 是定义解决问题 x 所需工作量(按时间计算)的函数。对于两个问题 p_1 和 p_2,如果 $C(p_1) > C(p_2)$,则有

$E(p_1) > E(p_2)$，这个结构直观上是显然的，因为解决困难问题需要花费更多时间。通过实践又发现了另一个特性：$C(p_1 + p_2) > C(p_1) + C(p_2)$，即 p_1 和 p_2 组合后的复杂性比单独考虑每个问题时的复杂性要大。因此，可以得出：$E(p_1 + p_2) > E(p_1) + E(p_2)$，即 p_1 和 p_2 组合后解决这个问题所需的工作量大于解决 p_1、p_2 两个单独问题的工作量之和。这就引出了"分而治之"的结论，将复杂问题分解成可以管理的片断会更容易。不等式 $E(p_1 + p_2) > E(p_1) + E(p_2)$ 表达的结果对模块化和软件有重要意义，事实上，它是模块化的论据。

把整个软件划分成若干个模块，通过这些模块的组装来满足整个问题的需求是结构化开发方法的基本思想，而一个软件究竟应划分成多少个模块是结构化方法要回答的一个问题。模块度是指系统中模块的数目。如图 4-10 所示，开发单个软件模块所需的工作量（成本）的确随着模块数量的增加而下降，给定同样的需求，更多的模块意味着每个模块的尺寸更小，然而，随着模块数量的增长，集成模块所需的工作量（成本）也在增长。这些特性形成了图 4-3 中所示的总成本或工作量曲线。存在一个模块数量 M 可以导致最小的开发成本，但是，一般无法确切地预测 M。

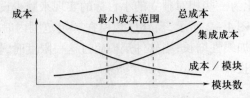

图 4-3　模块大小、数目与费用的关系

图 4-3 所示的曲线为考虑模块化提供了有用的指导，应该进行模块化，模块的大小与模块的复杂性成正比：模块划小了，每个模块的复杂性下降，但增加了模块间接口的复杂性。所以，对每个问题存在着某个最佳模块数 M，使成本最小。所以应注意保持在 M 附近，避免过低或过高的模块性。

问题模型的完整性和准确性将决定在系统设计中的工作量，一个没有很好划分和细化的结构化分析将会给使用结构化设计方法的软件设计者带来大量的工作，可能导致最后交付的系统要经过很大的改动才能满足用户的需要。"问题的描述就是解决方法的描述"，需求定义的结果基本上定型了设计的结果。这一点在结构化分析和设计的关系中体现得淋漓尽致。如图 4-4 所示，在结构化分析阶段形成的数据模型、功能模型、行为模型以及各种限制条件都是结构化设计的依据，通过对各种模型的转化分析可以获得软件的初始模块结构图，利用结构化设计的质量评价标准对初始模块结构图进行优化，最终获得软件的设计。

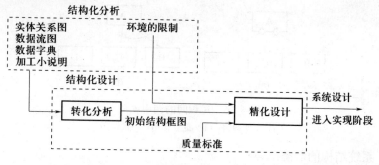

图 4 - 4 结构化分析和设计的关系

4.2.2 结构化设计相关的概念及质量评价标准

结构化设计用到了模块、结构图和系统结构的形态等概念,并对模块结构图的质量提出了设计准则,如控制范围和影响范围的设计原则、聚合度和耦合度的设计原则等。

1. 模块

模块是逻辑上相对独立的具有一定功能的程序语句集合,是独立的编程单位,如 C 语言程序中的函数过程、C + + 语言程序中的类,以及汇编中的宏等。在程序中可以用模块名对模块进行调用。模块化有助于信息隐蔽和抽象,有助于表示复杂的系统。

2. 结构图

结构图描述了系统由哪些模块组成,表示了模块间的调用关系。每个模块的模块说明书指出每个模块的输入、输出及这个模块“做什么”。结构图是结构化设计中一个重要的结果,是结构化设计的核心部分。作为结构化设计的重要工具,结构图使用了流程图的符号:用矩形代表模块,在矩形中标示模块名;从一个模块到另一个模块的箭头指出了在第一个模块中包含了一个或多个到第二个模块的调用。调用指采用任何机制对模块的引用。在箭头旁标注要传递的参数,如图 4 - 5 所示,X,Y 包含了从 A 到 B 所传递的数据,Z 是从 B 传回的数据。

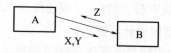

图 4 - 5 模块 A 调用模块 B

过程间的标注符号用来指明条件调用、循环调用和一次性调用,如图 4 - 6 所示。结构图最主要的质量特性是模块的聚合和耦合特性。

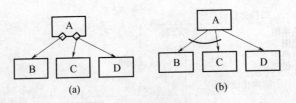

图4-6 过程间的调用关系

(a) 条件调用；(b) 重复调用和一次调用。

3. 系统结构的形态

"形态"所指的是系统结构所表现出来的形状,用深度、宽度、扇出和扇入4个特征来定义,如图4-7所示。深度定义为结构图中层次结构的层次,系统的深度能够粗略地描述系统的规模和复杂度,宽度为结构图的宽度,扇出是某一个模块的直接子模块的个数,扇入指共享该模块的上级模块的数目。

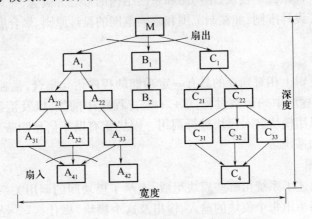

图4-7 系统结构图的形态

一般认为,扇出的域值大约为6或7。若过高,执行模块会太复杂,因为它的控制和逻辑关系需要管理过多的子模块,从而导致整个系统的模块化性能降低。出现这种情况通常是由于缺乏中间层次,所以,应适当增加中间层次的控制模块。通过对系统形态的研究,我们发现大多数设计得好的系统的形态都有一个重要的特征,即高层模块有较大的扇出,底层模块有较大的扇入。

4. 影响范围和控制范围设计原则

系统中某一层上模块中的判定或者条件语句在系统中会产生多种后果,根据该判定的结果去执行或不执行其他层的某个处理或数据,即该处理"条件依赖"于某个判定。为此,我们要讨论判定对模块的影响。

判定的影响范围是指所有"条件依赖"于该判定的处理所在的全部模块。

即使一个模块的全部处理中只有一小部分为这个判定所影响,整个模块就认作在影响范围中。一个模块的"控制范围"是指模块本身和它的全体子模块。控制范围与模块功能及结构参数无关。

有关控制范围和影响范围的设计原则是:对于任何判定,影响范围应该是这个判定所在模块的控制范围的一个子集。可以通过把判定点在结构中上下移动,达到该设计原则。因为模块一定通过某个数据或参数来影响影响范围内的模块,如果该模块不在控制范围内,则参数的传递路径会变得很长,增加了模块间的耦合度,不利于发展良好的系统结构。图4-8为控制范围和影响范围的设计原则。

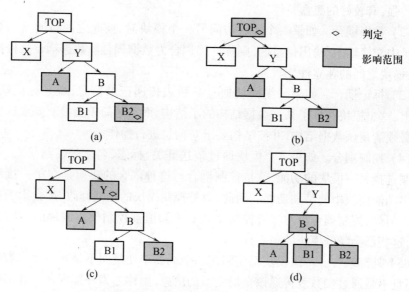

图4-8 控制范围和影响范围的设计原则

(a) 影响范围在控制范围之外;(b) 影响范围在控制范围之内(但判定位置太高);
(c) 影响范围在控制范围之内(正确实现);(d) 理想的影响范围和控制范围。

5. 耦合度

耦合度是模块间联系强弱的变量,紧耦合表明模块间的连接强,松耦合表明模块间的连接弱,无耦合表明模块互相独立。结构化设计的目标是努力实现松耦合系统,即在开发(或调试、或维护)系统中的任何一个模块时,无需太多地去了解系统中的其他模块。

模块间存在着不同方式的联系,耦合度从低到高为直接控制和调用(如非直接耦合)、通过参数传递间接地交换输入/输出信息实现一个模块对另一个模块的访问(如数据耦合、标记耦合、控制耦合、外部耦合)、公共数据(如公共耦合)以及模块间的直接引用(如内容耦合)等,耦合类型的具体划分及耦合性的强弱如图4-9所示。

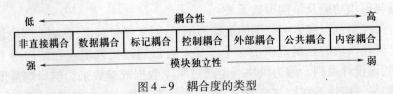

图4-9 耦合度的类型

(1) 非直接耦合。如果两个模块之间没有直接关系,它们之间的联系完全是通过主模块的控制和调用来实现的,这就是非直接耦合。这种耦合的模块独立性最强,有较好的黑盒特性。

(2) 数据耦合。如果一个模块访问另一个模块时,彼此之间是通过一个数据变量来交换输入/输出信息的,则称这种耦合为数据耦合。数据耦合是松散的耦合,模块之间的独立性比较强。

(3) 标记耦合。如果一组模块通过参数表传递记录信息,就是标记耦合。事实上,这组模块共享了某一数据结构的子结构,而不是简单变量。要求这些模块都必须清楚该数据结构,并按结构要求对信息进行操作。

(4) 控制耦合。如果一个模块通过传送开关、标志、名字等控制信息,明显地控制选择另一模块的功能,就是控制耦合。这种耦合的实质是在单一接口上选择多功能模块中的某项功能。因此,对被控制模块的任何修改,都会影响控制模块。另外,控制耦合也意味着控制模块必须知道被控制模块内部的一些逻辑关系,这些都会降低模块的独立性。

(5) 外部耦合。一组模块都访问同一全局简单变量而不是同一全局数据结构,而且不是通过参数表传递该全局变量的信息,则称之为外部耦合。外部耦合引起的问题类似于公共耦合,区别在于在外部耦合中不存在依赖于一个数据结构内部各项的物理安排。

(6) 公共耦合。若一组模块都访问同一个公共数据环境,则它们之间的耦合就称为公共耦合。公共的数据环境可以是全局数据结构、共享的通信区、内存的公共覆盖区等。公共耦合的复杂程度随耦合模块的个数增加而显著增加,只有在模块之间共享的数据很多,且通过参数表传递不方便时,才使用公共耦合。

(7) 内容耦合。如果一个模块直接访问另一个模块的内部数据;或者一个模块不通过正常入口转到另一模块内部;或者两个模块有一部分程序代码重迭;或者一个模块有多个入口,则两个模块之间就发生了内容耦合。在内容耦合的情形,被访问模块的任何变更,或者用不同的编译器对它再编译,都会造成程序出错。这种耦合是模块独立性最弱的耦合,导致模块间的密切联系,使程序难以理解,难以编写,也难以纠错修改。

实际上,开始时两个模块之间的耦合不只是一种类型,而是多种类型的混合。这就要求设计人员进行分析、比较,逐步加以改进,以提高模块的独立性。结构化设计方法的重要成果是把影响耦合度的上述因素进行了归纳,是结构化设计的重要设计原则。

6. 聚合度

聚合度是模块所执行任务的整体统一性的度量。每个模块的聚合度是模块独立(模块内部单元之间的紧密约束和相关)的程度。在一个理想的软件系统中,每一个模块执行一个单一明确的任务,但实际上,一个模块可能完成一些结合在一起的任务,或几个模块一起完成一个或一组任务,这就涉及功能相关性。聚合度的概念来源于早期的功能相关。

模块聚合度可以看作是模块中处理单元之间的黏合度,代表了一个设计者对所得到的系统和原始问题结构的基本处理原则。聚合和耦合是密切相关的。在一个系统中,单个模块的的聚合度越高,模块间的耦合度就越低。聚合和耦合都是结构化设计中的重要工具,而在两者之中,从广泛实践中产生的聚合度的概念显得更加重要。

根据不同的模块联系,将聚合情况分成偶然性、逻辑性、时间性、过程性、通信性、顺序性和功能性聚合七类,如图4-10所示。

图4-10 聚合度的类型

(1)偶然性聚合。设计者决定把无关系的任务组合在一起,构成一个集合,通常这个集合没有任何意义。如当几个模块内凑巧有一些程序段代码相同,又没有明确表现出独立的功能,把这些代码独立出来建立的模块即为偶然然性聚合模块。这种模块是内聚程度最低的模块,不易取名,模块含义不易理解,难以测试,而且,不易修改和维护。因此,在空间不十分紧张时,应尽量避免。

(2)逻辑性聚合。这种模块把逻辑上相似的功能组合到一起,每次被调用时,由传送给模块的控制型参数来确定该模块应执行哪一种功能。逻辑内聚模块比巧合内聚模块的内聚程度要高。因为它表明了各部分之间在功能上的相关关系。逻辑性内聚的问题是增加了开关量,使编程变得复杂,为了传递开关量,会造成高耦合;不易修改,对于功能的变化,当修改程序的重叠部分时,可能会造成其他部分发生错误;不易理解,因为当存在大量重叠时,很难区分哪一部分重叠属于哪一功能;效率低,因为每次只执行模块中的一部分程序。

(3)时间性聚合。在某一时间同时执行的任务放在同一模块中。这种模块大多为多功能模块,但要求模块的各个功能必须在同一时间段内执行,例如初始化模块和终止模块。时间内聚模块比逻辑内聚模块的内聚程度又稍高一些。在一般情形下,各部分可以以任意的顺序执行,所以它的内部逻辑更简单。这种聚合不是功能性的,但比逻辑性聚合要强,实现简单。

(4)过程性聚合。模块内的各处理单元相关,按特定次序执行。这种情况往往发生在使用流程图做为工具设计程序的时候,把流程图中的某一部分组成模块,得到过程性聚合模块。这类模块的内聚程度比时间内聚模块的内聚程度更强一些。

(5)通信性聚合。如果一个模块内各功能部分都使用了相同的输入数据,或产生了相同的输出数据,则称之为通信内聚模块。通常,通信内聚模块是通过数据流图来定义的。

(6)顺序性聚合(信息内聚)。是指模块的各成分利用相同的输入或产生相同的输出。这种模块完成多个功能,各个功能都在同一数据结构上操作,每一项功能有一个唯一的入口点。信息内聚模块可以看成是多个功能内聚模块的组合,并且达到信息的隐蔽,即把某个数据结构、资源或设备隐蔽在一个模块内,不为别的模块所知晓。当把程序某些方面细节隐藏在一个模块中时,就增加了模块的独立性。

(7)功能性聚合。功能性聚合把为完成一个确定任务所需的全部功能组合在一起,或者说,一个模块中各个部分都是为完成一项具体功能而协同工作、紧密联系和不可分割的,则称该模块为功能内聚模块。功能内聚模块是内聚性最强的模块。高聚合模块的好处是一个模块只执行少量相关任务,便于查找错误、减少复杂性、简化设计编码;任务专一、维护方便;有利于模块的重复使用。

一个模块内部各个元素之间的联系越紧密,则它的内聚性就越高,相对地,它与其他模块之间的耦合性就会减低,而模块独立性就越强。模块之间的连接越紧密,则模块间的联系越多,耦合性就越高,而其模块独立性就越弱。因此,模块独立性比较强的模块应是高内聚低耦合的模块。

4.2.3 软件体系结构设计

1. 结构化设计方法的步骤

软件体系结构是软件的整体结构,这种结构提供了系统在概念上的整体性。面向数据流的设计是一种体系结构设计方法,能够方便地用程序结构图来描述软件的体系结构设计。Yourdon 的结构化设计方法是在结构化分析的基础之上,针对不同类型的数据流图,建立软件的模块结构图。数据流图描述了数据对象在系统中流动时发生的变换,确定数据流图(DFD)中的变换(加工)被映射到程序结构图中的模块中,每个 DFD 变换的输入和输出箭头被映射到与该变换对应的模块接口上。在数据流图中依据数据流的作用不同,可以分为变换型和事务型两种类型的数据流,通过采用不同的数据流分析方法(即变换分析和事务分析)来获得系统的软件结构。结构化设计方法分为下述 5 个步骤:

步骤 1:分析数据流图。对系统进行结构化分析,用一组分层的数据流图来表示系统划分的功能、数据流和对数据流所做的处理。从软件的需求规格说明中弄清数据流加工的过程。

步骤 2:确定 DFD 的特点及边界。

步骤 3:将 DFD 映射为软件结构,得到两层结构图,标明接口控制信息及主要数据流。有变换分析和事务分析 2 个设计影射策略,它们提供了 2 个不同的 2 层结构图,用来为每种策略开发一个分层设计和转换过程。

步骤 4:进一步分解细化,定义控制的层次,得到初始结构图。一般原则是顶层模块负责控制处理服务,实际工作少;每个下层模块执行较少的控制功能,主要做具体处理工作。

步骤 5:获得最终的软件结构图。按软件设计的质量标准来改进结构,力争使模块的个数最少,寻求尽量简单的数据结构,得到最终的软件结构图。

结构化设计的质量评价主要采用耦合性度量和内聚性度量两种技术。高质量的程序设计要求模块之间的耦合性尽可能松散,以提高程序的可扩展性和可维护性,减少错误的发生。与耦合性相反,程序设计要求模块内部的关联程度高,即内聚性越强,设计质量越好。必要时,还可考虑结构的形态等问题。

2. 变换型和事务型系统的软件结构设计

结构化设计方法主要依据结构化分析阶段得到的数据流图,并把数据流图分成变换型和事务型两种类型分别设计软件结构。下面分别对这两类系统的软件设计进行仔细分析。

1) 具有变换型数据流系统的软件体系结构设计

在结构化分析阶段获取的 0 层数据流图中,可以明确分辨出系统的数据输入、数据处理和数据输出三个部分(图 4 - 11),则这种形式的数据流图称为变换型数据流图。对这类系统的软件体系结构采用变换分析方法进行设计。

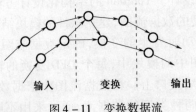

图4－11　变换数据流

变换分析的过程如下：

（1）在数据流图中识别出变换数据流图中的数据输入部分、数据加工部分以及数据输出部分。在数据流图中，不同格式的输入数据（物理输入）可以通过各种路径进入系统，并转换成系统内部的格式（逻辑格式），然后，系统由变换中心对数据进行加工变换。变换中心描述系统的主要功能、特征，其特点是输入/出数据流较多，变换中心可以不止一个；加工变换后的数据（逻辑输出）沿着各种路径传出系统（物理输出），如图4－12所示。

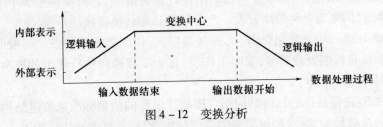

图4－12　变换分析

（2）设计一个两层的软件结构图。如图4－13所示，该结构图的上层是一个总控模块，下层依据数据流图的输入部分、变换部分以及输出部分分别设计三个模块：为系统的数据输入设计一个数据获取模块，为系统的数据输出设计一个输出数据模块，同时为变换中心设计一个数据处理模块。

图4－13　变换型的两层软件结构图

（3）采用自顶向下，逐步细化的方法，设计中下层模块，即设计上层各个模块的从属模块，设计的顺序一般是从输入模块的下层开始设计，如图4－14所示。得到软件结构图后，本着高内聚、低耦合的原则对该结构图进行修改、优化。

2）具有事务型数据流系统的软件体系结构设计

在许多软件应用中，一个单个数据项触发一条或多条数据流，每条数据流代表

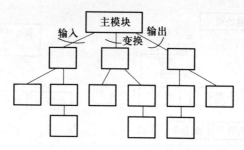

图 4 – 14　细化的变换型软件结构图

一个由数据项的内容指定的功能,这个数据项称为事务。当数据流具有明显的"发射中心"时,可归结为事务流。事务流的特征是数据沿某输入路径流动,该路径将外部信息转换成事务,判定事务的价值,启动某一个数据流。图 4 – 15 为一个事务型数据流图,T 为事务处理中心,它根据传入的数据进行判断,决定开始进行一个或几个活动,或活动序列。对这类系统的软件体系结构的设计采用事务分析方法。

得到初始结构图的步骤是识别、接收传入数据;分析每个事务,确定类型;根据事务类型,选择应执行的活动;设置顶层控制模块。首先是确定事务流的边界。事务分析的过程如下:

（1）依据数据流图,识别和接受传入数据,确定事务流的边界。先从 DFD 中找出事务流、事务处理中心和事务路径。事务中心前是接收事务、事务中心后是事务路径。

（2）设计一个两层的软件结构图。从 DFD 中导出具有接收和发送分支的软件结构,如图 4 – 16 所示。

图 4 – 15　事务数据流　　　　　　图 4 – 16　事务型的两层软件结构图

（3）细化该事务结构和每条动作路径的结构。对于接收分支,采用变换流设计方法设计中下层;对于发送分支,在发送模块下设计每条事务路径的结构,图 4 – 17 给出了两种形式的软件结构图。

在事务处理中,如果把事务的控制集中起来,则调度模块要涉及一切控制细节。因此,常分散成若干级,存在若干事务中心,如图 4 – 18 所示。

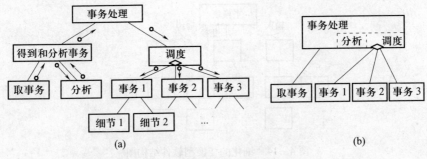

图 4 - 17　细化的事务型软件结构图

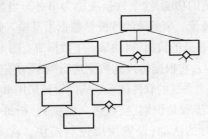

图 4 - 18　分布式事务处理系统

变换分析是软件系统结构设计的主要方法。因为大部分软件系统都可以应用变换分析进行设计。但在很多情况下,仅使用变换分析还不够,需要其他方法作为补充。事务分析就是最重要的一种方法。

一般,一个大型的软件系统是变换型结构和事务型结构的混合结构。通常,用变换分析为主、事务分析为辅的方式进行软件结构设计。首先,利用变换设计,将 DFD 划分为输入、变换和输出三大部分;然后,设计软件结构的上层模块,即主模块,及其下层输入模块、变换模块和输出模块;最后,根据输入、变换和输出 DFD 的不同特征设计它们的下层模块。

3. 软件体系结构设计文档

通过结构化设计方法的五个步骤获取了系统的软件体系结构,并依据结构化设计的质量准则对软件结构进行优化处理后,就得到了待开发系统的软件结构图。为了使得设计的内容能够为不同的人员共享并为软件的维护提供依据,需要对结构化设计过程及设计结果补充相应的设计文档,并对设计进行评审。

(1) 模块处理说明。为每一个模块写一份开发处理说明。处理说明描述模块的主要处理任务、条件选择和输入/输出,是一个关于模块内部处理的清晰、无歧义的正确描述。

(2) 接口描述。为每个模块提供接口描述。接口说明为所有进入模块和从模块输出的数据列出一个表格,包括通过参数表传递的信息;对外界的输入/输出信息;访问全局数据区的信息等;还要指出其下属的模块和上级模块。接口设计主要包括软件模块间的接口设计、模块与外部实体的接口设计以及计人机接口设计三个方面。

（3）数据结构说明。软件结构确定之后,必须确定全局的和局部的数据结构。数据结构的设计对每个模块的程序结构和过程细节都有深刻的影响。需求分析的结构化技术可以用来建立基础数据模型和标识各种重要数据对象,它们可以作为设计局部和全局数据结构的基础。数据结构的描述可以用伪码或 Wanier 图等表达。

（4）限制和约束。给出所有的设计限制或约束。包括数据类型和格式的限制、内存和时间的限制以及每个模块的独特要求等。

（5）设计评审。当系统的软件结构设计完成并编写了所有模块的设计文档之后,要对软件设计进行评审。在评审中,应着重评审软件需求是否得到满足、软件结构的质量、接口说明、数据结构说明、实现和测试的可行性及可维护性等。

4. 结构化设计的优势

依据结构化设计的原则和方法,能够获得高质量的软件结构。结构化设计方法的优点包括:

（1）根据描述用户需求的数据流图导出实现用户需求的软件结构图,使软件设计能够更好地符合用户的要求;

（2）运用了控制大型软件系统复杂性的方法。按照模块化思想,把系统分解成许多个黑盒,并把黑盒组织成适于用计算机实现的一个层次结构。

（3）用内聚和耦合作为评价软件结构质量的标准。一个模块内部各个元素之间的联系越紧密,模块的内聚性就越高,与其他模块之间的耦合性就会减低,模块独立性就越强。

（4）结构化设计方法给出了一组设计技巧,如软件结构图的深度和宽度、扇入和扇出、模块度、模块大小的掌握,作用范围和控制范围的设计原则等。

（5）用结构图直观地描述软件结构,易于理解,可直接用于评价、分析和复查等。

4.2.4 结构化设计实例

实例:图书馆的预定图书子系统有如下功能:

（1）由供书部门提供书目给订购组;

（2）订书组从各单位取得要订的书目;

（3）根据供书目录和订书书目产生订书文档留底;

（4）将订书信息(包括数目,数量等)反馈给供书单位;

（5）将未订书目通知订书者;

（6）对于重复订购的书目由系统自动检查,并把结果反馈给订书者。

试根据要求画出该问题的数据流程图,并把其转换为软件结构图。

依据题意,画出系统的数据流图及软件结构图如图4-19和图4-20所示。

1. 数据流图

数据流图如图4-19所示。

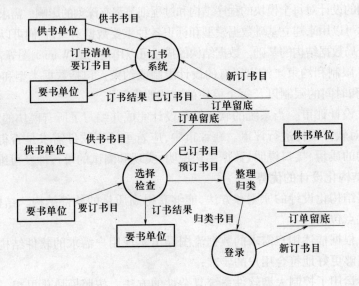

图4-19　预定图书子系统数据流图

2. 软件结构图

软件结构图如图4-20所示。

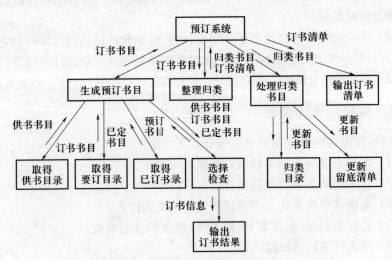

图4-20　预订图书子系统软件结构图

94

4.3　面向对象开发方法

4.3.1　概述

结构化方法的突出优点就是它强调系统开发过程的整体性和全局性,强调在整体优化的前提下来考虑具体的分析设计问题,即自顶向下的观点。它强调的另一个观点是严格地区分开发阶段,强调一步一步地严格进行系统分析和设计,每一步工作都及时地总结,发现问题及时反馈和纠正。这种方法避免了开发过程的混乱状态,是一种目前被广泛采用的系统开发方法。但是,随着时间的推移,这种开发方法也逐渐暴露出了很多缺点和不足,具体表现在以下方面:

(1)生产率提高的幅度远不能满足需要。结构化设计下的系统在 20 世纪 70 年代或 80 年代早期还可以适应。但是在越来越复杂的非数值计算类型的软件开发中,如广泛应用图形界面的交互式应用、控制要求非常突出的系统以及需求适应变动的条件下,结构化方法远不能适应。

(2)软件重用程度很低。功能和数据分离的软件设计结构与人类的现实环境不一致,导致对现实世界的认识与编程之间的理解上的障碍。系统是围绕如何实现一定的行动来进行的。当系统行为易变,需经常修改时,修改极为困难。因为这类系统的结构是基于上层模块必须掌握和控制下层模块工作,当底层模块变动时,常常会不得已修改一系列的上层模块。自顶向下功能分解的分析方法限制了软件的可重用性,导致对同样的对象进行大量的重复性工作。因此,对于单纯的计算问题,强调从算法的角度揭示事件的次序,面向过程风格是合适的,而目前大部分应用涉及变动的现实世界,面向过程风格构成的系统常出现问题。

(3)无法适应以控制关系为重要特性的系统要求。在结构化设计方法的设计原则中,好的系统设计要求在不同部件中不能传送控制信息;要把所有的控制信息都集中在高层的模块,以保证影响范围在控制范围之内。这样,模块间的控制作用只能通过上下之间的调用关系来进行,信息传递路径过长,效率低,易受干扰,甚至出错。如果允许模块间为进行控制而直接通信,则系统总体结构混乱,难于维护和控制,易出错。

(4)软件的可维护性和稳定性差。这是用 SA 方法开发出来的系统的致命点。SA 方法是一种严格的理想主义开发方法,它要求在用户需求分析阶段中必须完整准确地描述用户的各种需求。然而,在开发前期,用户常常对系统仅有一个模糊的想法,很难明确确定和表达对系统的全面要求;或者由于用户的经营方式、管理模式发生变化,都将使得用户提出对系统的修改意见。而这种用户需求的变化(即使是微小变化)都可能导致整个系统的巨大改变。

(5) 软件往往不能真正满足用户需要,系统开发周期长。整个系统只有在所有模块都完成以后才能提交用户使用,在系统开发过程中,用户无法了解到将要使用的系统概貌,无法及时反馈意见来控制系统目标。因此,采用 SA 方法开发出来的系统在某种程度上均未能完全满足用户的要求。

出现上述问题的原因很多,最根本的是瀑布型开发模型和结构化技术的缺点。瀑布模型要求生命周期各阶段间遵守严格的开发顺序,实际情况是软件开发往往在反复实践中完成。瀑布模型要求预先定义并"冻结"软件需求,实际情况是某些系统的需求需要一个逐渐明确的过程,且预先定义的需求到软件完成时可能已经过时。结构化技术本质上是功能分解,以实现功能的过程为中心,而用户的需求变化主要是针对功能的。这就使基于过程的设计不易被理解;且功能变化往往引起结构变化较大,稳定性不好。

采用结构化技术开发的系统具有明确的边界定义,且系统结构依赖于系统边界的定义,这样的系统不易扩充和修改。结构分析技术对处理的分解过程带有任意性,不同的开发人员开发相同的系统时,可能经过分解而得出不同的软件结构。数据与操作分开处理,可能造成软构件对具体应用环境的依赖,可重用性较差。

为了解决传统开发方法带来的问题,可以采用新的软件开发模型,如快速原型方法、螺旋型方法等;并采用新的软件开发方法学,即面向对象方法学。面向对象方法学的特点是尽可能模拟人类习惯的思维方式,即问题域与求解域在结构上尽可能一致。与传统方法相反,面向对象方法学以数据或信息为主线,把数据和处理结合构成统一体——对象。这时,程序不再是一系列工作在数据上的函数集合,而是相互协作又彼此独立的对象的集合。

面向对象方法的形成最初是从面向对象程序设计语言开始的,随之才逐渐形成面向对象分析与设计方法。面向对象分析与设计的实质是一种系统建模技术。面向对象思想的实质不是从功能上或是从处理的方法上来考虑,而是从系统的组成上进行分解。对问题进行自然分割,利用类及对象作为基本构造单元,以更接近人类思维的方式建立问题领域模型,使设计出的软件能直接地描述现实世界,构造出模块化的、可重用的、可维护性好的软件。能控制软件的复杂性,降低开发维护费用。

在进行系统建模时,利用一些相互作用的对象,即把被建模的系统的内容看成是大量的对象。因此,包含在模型中的对象取决于对象模型要代表什么,即要处理问题的范围。这种模型通常很容易理解,因为它直接和现实相关。

面向对象系统采用了自底向上的归纳、自顶向下的分解的方法,它通过对对象模型的建立,能够真正建立基于用户的需求,而且系统的可维护性大大改善。20世纪90年代以后,一些专家按照面向对象的思想,对系统分析和系统设计工作的步骤、方法、图形工具等进行了详细的研究,提出了许多不同的实施方案,至此,面向对象方法从理论走向了具体实现。面向对象分析和设计模型如图4-21所示。

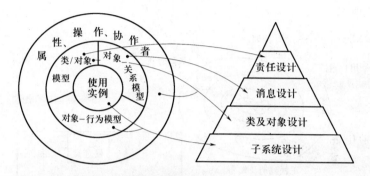

图4-21　面向对象的分析和设计模型

面向对象分析方法通过对对象、属性和操作(作为主要的建模成分)的表示来对问题建模。图中,面向对象的分析模型以使用实例为基础,分别建立对象模型、对象—关系模型以及对象—行为模型。面向对象设计把面向对象分析模型转变为软件构造的设计模型。设计模型包括子系统设计、类及对象设计、消息设计和责任设计等4个层次。

4.3.2　面向对象的软件开发模型

曾经有很多年,"面向对象"(Object-Oriented,OO)被用于指使用一系列面向对象程序设计语言(如Ada95、C++、Eiffel、Smalltalk)的软件开发方法。今天,OO软件开发模型包含完整的软件工程观点。

在第1章,讨论了一系列软件工程的不同的过程模型,虽然这些模型的任意一个均可以适用于OO技术,但是,最好的选择应该认识到,OO系统往往随时间演化,因此,演化过程模型结合构件组装(复用)的方法是OO软件工程的最好软件开发模型。构件组装过程模型已被剪裁以适应OO软件工程。

OO过程沿演化的螺旋迭代从用户通信起步,在这里,问题域被定义,并且定义基本的问题类;计划和风险分析阶段:建立OO项目计划的基础;OO软件工程关联的技术工作遵循在阴影方框中显示的迭代路径,OO软件工程强调复用,因此,类在被建造前,先在(现存的 OO 类)库中"查找",当在库中没有找到时,软件工程师应用面向对象分析(OOA)、面向对象设计(OOD)、面向对象程序设计(OOP)、和面向对象测试(OOT)来创建类及从类导出的对象,新的类然后又被放入库中,使得可以在将来被复用。

面向对象的观点要求演化的软件工程方法,要在一次单个迭代中为主要的系统或产品定义出所有必需的类是极端困难的,当 OO 分析和设计模型演化时,对附加类的需要就变得明显化。正因为如此,螺旋模型特别适合于 OO,如图 4 - 22 所示。

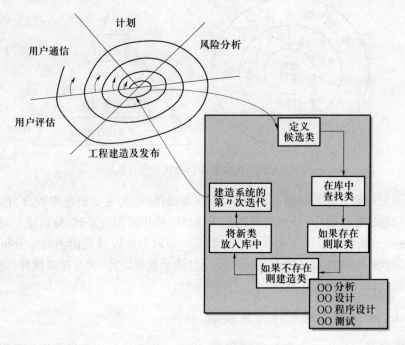

图 4 - 22　OO 过程模型

软件生存期广泛用于结构化软件开发项目,可以当作结构化的代表。软件人员根据软件生存期来组织和管理开发过程,生存期中的每一个阶段规定了一定的任务,根据经验,可以估计出分配给每个阶段的时间。但开发方法上的改变,可能会改变生存期。

面向对象方法改进了在生存期各个阶段之间的边界,因为各阶段开发出来的"部件"都是类。在面向对象生存期的各个阶段,要对各个类的信息进行细化,类成为分析,设计和实现的基本单元。面向对象把类作为单元,可以分别考虑类的生存期和应用生存期。

1. 类生存期

软件复用是软件开发中要追求的一个目标,软件部件应当独立于当初开发它们的应用而存在。在纯面向对象的系统开发中,一个应用就是一个类。为解决问题所需要的所有元素都放在一个类中,并通过该类的一个实例来解决问题。类生存期的各个阶段如图 4 – 23 所示。

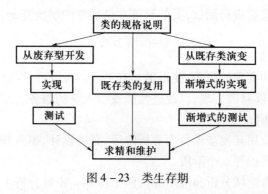

图 4 – 23　类生存期

1）类的定义

一旦标识了一个类,就给出了它的规格说明,其中包括类的实例可以执行的操作和它们的数据结构。

2）类的设计和实现

类的设计可以分成对现存类的复用、从现存类进行演变和从废弃型进行开发等三种途径。

现存类的复用是根据类的规格说明,在存放现存的类的软件库中查找相应的现存类,该现存类为当前的应用提供所需要的功能。只要有可能,就应用复用现存类。然而,多数 is as(照原样)复用只限制在底层上最基本的类,如基本数据结构。对于较一般的结构,可以在实例化时,使用参数来规定它们的行为。

多数复用情况是一个类已经存在,它提供的行为类似于要为新类定义的行为,开发人员可以使用现存类作为定义新类的起点,即从现存类进行演变。从现存类进行演变有两种方式。第一种为横向演变,产生现存类的一个新版本。第二种为纵向演变,它从现存类导出一个新类。首先进行渐进式设计,设计现存类的一个特化类,确定哪些追加的行为可以加到类中去,哪些现存的行为应当重新实现。然后完成渐进式实现,其中许多实现可以从现存类直接继承;有些继承的实现需改写;渐进式设计阶段增加的行为也必须实现。最后进行渐进式测试,这可以大大减少测试新类的工作量,测试用例的生成最花费时间;许多新类的测试用例可从现存类的测试用例组中得到;新类的某些部分在现存类中已测试过,故不需再测试。

任何一个类,只要不涉及现存类,就可看作一个新的继承结构的开始,即从废弃型进行开发。首先进行设计,把应用生存期分析阶段的结果作为输入,并确定类的其他属性。设计给出类的所有细节,可支持它们的实现。然后完成实现,通过变量的声明,操作界面的实现及支持界面操作的函数的实现,可实现一个类的行为和状态。最后进行测试,类的测试在最抽象的层次开始,沿继承联系向下进行。

3）求精与维护

概念的封装和实现的隐蔽,使得类具有更大的独立性,可以在类的界面上增加新的操作,并能够修改实现,以改进性能或引入新的服务。

2. 应用生存期

面向对象的应用开发步骤分为分析阶段、高层设计、类的开发、实例建立、组装测试以及应用维护等 6 个阶段。

分析阶段分为论域分析和应用分析两个步骤。论域分析主要开发应用论域的模型,标识出问题论域中的抽象,建立概括的系统实现的环境,根据特定应用的需求进行论域分析;应用分析细化论域分析的结果,集中于当前要解决的问题。高层设计是设计该应用的顶层视图,开发系统的结构,即用来构造应用软件的总体模型。类的开发是应用设计阶段的主要工作。实例建立是对问题的最后解决。组装测试阶段把系统组装成一个完整的应用进行测试。应用维护,在系统的操作中定位故障,在现有的系统中加入新的行为。

对象技术反应了对世界的自然视图。对象按类和类层次被分类,每个类包含一组描述它的属性和一组定义其行为的操作。对象几乎模拟了问题域的可标识的全部方面,如外部实体、事物、发生的事情或事件、角色、组织单位,位置、以及可以表示为对象的结构。很重要的一点是,对象(及其从中导出的类)封装了数据和处理。处理操作是对象的一部分,并且被传递给该对象的一个消息所引发。类定义,一旦定义完成,形成了在建模、设计和实现不同级别上复用的基础。新对象可从类中通过实例化而产生。

三个重要的概念区分了 OO 方法和传统的软件工程方法。封装将数据和操纵数据的操作包装到单个命名的对象中;继承使得类的属性和操作可以被通过实例化产生的它的所有的子类和对象所继承;多态使得一系列不同的操作具有相同的名字,减少实现系统所需的代码行数并方便修改。

面向对象的产品和系统使用演进模型来开发,有时又称为递归/并行模型。OO 软件迭代地演进,并且管理时必需认识到最终产品需通过一系列的增补来实现。下面讨论一些较为典型的面向对象方法。

100

4.3.3　面向对象的基本概念

面向对象技术是一个非常实用,有效的软件开发方法。面向对象的基本概念在面向对象方法中占有重要的位置。

1. 对象及其关系

在面向对象方法中,对象是最基本的概念。在客观世界中,对象是客观存在的个体或事物的抽象表示。对象表示真实的事物时,可以是视觉可见的东西,如人、机器等,也可以是抽象概念,如规划、策略等。每一个对象可用一组属性和其执行的一组操作来定义,是面向对象开发模式的基本成分。属性表示对象的性质,属性值规定了对象所有可能的状态,用来描述对象的静态特征;一般只能通过执行对象的操作来改变。操作描述了对象执行的功能,若通过消息传递,还可以为其他对象使用。

在计算机实现域中,借助某种计算机编程语言和设计方法得到的可执行代码能够实现问题的解的映射过程。对象是表达各类应用的可执行代码中的实体,是指将数据和方法捆绑为一体的软件结构,代表客观世界对象在实现域的一个抽象。

客观世界非常复杂,事物之间不是孤立的、不相关的。因此,仅用一些独立的对象来描述客观世界中的事物远远不够。对象之间存在着一定的关系,对象之间的交互与合作,形成一个有机的整体,构成了更高级的行为。

对象之间的关系是对客观世界建模的基础,分为包含、聚合和相关三种关系。包含关系是由分解或组成构成的关系,能形成结构性的层次;聚合关系具有代表一种一般特性的对象之间的“聚合”关系,形成一种类型层次,如交通工具聚合着汽车、自行车等;相关关系代表更一般的对象间在物理上或概念上有关的“相关”关系,如人驾驶汽车时,人与汽车的关系。这几种关系是对现实世界建模的基础,包含和相关关系构成对象结构;聚合关系构成类结构,代表了公共特性。

2. 消息

对象之间进行通信的数据称为消息。当一个消息发送给某个对象时,包含要求接收到消息的对象去执行某些活动的信息,接收到消息的对象对其进行解释后,予以响应。这种通信机制叫做消息传递。在此过程中,发送消息的对象不需要知道接收消息的对象如何对请求予以响应。

消息是要求某个对象执行类中定义的某个操作的规格说明,包括提供服务的对象标识、服务标识、输入信息、返回信息。发送给一个对象的消息定义了一个方法名和一个参数表(可能是空的),并指定某一个对象。一个对象接收的消息则调用消息中指定的方法,并将形式参数与参数表中相应的值结合起来。

方法是与一个对象有关的过程,即实现某一操作的一段代码。对象收到一个消息后,决定调用哪个方法来响应该消息的过程称为方法绑定。

对象间只能通过发送消息进行联系,外界不能处理对象的内部数据,只能通过消息请求它进行处理(如果它提供相应消息)。

3. 类和实例

类是一组具有相同属性和相同操作的对象的集合是面向对象方法中最重要的概念之一,这种把一组对象的共同特征加以抽象并存储在一个类中的思想正是面向对象方法中最重要的一点。类的定义包括该类的对象所需要的数据结构(属性的类型和名称)和对象在数据上所执行的操作(方法)。类定义可以视为一个具有类似特性与共同行为的对象的模板,为属于该类的全部对象提供统一的抽象描述,可用来产生对象。

类给出的是属于该类的全部对象的抽象定义,而对象是符合这种定义的一个实体。因此,一个对象也称为类的一个实例,是从某个类创建的对象,可使用类中提供的函数。对象的状态包含在实例的属性中。实例化是指在类定义的基础上构造对象的过程。同一个类的不同对象的差别是通过不同对象的不同属性值的差别来体现的。

类由数据和方法构成,用于描述对象的性质,包括外部特性和内部实现两个部分。对象的外部特性用于描述消息模式及其相应的处理能力;对象的内部实现描述了内部状态的表现形式及其处理能力的实现。

4. 封装性

封装是指将对象的状态信息(属性)和行为(方法)捆绑为一个逻辑单元,并尽可能隐藏对象的内部细节。封装是面向对象的一个重要原则,它有两个含义:第一个是把对象的全部属性和全部操作结合在一起,形成一个不可分割的独立对象。第二个是"信息隐藏",即尽可能隐藏对象的内部细节,对外形成一个边界,只保留有限的对外接口使之与外部发生联系。

封装可以提高事物的独立性,减少当变化发生时副作用的传播。封装将对象的使用者和设计者分开,使用者不必知道对象行为实现的细节,只需用设计者提供的对象接口来访问该对象。

5. 继承

类可分层,下层子类与上层父类有相同特征,称为继承。继承性是类层次结构中的一个重要特点,是父类和子类之间共享数据和操作方法的机制。继承是类的特性,表示类之间的关系。类关系用虚线箭头表示,实例之间的关系用实线箭头表示如图4-24所示。

使用继承最普遍的原因是简化代码的重用。继承是使用已存在的定义作为基础建立新定义的技术。新类的定义可以是既存类所声明的数据和新类所增加的声明的组合。新类复用既存的定义,而不要求修改继承类。既存类可当做基类来引用,新类相应地可当做派生类来引用。每个类都可以通过继承来修改,而父类和使用它们的用户却不会因为子类的加入受到影响或发生变化。

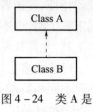

图4-24 类A是类B的子类

继承有下面三种使用方式:

(1) 子类定义新的属性和方法作为对它所继承的属性和方法的补充。

(2) 子类重新实现所继承的一个或多个方法。被子类重定义的方法被覆盖。方法被覆盖后,类的行为发生了变化,对同一个消息,子类和父类的实例调用不同的方法,产生不同的行为。

(3) 子类实现一个或多个其父类声明但没有实现的方法,即父类是一个抽象类,它说明但没有实现的方法成为抽象方法。

继承使得导出类变得非常简洁明了,导出类中只包含那些使它们与父类不同的最本质的特性。通过继承,可以重复使用和扩展那些经过测试的没有修改过的代码。分级分类是人类组织和利用信息的技能。按照这种方法组织规划软件,使得结构简单,易于维护和扩展。

在类的层次结构中,一个类可以有多个子类,子类又可以是其他类的父类,这样就形成了继承的层次结构。如图4-25所示,在这个类图中,每一个父类都与它的子类用线相连,并用一个空心的三角箭头指向父类。图中,图形类是这个类层次图的根类,线段、点和区域类是图形类的子类,而椭圆、长方形和圆类又是区域类的子类。

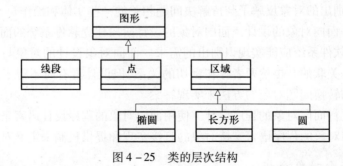

图4-25 类的层次结构

6. 多态性

多态性技术在结构方面给设计者提供了灵活性。多态性是指消息的发送者不需要知道接收实例的类,接发实例可以属于任意的类。多态性是一个非常重

103

要的特征,发送者只需知道另一个实例能够执行某个行为,而不必知道这个实例属于哪个类,也不必知道实际上是由什么操作来执行该行为。这是一个很有力的工具,允许开发灵活的系统,给设计者在结构方面提供了灵活性。

对象的多态性是指在一般类中定义的属性或操作被特殊类继承之后,可以具有不同的数据类型或表现出不同的行为,使得同一个属性或操作在一般类及其各个特殊类中具有不同的语义。在收到消息时,对象要予以响应,不同的对象收到同一消息可以产生多种不同的结果,会有多种不同形式,即多态。在使用多态时,用户发送一个通用的消息,实现的细节则由接收对象自行决定,这样,同一消息就可以由不同的对象调用不同的方法来响应,产生不同的响应结果。

继承性可以支持多态的实现,利用类层次的继承关系,把具有通用功能的消息存放在高层次,实现这一功能的不同的行为放在较低层次,在这些较低层次上生成的对象就能给通用消息以不同的响应。

7. 面向对象软件开发的一般思路

面向对象技术是一个有全新概念的开发模式,系统模型的基本单位是对象,是客观世界中实体的抽象,系统的功能是通过对象之间的消息传递来实现的。客观世界中的各类实体在复杂多变的环境和用户需求的变更中是相对稳定的,因而,采用面向对象方法建立的系统具有较强的应变能力,各组成部分可重用性好。面向对象在分析、设计和实施阶段均采用以对象为基本单位的统一模型,只是随着系统开发的进展,对模型进行逐步细化和扩充,从生存期的一个阶段到下一个阶段所使用的方法与技术具有高度的连续性,有着良好的衔接。

面向对象软件开发的一般思路如下:

(1)进行面向对象的分析。在面向对象的分析阶段建立应用领域的面向对象模型,识别出的对象反映了与待解决问题相关的一些实体和操作。

(2)是面向对象的设计。面向对象的设计阶段建立软件系统的面向对象模型,设计的软件系统应能实现识别出的需求。面向对象设计的对象与要解决问题的答案是关联的。虽然两者存在密切的关系,但设计者有时不得不通过增加新的对象和转换问题对象的方法来实现答案。

(3)进行面向对象的程序设计。使用面向对象的程序设计语言来实现软件设计。面向对象的程序语言支持对象的直接实现和提供机制来定义对象。

4.3.4 面向对象分析

面向对象分析(Object-Oriented Analysis,OOA)的关键是识别出客观世界中的对象,并分析它们之间的关系,建立待解决问题的简洁、精确和可理解的正确模型。面向对象分析方法主要包括以下内容:分析发现对象、定义它们的类、建立类之间的关系、找出重用类、用重用类的实例(即对象)构造系统框架。

面向对象分析的任务首先是对所要解决的应用问题进行说明,通过分析,获得软件系统的基本构成对象以及系统必须遵从的由应用环境所决定的规则和约束;然后,确定构成系统的对象之间的协作关系,完成指定的功能。

在分析阶段,OOA 用五个层次来定义和记录系统的结构和行为,这五个层次是:类与对象、属性、方法、结构和主题,如图 4 - 26 所示。通过划分主题,可以把一个大型、复杂的应用问题进行分解,使得问题的复杂度降低,便于对每一个主题的进一步分析和理解。OOA 的五个层次对应着面向对象分析的五项重要活动:识别主题、标识对象和类、识别结构、定义属性和定义方法。

主题层
类和对象层
结构层
属性层
分法层

图 4 - 26　OOA 的
五个层次

类图是面向对象分析建立的基本模型,该模型中包含对象的三个要素:即对象模型(静态模型)、行为模型(动态模型)和功能模型。通过建立动态模型和功能模型,可以合理、准确地定义每一个类提供的各种方法。

OOA 的步骤是进行面向对象分析过程的大致顺序,用来完成面向对象分析的五项活动,即识别主题、标识对象和类、识别结构、定义属性和定义服务。OOA 的步骤具体分为标识对象及定义类、标识结构、标识主题、定义属性和定义方法五个步骤。

步骤 1:标识对象及定义类。

(1) 标识对象。对现实世界进行研究是任何开发方法的根本出发点。面向对象方法采用了与现实世界紧密联系的对象概念,因此,分析模型能够更好地与现实世界进行对应。

问题域是待开发系统所涉及的整个业务领域。通过对问题域的调查研究,来发现系统中的对象、对象内部的属性和操作以及对象之间的关系,建立一个满足用户需求的分析模型。

类和对象是对与应用有关的概念的抽象,是说明应用问题的重要手段,也是构成软件系统的基本元素。可以从现实世界、文字资料等入手发现系统中的对象,但问题域中的事物并不一定都要成为模型中的对象,只有与系统责任相关的事物才抽象为系统中的对象。对象的说明保存了每个对象的信息和每个对象必须提供的行为。

(2) 定义类。类是对象的抽象描述,是构成系统的基本单位。通过把具有相同属性和操作的对象划分为一类,用类作为这些对象的抽象描述。通过识别各类对象所具有的公共的结构和行为,来定义系统所包含的各个类。

步骤2:标识结构。

结构表示了一个待解决问题的复杂程度。单个对象类只描述了系统中的某一类事物,要构成解决应用问题的一个完整的系统模型,必须分析和识别各类对象之间的关系,建立类之间的联系,形成类的结构。

在OOA中定义了两类结构,分别是整体—部分结构和一般—特殊结构。

可分为两个步骤:第一是识别一般/特殊结构(继承),确定类中继承的等级;第二是识别整体/部分结构(聚集),表示一个对象怎样作为别的对象的一部分以及对象怎样组成更大的对象。

步骤3:标识主题。

主题可以用来控制模型规模的复杂度,提供了对复杂模型进行描述和理解的机制。主题由一组类及对象组成,用于将类和对象模型组成更大的单位。主题是与应用有关而非人为引出的概念。每个主题的规模按有助于对系统的理解来选择,可以看成高层的模块或子系统。属性和方法对已识别的类和对象做进一步的说明,对象所保存的信息称为它的属性。对象收到消息后所能执行的操作称为它可提供的方法。

面向对象方法用对象表示客观世界中的各种事物,事物的静态特征和动态特征分别用对象中的一组属性和方法来表达,是对已经识别的类和对象做进一步的说明。

步骤4:定义属性。

就是定义对象需要保存的信息,即要存储的数据,包括对象之间的实例连接。两个对象由于受制于相同的应用规则而发生联系,称为实例连接。如报刊订阅对象与订户对象之间存在实例连接。属性用名字和描述指定。

步骤5:定义方法。

对象收到消息后所能执行的操作称为对象可提供的方法。定义方法是定义对象所做的工作,包括对象之间的消息连接。两个对象之间可能存在着通信需要,由此形成联系,称为消息连接;消息连接表示一个对象发送消息给另一个对象,由该对象调用相应的方法完成某些处理。

经过五个层次的活动后,分析结果是一个分成五个层次的领域模型,包括主题、类及对象、结构、属性和服务。由类及对象图表示,五个层次活动的顺序并不重要。

4.3.5　面向对象设计

在面向设计(OOD)阶段,Coad与Yourdon继续采用分析阶段提到的五个层次,这有利于从分析到设计的过渡,同时又引进了问题域、人机交互、任务管理及数据管理四个部分。在问题域部分,面向对象分析的结果直接放入该部分,或者说,OOA 中只涉及领域部分,其他三个部分是在 OOD 中加入的。问题域部分包括与应用域相关的所有类和对象,并进一步进行细化。人机交互部分包括对用户分类、描述人机交互的脚本、设计命令层次结构、设计详细的交互、生成用户界面的原型、定义 HIC 类等。任务管理部分要识别任务(进程)、任务所提供的服务、任务的优先级、进程的驱动模式(如事件驱动、时钟驱动),以及任务与其他进程和外界如何通信等。数据管理部分确定数据存储模式,这依赖于存储技术,如使用文件系统、关系数据库管理系统,还是面向对象数据库管理子系统等。OOD 设计模型如图 4 - 27 所示。

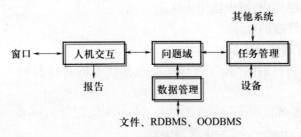

图 4 - 27 OOD 设计模型

1. 问题域部分的设计

OOA 阶段得到的有关应用的概念模型描述了要解决的问题,在 OOD 阶段,要对这个结果进行改进和增补;根据需要的变化,对 OOA 模型中某些类与对象、结构、属性、操作进行组合与分解;考虑对时间与空间的折中、内存管理、开发人员的变更以及类的调整等;根据 OOD 的附加原则,增加必要的类、属性和联系。

(1) 复用设计。根据问题解决的需要,从现有的类库或其他来源得到的现存库增加到问题解决方案中。现存类是面向对象语言编写,或其他语言编写的可用程序。标识现存类中不需要的属性和操作,无用的部分维持到最小程度。增加从现存类到应用类之间的通用—特定的联系。

(2) 把问题域的专用类关联起来。在 OOD 中,从类库中引进一个基类,作为 container 类,把应用的类关联到一起,建立类的层次。

(3) 为建立公共操作集合建立一般类。在一般类中定义所有特殊类都可使用的操作,这种新操作可能是虚函数,其细节在特殊类中定义。

(4) 调整继承级别。OOA 建立的模型可能包括多继承联系,而实现时使用的程序语言可能只有单继承,或没有继承机制,需对分析结果进行修改。

2. 用户界面部分的设计

OOA 给出了所需的属性和操作，在 OOD 中，根据需求把交互的细节加入到用户界面设计中。用户界面部分的设计有以下几个方面：

（1）用户分类。用户可以分成外行型、科学型、熟练型和专家型四类。

（2）描述人及其任务的场景。对每一类用户，列出对以下问题作出的考虑：什么人、目的、特点、成功的关键因素、熟练程度以及任务场景。

（3）设计命令层。研究现行人机交互活动的内容和准则；建立一个初始命令层作为基础，对处理过程自顶向下、逐步分解，设计出可用的操作。细化命令层包括排列命令层次，使用最频繁的操作放在前面，按用户工作步骤排列；逐步分解，找到整体—局部模式，以便在命令层中对操作进行组织和分快；菜单深度尽量限制在三层之内；减少操作步骤。

（4）设计详细的操作。

3. 任务管理部分的设计

任务是进程的别名，任务管理主要包括任务的选择和调整。任务的定义如下：

name（任务名）、description（描述）、priority（优先级）、servicesincluded（包含的操作）、commnicationvia（经由谁通信）。

任务管理部分的设计包括识别事件驱动任务、识别时钟驱动任务、识别优先任务和关键任务、识别协调者、评审各个任务和定义各个任务。

（1）识别事件驱动任务。一些与硬件设备通信的任务，是事件驱动的。任务可由事件来激发，而事件常常是数据到来时发出的一个信号，如中断。

（2）识别时钟驱动任务。以固定的时间间隔激发这种事件，以执行某些处理，如时钟中断。

（3）识别优先任务和关键任务。即根据处理的优先级别来安排各个任务。

（4）识别协调者。当有三个或更多任务时，应增加一个附加任务，起协调者的作用。

（5）评审各个任务。对各个任务进行评审，确保它能满足所选择任务的工程标准。最后要定义各个任务。

4. 数据管理部分

数据管理部分提供了在数据系统中存储和检索对象的基本结构。数据管理方法包括文件管理、关系数据库管理和面向对象数据库管理。文件管理提供基本的文件处理能力。关系数据库的管理系统：建立在关系理论的基础上，使用若干表格管理数据。面向对象数据管理系统以两种方法实现：RDBMS 的扩充、面向对象程序设计语言（OOPL）的扩充。

数据管理部分的设计包括数据存放方法设计及相应操作设计。数据存放方法设计采用上述三种方法,即文件、RDB、OODB;相应操作设计包括为每个需要存储的对象及类增加用于存储管理的属性和操作,在类及对象的定义中加以描述。

4.4　统一建模语言

4.4.1　概述

统一建模语言(UML)的本意是要成为一种标准的统一语言,使得 IT 专业人员能够进行计算机应用程序的建模。UML 的主要创始人是 Jim Rumbaugh、Ivar Jacobson 和 Grady Booch,他们最初都有自己的建模方法(OMT、OOSE 和 Booch),彼此之间存在着竞争。最终,他们联合起来创造了一种开放的标准。统一建模语言是用来对软件密集系统进行描述、构造、可视化和文档编制的一种语言,其主要特点是:

(1) 也是最重要的一点,统一建模语言融合了 Booch、OMT 和 OOSE 方法中的概念,它是可以被上述及其他方法的使用者广泛采用的一门简单、一致、通用的建模语言。UML 成为"标准"建模语言的原因之一在于,它与程序设计语言无关。而且,UML 符号集只是一种语言而不是一种方法学。这点很重要,因为语言与方法学不同,它可以在不做任何更改的情况下很容易地适应任何业务运作方式。

(2) UML 还吸取了面向对象技术领域中其他流派的长处,其中也包括非 OO 方法的影响。UML 的符号表示考虑了各种方法的图形表示,删掉了大量易引起混乱的、多余的和极少使用的符号,也添加了一些新符号。因此,在 UML 中汇入了面向对象领域中很多人的思想。这些思想并不是 UML 的开发者们发明的,而是开发者们依据最优秀的 OO 方法和丰富的计算机科学实践经验综合提炼而成的。

(3) UML 在演变过程中还提出了一些新的概念。在 UML 标准中新加了模板(Stereotypes)、职责(Responsibilities)、扩展机制(Extensibility Mechanisms)、线程(Thread s)、过程(Processes)、分布式(Distribution)、并发(Concurrency)、模式(Patterns)、合作(Collaborations)、活动图(Activity Diagram)等新概念,并清晰地区分类型(Type)、类(Class)和实例(Instance)、细化(Refinement)、接口(Interfaces)和组件(Components)等概念。

(4) 统一建模语言扩展了现有方法的应用范围。UML 的目标是以面向对象的方式来描述任何类型的系统,具有很广的应用领域。其中最常用的是建立软件系统的模型,但它同样可以用于描述非软件领域的系统,特别是,UML 具有对并行分布式系统建模的能力。

(5)统一建模语言是标准的建模语言,而不是一个标准的开发流程。虽然 UML 的应用必然以系统的开发流程为背景,但根据不同的经验、不同的组织、不同的应用领域需要不同的开发过程。UML 是一个通用的标准建模语言,可以对任何具有静态结构和动态行为的系统进行建模。UML 的开发者们将继续倡导从用例驱动到体系结构为中心,最后反复改进、不断添加的软件开发过程,但实际上设计标准的开发流程并不是非常必要的。UML 适用于系统开发过程中从需求规格描述到系统完成后测试的不同阶段。使用 UML 建模时,可遵循任何类型的建模过程。

UML 是一种定义良好、易于表达、功能强大且普遍适用的建模语言。它融入了软件工程领域的新思想、新方法和新技术。它的作用域不仅限于支持面向对象的分析与设计,还支持从需求分析开始的软件开发的全过程。

UML 的演化可以按其性质划分为以下几个阶段:

(1)最初的阶段是专家的联合行动。由三位 OO 方法学家将他们各自的方法结合在一起,形成 UML 0.9。

(2)第二阶段是公司的联合行动:由十几家公司组成的"UML 伙伴组织"将各自的意见加入 UML,形成 UML 1.0 和 1.1,并成为 OMG 的建模语言规范。

(3)第三阶段是在 OMG 控制下的修订与改进:OMG 成立任务组进行不断的修订,产生了 UML 1.2、1.3 和 1.4 版本,其中 UML 1.3 是较为重要的修订版。目前已推出 UML 2.0。

面向对象技术和 UML 的发展过程可用图 4 – 28 来表示,标准建模语言的出

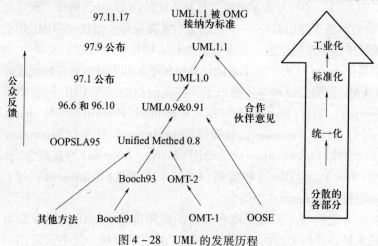

图 4 – 28　UML 的发展历程

现是其重要成果。UML代表了面向对象方法的软件开发技术的发展方向,具有巨大的市场前景,也具有重大的经济价值和国防价值。

4.4.2 UML内容

作为一种建模语言,UML的定义包括UML语义和UML表示法两个部分。

(1)UML语义 描述基于UML的精确元模型定义。元模型为UML的所有元素在语法和语义上提供了简单、一致、通用的定义性说明,使开发者能在语义上取得一致,消除了因人而异的最佳表达方法所造成的影响。此外UML还支持对元模型的扩展定义。

(2)UML表示法 定义UML符号的表示法,为开发者或开发工具使用这些图形符号和文本语法为系统建模提供了标准。这些图形符号和文字所表达的是应用级的模型,在语义上它是UML元模型的实例。

UML用于描述模型的基本概念有事物、关系和图,UML的结构如图4-29所示。

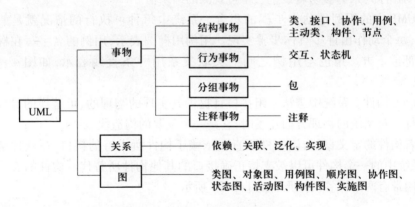

图4-29 UML的结构图

UML的事物又分为结构事物、行为事物、组织事物和注释事物。结构事物是UML中的静态元素,如类、接口、协作等;行为事物是UML中的动态元素,如交互、状态机等;组织事物是UML的分组元素,如包(Package)等;注释事物是UML的分组元素,如注释等。

关系包括关联关系、依赖关系、泛化关系、聚合关系和实现关系。

1. 结构事物

(1)类。类是一组具有相同属性、操作、关系和语义的对象描述。UML的图形表示上,类是一个矩形,通常包括它的名字、属性和方法。类的名称可以

111

是一个字符串也可以是一个数字串或者其他标记符号。类的属性是已被冠名的类（事物的抽象）特性。类操作是一个服务的实现，是一个对象的动作行为。

（2）接口。在 UML 中的包、构件和类都可以定义接口，利用接口说明包、组件和类能够支持的行为。

接口用于说明类或构件的某种服务的操作集合，并定义该服务的实现。接口用于一组操作名，并说明其特征标记和效用，而不是结构。接口不为类或构件的操作提供实现。接口的操作列表可以包括类和构件的预处理的信号。接口为一组共同实现系统或部分系统的部分行为命名。接口参与关联，但不能作为关联的出发点。接口可以泛化元素，子接口继承祖先的全部操作并可以有新的操作，实现则被视为行为继承。

（3）协作。协作描述了在一定的语境中一组对象以及实现某些行为的这些对象间的相互作用。

（4）用例。用例代表的是一个完整的功能，是一组动作序列的描述，系统执行该动作序列来为参与者产生一个可观测的结果值。

UML 中的用例是动作步骤的集合。系统中每种可执行的情况就是一个动作，每个动作由许多具体步骤实现。用例用椭圆表示，用例的名字写在椭圆的内部或下方。角色与用例之间的关联关系用一条直线表示，如图 4 – 30 所示。

（5）构件。系统中遵从一组接口且提供其实现的物理的、可替换的部分称为构件。对系统的物理方面建模时，它是一个重要的构造块。

若构件的定义良好，该构件不直接依赖于构件所支持的接口，在这种情况下，系统中的一个构件可以被支持正确接口的其他构件所替代。构件的表示法是采用带有两个标签的矩形，如图 4 – 31 所示。

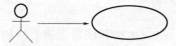
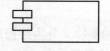

图 4 – 30 角色与用例的表示   图 4 – 31 构件的表示法

（6）节点。位置是一个运行时实体在环境中的物理放置，如分布式环境中的对象或分栏。在 UML 中，位置是分散的，位置的单位是节点。节点是运行时的物理对象，代表一个计算机的资源，通常至少有个存储空间和执行能力。运行时对象和运行时构件实例可以驻留在节点上。物理节点有很多的特性，如能力、吞吐量、可靠性等，UML 没有预定义这些特性，但它们可以在 UML 模型中用构造型或标记值建立。节点是实现视图中的继承部分，不属于分析视图。虽然节点类型有重要意义，但通常各个节点的类型是匿名的。

2. 行为事物

（1）交互。作为行为事物，交互是一组对象之间为了完成一项任务（如操作）而进行通信的一系列消息交换的行为。因此，交互是在一组对象之间进行的，交互的目的是为了完成一项任务，交互时要进行一系列的消息交换。交互可以表示在顺序图、协作图和活动图中。

（2）状态机。状态机是一个状态和转换的图，描述了类元实例对事件接收的响应。状态机可以附属于某个类元（类或用例），还可以附属于协作和方法。

3. 分组事物——包

包是用于把元素组织成组的通用机制。包在理解上和构件（component）有相同之处，构件是组成事物的元素，包是一个构件的抽象化的概念，是把类元按照一定的规则分成组（也可以称为模块）。package = component(s) + 规则，这个规则是构架在组件之上的思想抽象，而这个抽象恰恰是包的定义。

包主要是包含其他元素，如类、接口、构件、节点、协作、用例和图，当然也可以包含其他的包。

4. 关系事物

类之间可以建立各种关系，如关联、依赖、聚合、泛化。以下说明 UML 中几个典型的关系。

（1）关联关系。关联是类之间的词法连接，在类图中用单线表示。关联可以是单向的，也可以是双向。例如，如果 House 类和 Person 类之间有关联关系，则 ROSE 将 Person 属性放进 House 类中，让房子知道谁是主人，并将 House 属性放进 Person 类中，让人知道拥有的房子。

（2）依赖关系。也是连接两个类，但与关联稍有不同。依赖性总是单向的，显示一个类依赖于另一个类的定义。依赖性用虚线表示。

（3）聚合关系。聚合是强关联。聚合关系是整体与个体间的关系。聚合关系在总体类旁边画一个菱形。

（4）泛化关系。泛化关系显示类之间的继承关系。大多数面向对象语言直接支持继承的概念。在 UML 中，继承关系称为泛化，显示为子类指向父类的箭头。

5. 图

任何建模语言都以静态建模机制为基础，标准建模语言 UML 也不例外。

UML 的静态建模机制包括用例图、类图、对象图、包、构件图和配置图。

UML 中用于描述系统动态行为的四个图(状态图、顺序图、合作图和活动图)均可用于系统的动态建模,但它们各自的侧重点不同,分别用于不同的目的。

(1)类图。类图是静态视图的图形表达方式,表示声明的静态的模型元素,如类、类型及其他内容及相互关系。类图可以表示包的视图,包含嵌套包的符号。类图包含一些具体的行为元素,操作它们的动态特征是在其他图中表示的,如状态图和协作图。通常,为了表示一个完整的静态视图,需要几个类图。每个独立的类图需要说明基础模型中的划分,即是某些逻辑划分,如包是构成该图的自然边界。

(2)对象图。对象图显示某些时刻对象和对象之间的关系,比如对象是类的实体,那么对象就是将类图中的类换成该类的实体——对象,这个图就是对象图。对象图和协作图相关,协作图显示处于语境中的对象模型。对于对象图无需提供单独的形式。类图中就包含了对象,所以只有对象而无类的类图就是一个"对象图"(和语义的描述一致)。然而,"对象图"这一个术语仅仅在特定的环境下才很有用。对象图不显示系统的演化过程,它仅仅是对象的关系等的静态描述。

(3)用例图。用例是系统提供的功能的描述。用例图表示处于同一个系统中的参与者(角色)和用例之间的关系。用例图是包括参与者、由系统边界(一个矩形)封闭的一组用例,参与者和用例之间的关联、用例间关系以及参与者的泛化的图。用例图表示来自用例模型的元素。

(4)顺序图。顺序图是以时间顺序显示对象的交互的图。实际上,顺序图显示了参与交互的对象及所交换消息的顺序。顺序图是以时间为次序的对象之间通信的集合。不同于协作图,顺序图仅仅表示时间关系,而非对象关系(准确地讲,应该是对象的时间顺序关系)。

顺序图有两个方向,即两维。垂直方向代表时间,水平方向代表参与交换的对象(其实含有先后次序),无论水平方向或垂直方向先后次序并没有规定。

(5)协作图。协作图表示角色间交互的视图,即协作中实例及其链。与顺序图不同,协作图明确地表示了角色之间的关系。另一方面,协作图也不将时间作为单独的维来表示,所以必须使用顺序号来判断消息的顺序以及并行线程。其实,顺序图和协作图表达的是类似的信息(使用不同的方法表达)。

(6)状态图。状态图用来描述一个特定对象的所有可能状态及其引起状态转移的事件,大多数面向对象技术都用状态图表示单个对象在其生命周期中的行为,一个状态图包括一系列的状态以及状态之间的转移。所有对象都具有状态,状态是对象执行了一系列活动的结果。当某个事件发生后,对象的状态将发生变化。状态图中定义的状态有初态、终态、中间状态、复合状态。其中,初态是状态图的起始点,而终态则是状态图的终点。一个状态图只能有一个初态,而终态则可以有多个。中间状态包括名字域和内部转移域两个区域,状态图中状态之间带箭头的连线被称为转移。状态的变迁通常是由事件触发的,此时应在转移上标出触发转移的事件表达式。如果转移上未标明事件,则表示在源状态的内部活动执行完毕后自动触发转移。

(7)活动图。活动图的应用非常广泛,它既可用来描述操作(类的方法)的行为,也可以描述用例和对象内部的工作过程。活动图是由状态图变化而来的,它们各自用于不同的目的。活动图依据对象状态的变化来捕获动作(将要执行的工作或活动)与动作的结果。活动图中一个活动结束后将立即进入下一个活动(在状态图中状态的变迁可能需要事件的触发)。

一项操作可以描述为一系列相关的活动。活动仅有一个起始点,但可以有多个结束点。活动间的转移允许带有 guard-condition、send-clause 和 action-expression,其语法与状态图中定义的相同。一个活动可以顺序地跟在另一个活动之后,这是简单的顺序关系。如果在活动图中使用一个菱形的判断标志,则可以表达条件关系,判断标志可以有多个输入和输出转移,但在活动的运作中仅触发其中的一个输出转移。

活动图对表示并发行为也很有用。在活动图中,使用一个称为同步条的水平粗线可以将一条转移分为多个并发执行的分支,或将多个转移合为一条转移。此时,只有输入的转移全部有效,同步条才会触发转移,进而执行后面的活动。

活动图说明发生了什么,但没有说明该项活动由谁来完成。在程序设计中,这意味着活动图没有描述出各个活动由哪个类来完成。泳道解决了这一问题。它将活动图的逻辑描述与顺序图、协作图的责任描述结合起来。泳道用矩形框来表示,属于某个泳道的活动放在该矩形框内,将对象名放在矩形框的顶部,表示泳道中的活动由该对象负责。

在活动图中可以出现对象。对象可以作为活动的输入或输出,对象与活动间的输入/输出关系由虚线箭头来表示。如果仅表示对象受到某一活动的影响,则可用不带箭头的虚线来连接对象与活动。

(8)构件图和配置图。构件图和配置图显示系统实现时的一些特性,包括源代码的静态结构和运行时刻的实现结构。构件图显示代码本身的结构,配置图显示系统运行时刻的结构。

构件图显示软件构件之间的依赖关系。一般来说,软件构件就是一个实际文件,可以是源代码文件、二进制代码文件和可执行文件等。可以用来显示编译、链接或执行时构件之间的依赖关系。

配置图描述系统硬件的物理拓扑结构以及在此结构上执行的软件。配置图可以显示计算节点的拓扑结构和通信路径、节点上运行的软件构件、软件构件包含的逻辑单元(对象、类)等。配置图常常用于帮助理解分布式系统。

节点代表一个物理设备以及其上运行的软件系统,如一台 Unix 主机、一个 PC 终端、一台打印机、一个传感器等。

节点之间的连线表示系统之间进行交互的通信路径,在 UML 中被称为连接。通信类型则放在连接旁边的"《 》"之间,表示所用的通信协议或网络类型。

标准建模语言 UML 的静态建模机制是采用 UML 进行建模的基础。熟练掌握基本概念、区分不同抽象层次以及在实践中灵活运用,是三条最值得注意的基本原则。

4.4.3 UML 应用

从应用的角度看,当采用面向对象技术设计系统时,第一步是描述需求;第二步是根据需求建立系统的静态模型,以构造系统的结构;第三步是描述系统的行为。其中在第一步与第二步中所建立的模型都是静态的,包括用例图、类图(包含包)、对象图、组件图和配置图五个图形,是标准建模语言 UML 的静态建模机制。其中第三步中所建立的模型或者可以执行,或者表示执行时的时序状态或交互关系。它包括状态图、活动图、顺序图和合作图四个图形,是标准建模语言 UML 的动态建模机制。因此,标准建模语言 UML 的主要内容也可以归纳为静态建模机制和动态建模机制两大类。

任何建模语言都以静态建模机制为基础,UML 也不例外。UML 的静态建模机制包括:使用实例图、类图、对象图、包、构件图和配置图。

UML 的动态建模机制包括:状态图、顺序图、协作图和活动图。其中:顺序图、协作图适合描述单个使用实例中几个对象的行为,活动图显示跨越多个使用实例或线程的复杂行为。

标准建模语言 UML 的五类图(共 9 种图形)及其定义如表 4-1 所列。

表 4 - 1　UML 的 9 种图形定义

图类型	图名称	图 定 义	图 性 质
用例图	用例图	一组用例、参与者及它们的关系	静态图
静态图	类图	一组类、接口、协作及它们的关系	静态图
	对象图	一组对象及它们的关系	静态图
行为图	状态图	一个状态机,强调对象按事件排序的行为	动态图
	活动图	一个状态机,强调从活动到活动的流动	动态图
交互图	顺序图	一个交互,强调消息的时间顺序	动态图
	协作图	一个交互,强调消息发送和接受的对象的结构组织	动态图
实现图	构件图	一组构件及关系	静态图
	配置图	一组接点及它们的关系	静态图

第一类是用例图。从用户角度描述系统功能,并指出各功能的操作者。

第二类是静态图。它包括类图、对象图和包图。其中类图描述系统中类的静态结构。不仅定义系统中的类,表示类之间的联系如关联、依赖、聚合等,也包括类的内部结构(类的属性和操作)。类图描述的是一种静态关系,在系统的整个生命周期都是有效的。对象图是类图的实例,几乎使用与类图完全相同的标识。它们的不同点在于对象图显示类的多个对象实例,而不是实际的类。一个对象图是类图的一个实例。由于对象存在生命周期,因此对象图只能在系统某一时间段存在。包由包或类组成,表示包与包之间的关系。包图用于描述系统的分层结构。

第三类是行为图。描述系统的动态模型和组成对象间的交互关系。其中状态图描述类的对象所有可能的状态以及事件发生时状态的转移条件。通常,状态图是对类图的补充。在实用上并不需要为所有的类画状态图,仅为那些有多个状态其行为受外界环境的影响并且发生改变的类画状态图。而活动图描述满足用例要求所要进行的活动以及活动间的约束关系,有利于识别并行活动。

第四类是交互图。描述对象间的交互关系。其中顺序图显示对象之间的动态合作关系,它强调对象之间消息发送的顺序,同时显示对象之间的交互;合作图描述对象间的协作关系,合作图跟顺序图相似,显示对象间的动态合作关系。除显示信息交换外,合作图还显示对象以及它们之间的关系。如果强调时间和顺序,则使用顺序图;如果强调上下级关系,则选择合作图。这两种图合称为交互图。

第五类是实现图。其中构件图描述代码构件的物理结构及各构件之间的依赖关系。一个构件可能是一个资源代码件、一个二进制部件或一个可执行部件。

它包含逻辑类或实现类的有关信息。构件图有助于分析和理解构件之间的相互影响程度。配置图定义系统中软硬件的物理体系结构,它可以显示实际的计算机和设备(用节点表示)以及它们之间的连接关系,也可显示连接的类型及部件之间的依赖性。在节点内部,放置可执行部件和对象以显示节点跟可执行软件单元的对应关系。

给复杂系统建模是一件困难的事情,因为描述一个系统涉及到该系统的功能性(静态结构和动态交互)、非功能性(定时需求、可靠性等)和组织管理等方面的许多内容。要完整地描述系统,通常的做法是用一组视图反映系统的各个方面,每个视图显示系统中的一个特定方面,每个视图由一组图构成,如图4 - 32所示。

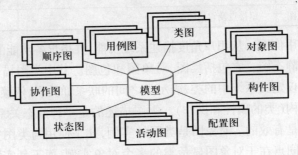

图 4 - 32　UML 的 9 种图

在 UML 中,系统的表示使用 5 种不同的"视图"(UML 定义的五类图,共 9 种图形),它们可以从软件开发的不同阶段、不同视角和不同层次对所开发的系统进行描述。每个视图由一组图定义,如表 4 - 2 所列。

表 4 - 2　UML 的 5 种视图

序号	视图名称	视图内容	静态表现	动态表现	观察角度
1	用户模型视图(用例视图)	系统行为,动力	用例图	交互图、状态图、活动图	用户、分析员、测试员
2	结构模型视图(设计视图)	问题及解决方案	类图、对象图	交互图、状态图、活动图	类、接口、协作
3	行为模型视图(进程视图)	性能、可伸缩性,吞吐量	类图、对象图	交互图、状态图、活动图	线程、进程
4	实现模型视图(实现视图)	构件、文件	构件图	交互图、状态图、活动图	配置、发布
5	环境模型视图(实施视图)	部件的发布、交付、安装	配置图(实施图)	交互图、状态图、活动图	拓扑结构的节点

118

其中,用户模型视图使用 use-case 建模,用于描述系统应该具有的功能集。它是从系统的外部用户角度出发,对系统的抽象表示。用例视图中包含若干用例(Use-case),这些用例用来表示系统能够提供的功能(系统用法)。用例视图是其他视图的核心和基础,其他视图的构造和发展依赖于用例视图中所描述的内容。系统的最终目标是提供用例视图中描述的功能,同时附带一些非功能性的性质。用例视图只考虑系统应该提供什么样的功能,对这些功能的内部运作情况不予考虑,为了揭示系统内部的设计和协作状况,使用结构模型视图对静态结构(类、对象和关系)建模,使用行为模型视图表示系统的动态或行为。实现模型视图表示系统的结构和行为,环境模型视图表示系统将实现的环境的结构和行为。

利用 UML 进行面向对象分析与设计的一般开发过程包括:业务需求建模阶段、系统需求建模阶段、分析阶段及分析模型的建立、设计阶段及设计模型的建立、实现阶段及实现模型的建立以及测试阶段和测试模型的建立等,如表 4-3 所列。

表 4-3　UML 的 9 个模型

序　号	模型名称	模型定义和解释
1	业务模型	建立业务流程的抽象
2	领域模型	建立系统的语境(业务操作规则)
3	用例模型	建立系统的功能需求
4	分析模型	建立概念设计(逻辑设计)
5	设计模型	建立问题的解决方案
6	过程模型	建立系统的并发和同步机制
7	部署模型	建立系统的硬件拓扑网络结构
8	实现模型	建立的软硬件配置设计
9	测试模型	建立系统的测试计划设计

4.5　面向对象开发中的设计模式

4.5.1　概述

1. 面向对象设计中的问题

在面向对象的设计中,必须找到适当的对象,把它们分解成粒度合适的类,定义类接口和继承体系,并建立它们之间的关键联系。面向对象技术的应用,一方面使软件的可重复使用性在一定程度上得到提高,另一方面对软件可复用性的要求也越来越高了。

在面向对象系统中有许多重复的类模式和通信对象,这些模式解决专门的设计问题,使面向对象的设计更灵活、精巧,最终可以重复使用。这样,以原有经验为基础,设计者可以重复使用以前成功的设计和体系结构来完成一个新设计。

设计模式把设计经验收集成人们可以有效利用的模型,这些模型系统地命名、解释和评价面向对象系统中的重要设计,并以目录形式表现出来。通过设计模式,新系统的开发者就可方便地复用成功的设计和结构,提高系统的设计效率和系统的复用性。

2. 设计模式的概念

设计模式是一些设计面向对象的软件开发的经验总结。一个设计模式事实上是系统地命名、解释和评价某一个重要的可重现的面向对象的设计方案。设计模式是由 Dirk Riehle 和 Heinz Zullighoven 在"Understanding and Using Patterns in Software Development"中给出的。模式是指从某个具体的形式中得到的一种抽象,在特殊的非任意性的环境中,该形式不断地重复出现。模式不是框架(Framework),也不是过程。模式也不是简单的"问题的解决方案",因为模式必须是典型问题的解决方案,是可以让学习者举一反三的,有研究价值、交流价值,有自己的名字的例子。

模式的概念是"随设计中要解决的问题的变化而变化的"。更明确地说,重复发生的具体形式就是这一重复出现的问题的解,但是一个模式又并不仅仅是它的解。问题是在一个特殊的环境中发生的,因此,有很多复杂的考虑因素。给定一个环境,所提出的问题包含了一些平衡各方面考虑的结构,或称为"权衡"。使用模式的形式,解决方案的描述可以把握住方案所体现的本质,故而别人可以从中学到一些东西,进而在相似的情况下可以进行应用。利用设计模式可以设计出可复用、可维护、可扩展的系统。

3. 设计模式的组成

一般而言,一个模式有模式名称、问题、解决方案和效果四个基本要素。模式名称是一个助记名,它用一两个词来描述模式的问题、解决方案和效果。命名一个新的模式增加了我们的设计词汇。设计模式允许在较高的抽象层次上进行设计。基于一个模式词汇表,就可以讨论模式并在编写文档时使用它们。模式名可以帮助思考,便于交流设计思想及设计结果。找到恰当的模式名也是设计模式编目工作的难点之一。问题描述了应该在何时使用模式。它解释了设计问题和问题存在的前因后果,可能描述了特定的设计问题,如怎样用对象表示算法等;也可能描述了导致不灵活设计的类或对象结构。有时候,问题部分会包括使用模式必须满足的一系列先决条件。解决方案描述了设计的组成成分,它们之间的相互关系及各自的职责和协作方式。因为模式就像一个模板,可应用于多种不同场合,所以解决方案并不描述一个特定而具体的设计或实现,而是提供设计问题的抽象描述和怎样用一个具有一般意义的元素组合(类或对象组合)来解决这个问题。效果描述了模式应用的效果及使用模式应权衡的问题。尽管描述设计决策时,并不总提到模式效果,但它们对于评价设计选择和理解使用模式的代价及好处具有重要意义。软件效果大多关注对时间和空间的衡量,它们也表述了语言和实现问题。因为复用是面向对象设计的要素之一,所以模式效果包括它对系统的灵活性、扩充性或可移植性的影响,显式地列出这些效果对理解和评价这些模式很有帮助。

4. 三种使用设计模式的软件

应用系统、工具包、框架这三种类型的软件可以有效使用设计模式。在应用系统中设计模式有助于内部复用、维护、系统的变化等等;在工具包中设计模式有助于工具包具有更广泛的适用性;在框架中设计模式也有类似的优点。

(1)应用系统。如果要完成一个应用系统(如文档编辑器或分布表格),那么,就要优先考虑内部复用、维护性和扩展性。内部复用确保只需设计和实现那些不得不做的东西。设计模式减少了依赖性,增加了内部复用。松散耦合提高了一个对象的类与若干其他类互操作的可能性。例如,当隔离和封装了每个操作以消除特定操作的依赖性时,更容易在不同情况下复用操作。当消除算法依赖性和表示依赖性时,同样如此。当设计模式被用来减少对平台依赖性并对系统分层时,应用系统的可维护性就变得更强。设计模式显示了如何扩展类的继承关系、如何开发对象组合,以此来提高可扩展性。减少耦合也提高了可扩展性。只要一个类不依赖于其他类。孤立地扩展一个类是比较容易的。

(2)工具包。一个应用系统往往包括来自一个或多个类库的类,这种类库预先定义类,被称为工具包。一个工具包是相关的可复用的类的集合,可提供有用的、一般的功能。工具包的例子是列表、联合表、栈等类的集合。C++的I/O流库是另一种例子。工具包并不把持定的设计强加到应用系统上,只提供一些功能来帮助应用系统完成工作。这样开发人员不必为常用的功能而重复编码。工具包强调代码复用,是子程序库的一个面向对象的等价物。工具包设计比应用系统的设计难,因为工具包要在许多应用系统中工作。此外,工具包设计者并不知道这些应用系统是什么样的,也不知道它们的特殊要求是什么。因此,避免一些假设和依赖性显得更加重要,因为依赖性会限制工具包的适应性,进而限制其可利用性和效率。

(3)框架。是指在一个持定的领域中的一组相互协作的类,它定义了应用的框架。框架规定了应用系统的总体结构,定义了类和对象的划分,定义了其关键责任,定义了类和对象如何合作,还定义了控制线索。框架预先定义这些设计参数,使应用系统的设计者/执行者能把力量集中在应用系统的细节上。框架收集了常用于该应用领域的设计决策。尽管框架通常包括可以立即投入工作的具体的子类,但它更强调设计复用而不仅是代码复用。这些类为一个特定要求的软件构成一个可复用的设计。

因为模式和框架有些相似性,人们常常想知道它们如何不同。它们在以下三方面存在不同之处。第一,设计模式比框架更加抽象。框架可以在代码中体现,但在代码中只体现模式的实例,即设计模式在碰到具体问题后,才能产生代码。框架的一个优点是可以用程序设计语言把框架写下来,并且能直接学习、执行和复用。与之相比,设计模式只能在每次被使用时执行。但设计模式还解释了设计的含义、调整和后果。第二,设计模式是比框架小的结构元素。一个典型的框架包括若干设计模式,但反之不能成立。第三,设计模式和框架针对的问题域不同,设计模式比框架有更广泛的意义。设计模式针对面向对象的问题域;框架针对特定业务的问题域。框架往往有一个特定的应用领域,与之相比,设计模式可用于几乎所有种类的应用中。框架正逐渐通用和重要起来,它们是使面向对象系统达到最大程度复用的方法,大型面向对象应用系统将包括互操作的框架层。应用系统中的大多数设计和代码都会受到所用框架的影响。

设计模式的两个重要特性是:设计模式高于代码层,它不是描述一个好的编码风格,或者某种编程习惯用语;设计模式不是纯粹理论上的体系结构或者分析方法,它是一种可实际操作的东西。

4.5.2 设计模式

目前广泛使用的设计模式主要包括以下 23 种。

(1) Abstract Factory。提供一个创建一系列相关或相互依赖对象的接口,而无需指定它们具体的类。

(2) Adapter。将一个类的接口转换成客户希望的另外一个接口。Adapter 模式使得原本由于接口不兼容而不能一起工作的那些类可以一起工作。

(3) Bridge。将抽象部分与它的实现部分分离,使它们都可以独立地变化。

(4) Builder。将一个复杂对象的构建与它的表示分离,使得同样的构建过程可以创建不同的表示。

(5) Chain of Responsibility。为解除请求的发送者和接收者之间耦合,而使多个对象都有机会处理这个请求。将这些对象连成一条链,并沿着这条链传递该请求,直到有一个对象处理它。

（6）Command。将一个请求封装为一个对象，从而可用不同的请求对客户进行参数化；对请求排队或记录请求日志，以及支持可取消的操作。

（7）Composite。将对象组合成树形结构以表示"部分—整体"的层次结构。它使得客户对单个对象和复合对象的使用具有一致性。

（8）Decorator。动态地给一个对象添加一些额外的职责。就扩展功能而言，它比生成子类方式更为灵活。

（9）Facade。为子系统中的一组接口提供一个一致的界面，Facade 模式定义了一个高层接口，这个接口使得这一子系统更加容易使用。

（10）Factory Method。定义一个用于创建对象的接口，让子类决定将哪一个类实例化。Factory Method 使一个类的实例化延迟到其子类。

（11）Flyweight。运用共享技术有效地支持大量细粒度的对象。

（12）Interpreter。给定一个语言，定义它的文法的一种表示，并定义一个解释器，该解释器使用该表示来解释语言中的句子。

（13）Iterator。提供一种方法顺序访问一个聚合对象中各个元素，而又不需暴露该对象的内部表示。

（14）Mediator。用一个中介对象来封装一系列的对象交互。中介者使各对象不需要显式地相互引用，从而使其耦合松散，而且可以独立地改变它们之间的交互。

（15）Memento。在不破坏封装性的前提下，捕获一个对象的内部状态，并在该对象之外保存这个状态。这样以后就可将该对象恢复到保存的状态。

（16）Observer。定义对象间的一种一对多的依赖关系，以便当一个对象的状态发生改变时，所有依赖于它的对象都得到通知并自动刷新。

（17）Prototype。用原型实例指定创建对象的种类，并且通过复制这个原型来创建新的对象。

（18）Proxy。为其他对象提供一个代理以控制对这个对象的访问。

（19）Singleton。保证一个类仅有一个实例，并提供一个访问它的全局访问点。

（20）State。允许一个对象在其内部状态改变时改变它的行为。对象看起来似乎修改了它所属的类。

（21）Strategy。定义一系列的算法，把它们一个个封装起来，并且使它们可相互替换。本模式使得算法的变化可独立于使用它的客户。

（22）Template Method。定义一个操作中的算法的骨架，而将一些步骤延迟到子类中。Template Method 使得子类可以不改变一个算法的结构即可重定义该算法的某些特定步骤。

（23）Visitor。表示一个作用于某对象结构中的各元素的操作。它可以在不改变各元素的类的前提下定义作用于这些元素的新操作。

对于上述的 23 种设计模式，根据它们的目标，即所做的事情，可以将它们分成创建型模式（Creational Patterns），处理的是对象的创建过程；结构型模式（Structural Patterns），处理的是对象或类的组合；行为型模式（Behavioral Patterns），处理类和对象间的交互方式和任务分布。

1. 创建型设计模式综述

创建型模式规定了创建对象的方式。这一类模式抽象出了实例处理过程。使用继承来改变实例化的类，把实例化的任务交给了另一个对象。在必须决定实例化某个类时，使用这些模式。通常，由抽象超类封装实例化类的细节，这些细节包括这些类确切是什么，以及如何及何时创建这些类。对客户机类（client class）来讲，这些类的细节是隐藏的。客户机类通常只知道抽象类或抽象类实现的接口，并不知道具体类的确切类型。

例　工厂方法（Factory Method）模式。

（1）功能。工厂方法定义一个用于创建对象的接口，让子类决定实例化哪一个类。Factory Method 使一个类的实例化延迟到其子类。

（2）结构图。工厂方法的结构图如图 4 - 33 所示。其中，Product 定义工厂方法所创建的对象的接口。ConcreteProduct 实现 Product 接口。Creator 声明工厂方法，返回一个 Product 类型的对象。ConcreteCreator 重定义工厂方法，以返回一个 ConcreteProduct 实例。

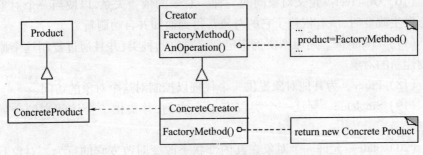

图 4 - 33　工厂方法模式

（3）适用性。工厂方法适应于当一个类不知道它所必须创建对象的类的时候或当一个类希望由它的子类来指定它所创建的对象的时候。

（4）实例。一个应用框架可以向用户显示多个文档。这个框架中有两个主要的抽象类：Application 和 Document。客户必须通过它们的子类来做与具体应用相关的实现，如图 4 - 34 所示。

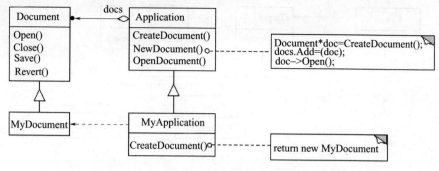

图 4 - 34　一个可以向用户显示多个文档应用框架

2. 结构型设计模式综述

结构型模式规定了如何组织类和对象,即考虑如何组合类和对象构成较大的结构。结构型类的模式使用继承来组合接口或实现,结构型对象模式则描述组合对象实现新功能的方法。对象组合的额外灵活性来自于在运行时改变组合的能力,这是静态的类组合无法做到的。

常用的结构型模式包括 Adapter、Proxy 和 Decorator 模式。因为这些模式在客户机类与其要使用的类之间引入了一个间接层,所以它们是类似的。但是,它们的意图有所不同。Adapter 使用这种间接修改类的接口以方便客户机类使用它。Decorator 使用这种间接向类添加行为,而不会过度地影响客户机类。Proxy 使用这种间接透明地提供另一个类的替身。

例　适配器(Adapter)模式。

(1)功能。适配器将一个类的接口转换成客户希望的另外一个接口,解决两个已有接口之间不匹配的问题。Adapter 模式使得原本由于接口不兼容而不能一起工作的那些类可以一起工作。

(2)结构图。适配器模式分为类适配器和对象适配器两种方式,如图 4 - 35 所示。其中,目标(Target)定义客户使用的依赖于领域的接口。客户(Client)与有 Target 接口的对象合作。被匹配者(Adaptee)定义一个被用来匹配的已存在的接口。适配器(Adapter)把 Adaptee 的接口与 Target 接口匹配。

(3)结果。类适配器产生一个具体的适配器类来完成匹配,让 Adapter 覆盖 Adaptee 的行为,只引入一个对象。对象适配器允许一个适配器与多个 Adaptee 一起工作,很难覆盖被适配者的行为。

3. 行为型设计模式综述和典型实例分析

行为模式(Behavioral pattern)规定了对象之间交互的方式。它们通过指定对象的职责和对象相互通信的方式,使得复杂的行为易于管理。

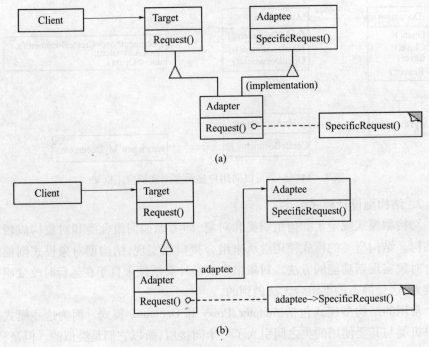

图 4 - 35 适配器模式

(a) 类适配器模式；(b) 对象适配器模式。

例 观察者（Observer）模式。

（1）功能。观察者定义对象间的一对多的依赖关系，当一个对象的状态发生改变时，所有依赖于它的对象都得到通知并被自动更新。

（2）结构图。观察者模式的结构图、对象交互图分别如图 4 - 36 和图 4 - 37 所示。

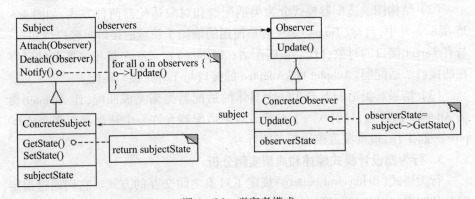

图 4 - 36 观察者模式

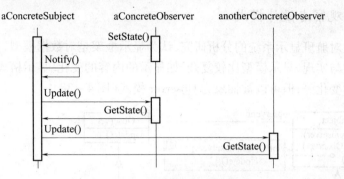

图 4 – 37 观察者模式对象交互图

其中,主题(Subject)知道它的观察者,可以有任意数目的观察者对象观察一个主题,提供一个连接观察者对象和解除连接的接口。观察者(Observer)给那些要注意到一个主题变化的对象定义一个更新的接口。具体主题(Concrete-Subject)存储 ConcreteObserver 对象感兴趣的状态,当状态改变时,向它的观察者发送通知。具体观察者(ConcreteObserver)维持一个与 ConcreteSubject 对象的接口,存储要与主题一致的状态,实现 Observer 更新的接口,使状态与主题一致。

(3)结果。抽象了 Subject 和 Observer 之间的耦合,支持广播通信,有可能发生预想不到的更新。

(4)实例。MFC 的文档/视结构中运用了 Observer 模式。当数据(即文档)发生改变时,将通知所有的界面(即视)更新显示。当用户在其中的一个视中改变了数据时,也会通知文档更新数据和所有其他的视更新显示。

4.6 设计模式在机场信息系统软件体系结构中的应用

航班信息显示系统(Flight Information Display System,FIDS)是机场信息系统的一个子系统,该系统统一控制航站楼内各种显示设备向旅客和工作人员实时发布及时准确的进出港航班动态信息,正确引导旅客办理乘机手续、候机、登机,通知旅客的亲友接机等,帮助机场有关工作人员更好的完成各项工作任务,提高服务质量,同时,也向有关系统提供航班数据接口。该系统将对保证机场正常的生产经营秩序和提高机场服务质量以及整体竞争力具有很大的作用。

根据航班显示中显示方式、显示内容、显示设备的不同,需要有非常灵活的显示框架,这样根据实际的需求能进行灵活的处理,而且可以定制显示的内容,能适应不断的变化。

4.6.1 观察者设计模式

经过对航班显示系统的分析研究,认为显示框架是对数据模型、显示模型的抽象描述与实现,显示模型比较复杂,如显示的内容的变化、显示格式的变化、显示设备的变化等,但可以被抽象为 Observer 模式(图 4 – 38)。

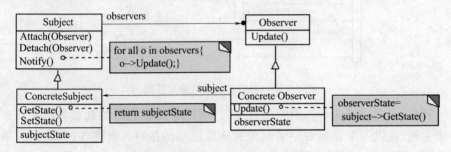

图 4 – 38 Observer 模式结构图

Observer 模式是一种对象行为型模式,它的目的是定义对象间的一种一对多的依赖关系,当一个对象的状态发生改变时,所有依赖于它的对象都得到通知并被自动更新。

(1) Subject(主题)。知道它的观察者,而且可以有多个观察者观察同一个主题,并且提供注册和删除观察者对象的接口。

(2) Observer(观察者)。为那些在主题发生改变时需要获得通知的对象定义一个更新接口。

(3) ConcreteSubject(具体主题)。将有关状态存入各 ConcreteSubject 对象,当它的状态发生改变时,向它的各个观察者发出通知。

(4) ConcreteObserver(具体观察者)。维护一个指向 ConcreteSubject 对象的引用,存储有关状态,这些状态应与主题的状态保持一致,实现 Observer 的更新接口以使自身状态与主题的状态保持一致。

当 ConcreteSubject 发生任何可能导致其观察者与其本身状态一致的改变时,它将通知其他的各个观察者。在得到一个具体主题的改变通知后,ConcreteObserver 对象可向主题对象查询信息。ConcreteObserver 使用这些信息以使它的状态与主题对象的状态一致。

建造了一个以 Observer 模式为基础的航班显示应用框架,如图 4 – 39 所示,对应于 Observer 设计模式中的主题和观察者如表 4 – 4 所列。将各种显示信息作为观察者,航班显示数据作为主题,当主题一变化,也就是航班信息动态变化时,观察者显示的信息依据数据模型选择适当的显示方式,并相应修改其显示的内容。

128

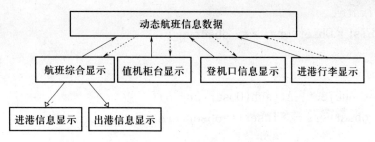

图 4 - 39　航班显示模型

表 4 - 4　航班显示应用框架中的主题和观察者

Subject	• Flight Data	Send notify signal
Observer	• Integrated Information • CheckIn Counter • Boarding • baggage	Request for modification

4.6.2　简单代码

观察者模式	航班信息显示程序的类名
Subject	Subject
ConcreteSubject	CFlightData
Observer	Observer
ConcreteObserver	CIntegrateInfo CheckInCounter CBoarding CBaggage

Subject Class

```
    class Subject{
public:
    virtual ~ Subject();
    virtual void Attach(Observer* );
    virtual void Detach(Observer* );
    virtual void Notify();
protected:
    Subject();
```

```
private:
  List < Observer* > * _observers;
};

void Subject::Attach(Observer* o){
  _observers - > Insert(_observers - > end(),o);
}

void Subject::Detach(Observer* o){
  _observers - > remove(o);
}

void Subject::Notify(){
  ListIterator < Observer* > i(_observers);
  for(i.First();! i.IsDone();i.Next()){
      i.CurrentItem() - > Update(this);
  }
}
```

Observer Class
```
class Observer{
public:
    virtual ~Observer();
    virtual void Update(Subject* theChangeSubject)=0;
protected:
    Observer();
};
```
CFlightData Class
```
class CFlightData:public Subject{
public:
    CFlightData();
    virtual Cobject GetImage();
    virtual Cobject GetText();
    virtual Cobject GetProperty();
```

```
      ......
      void trigger();
};

void CFlightData::trigger(){
  //update Flight Data  利用 SQL 中的存储过程
  //…
  Notify();//利用 COM 的可连接点机制
}
```

CIntegrateInfo Class

```
    class CIntegrateInfo:public Observer{
    public:
      CIntegrateInfo(CFlightData* );
      ~CIntegrateInfo();
      void Update(Subject* );
      void Display();
    private:
      CFlightData* _subject;
    };

    CIntegrateInfo::CIntegrateInfo(CFlightData * s)
    {  _subject = s;
       _subject - >Attach(this);
    }

    CIntegrateInfo:: ~ CIntegrateInfo()
    {    _subject - >Detach(this);}

    void CIntegrateInfo::Update(Subject * theChangedSubject)
    {    if(theChangedSubject = =_subject)
         Display();
    }
```

```
voidCIntegrateInfo::Display()
{   Cobject image = _subject - >GetImage();
    Cobject text = _subject - >GetText();
    Cobject proptery = _subject - >GetProptery();
       ……//Display operation
}
```

Counter Class

```
class CheckInCounter:public Observer{
public:
   Counter(CFlightData* );
   ~Counter();
   void Update(Subject* );
   void Display();
private:
   CheckInCounter* _subject;
};
```

Main Program

```
int main(void){
 CFlightData * data = new CFlightData;
 CIntegrateInfo * IntegrateInfo = new CIntegrateInfo(Data);
 CheckInCounter * counter = new CheckInCounter(counter);…
data - >trigger();
return 0;
}
```

复习要点

1. 了解面向对象开发模型、面向对象的概念、对象和对象的分类等。

2. 了解用面向对象方法构造软件的开发过程,包括应用生存期和类生存期的概念。

3. 了解面向对象分析方法。

4. 了解面向对象设计方法。

5. 了解 UML 的内容及应用。

6. 了解设计模式的概念、组成。

练 习 题

1. 如何理解模块独立性？用什么指标来衡量模块独立性？

2. 模块的内聚性程度与该模块在分层结构中的位置有关系吗？说明你的论据。

3. 耦合性的概念和软件的可移植性有什么关系？请举例说明你的论述。

4. 请将下述有关模块独立性的各种模块之间的耦合，按其耦合度从低到高排列起来。①内容耦合　②控制耦合　③非直接耦合　④标记耦合　⑤数据耦合　⑥外部耦合　⑦公共耦合

5. 请将下述有关模块独立性的各种模块内聚，按其内聚度（强度）从高到低排列起来。①巧合内聚　②时间内聚　③功能内聚　④通信内聚　⑤逻辑内聚　⑥信息内聚　⑦过程内聚

6. 从下列有关系统结构图的叙述中选出正确的叙述。

（1）系统结构图中反映的是程序中数据流的情况。

（2）系统结构图是精确表达程序结构的图形表示法。因此，有时也可将系统结构当作程序流程图使用。

（3）一个模块的多个下属模块在系统结构图中所处的左右位置是无关紧要的。

（4）在系统结构图中，上级模块与其下属模块之间的调用关系用有向线段表示。这时，使用斜的线段和水平、垂直的线段具有相同的含义。

7. 什么是"对象"？识别对象时将潜在对象分成 7 类，试给出这 7 类对象的名称，并举例说明。

8. 什么是"类"？"类"与传统的数据类型有什么关系？有什么区别？

9. 面向对象开发方法与面向数据流的结构化开发方法有什么不同？使用面向对象开发方法的优点在什么地方？

10. 建立分析和设计模型的一种重要方法是 UML。试问：UML 是一种什么样的建模方法？它如何表示一个系统？

11. 对象模型化技术（OMT）要求把分析时收集的信息建立在三个模型中。第一个模型是（A），它的作用是描述系统的静态结构，包括构成系统的对象和类，它们的属性和操作，以及它们之间的联系。第二个模型是（B），它描述系统的控制逻辑，主要涉及系统中各个对象和类的时序及变化状况。（B）包括两种

图,即(C)和(D)。(C)描述每一类对象的行为,(D)描述发生于系统执行过程中的某一特定场景。第三个模型是(E),它着重于描述系统内部数据的传送与处理,由多个数据流图组成。供选择的答案:

A,B,E:① 数据模型　② 功能模型　③ 行为模型　④ 信息模型　⑤ 原型　⑥ 动态模型　⑦ 对象模型　⑧ 逻辑模型　⑨ 控制模型　⑩ 仿真模型

C,D:① 对象图　② 概念模型图　③ 状态迁移图　④ 数据流程图　⑤ 时序图　⑥ 事件追踪图　⑦ 控制流程图　⑧ 逻辑模拟图　⑨ 仿真图　⑩ 行为图

第5章 军用软件测试

5.1 引 言

军用软件是指为部队生产的软件,其定义比较广,可以分为几个子类,如与武器系统、指挥、控制相关的软件(通常缩写为 C3),以及与后勤系统相关的软件等。

军用软件不同于民用软件的一个最显著的特点是,如果出现故障或缺陷,轻则造成巨大经济损失,重则导致人员伤亡。如军工试验,由于软件的错误导致整个试验失败,又如一些航空航天项目,一次失误将可能造成数百亿的直接经济损失。在战争中造成的后果更是不可估量。所以,军用软件在研发过程中必须根据标准实施,在交付使用之前必须经过严格的测试。

军用软件有个特性,就是高质量和高可靠性。例如,美国军用软件领域的缺陷清除率可达95%,在这个方面,只有系统软件可与其媲美。其中一个原因就是在这两个领域中,都经常使用一些精细的软件质量方法,如使用正式的设计和代码审查;使用专业软件质量保证人员或质量保证部门,其作用包括缺陷预估、缺陷测量、正式审查协调等;使用质量预估工具,预测可能出现的错误个数,以及要使用的缺陷预防和清除操作;采用风险分析,在需求阶段完成或基本完成时进行的正式风险分析,需要考虑技术风险、财务风险和进度风险等。

在军用软件开发过程中要特别注意几个关键因素:项目管理方法、需求分析方法、设计与规格说明方法、编码方法、可复用方法、变更控制方法、用户文档编写方法等。

5.1.1 什么是软件测试

由于软件及软件错误的复杂性,长期以来,人们对软件测试的认识一直是模糊的。许多科学家从不同的角度给出了软件测试的不同定义,但总体来看,都是不全面的。Myers 认为:"程序测试是为了发现错误而执行程序的过程",该定义明确给出了软件测试就是为了发现软件中的错误,这一概念目前被人们所公认。但该定义认为软件测试仅仅是程序编码的测试,这显然是不全面的,在某种意义上说是有害的,因为许多软件错误并不是编码上的错误,而人们往往会忽略这一点。

1983 年 IEEE 给出的软件测试的定义是:"使用人工或自动手段来运行或测定某个系统的过程,其目的在于检验它是否满足规定的需求或是弄清楚预期结果与实际结果之间的差别"。该定义是比较全面的。应该说,上述两个定义都是以检验软件是否存在错误为目的,也可以说是一种正确性测试。但也有人不同意这种观点,认为软件测试还应包括可靠性测试、健壮性测试、性能测试、效率测试等。作者认为,软件的测试是和软件的需求密切相关的,对一般的民用软件,正确性测试是能够满足要求的。而对某些关键性软件,如导航控制软件、核电站控制软件等则必须进行后几种测试。但要指出的是,进行后几种测试,仅仅编写一个软件测试程序是不够的,研制必须的硬件环境,其代价往往是很大的。因此,本文所论述的测试一般都是指面向软件正确性的测试。

5.1.2 软件测试的目的和原则

1. 软件测试目的

Grenford J. Myers 就软件测试目的提出以下观点:测试是程序的执行过程,目的在于发现错误;一个好的测试用例在于能发现至今未发现的错误;一个成功的测试是发现了至今未发现的错误的测试。

设计测试的目标是想以最少的时间和人力系统地找出软件中潜在的各种错误和缺陷。如果成功地实施了测试,就能够发现软件中的错误。测试的附带收获是,它能够证明软件的功能和性能与需求说明是否相符合。此外,实施测试收集到的测试结果数据为可靠性分析提供了依据。

测试不能表明软件中不存在错误,它只能说明软件中存在错误。

2. 软件测试原则

在执行测试活动时,应该遵循如下测试原则:

(1) 应当把"尽早地和不断地进行软件测试"作为软件开发者的座右铭。

不应把软件测试仅仅看作是软件开发的一个独立阶段,而应当把它贯穿到软件开发的各个阶段中。坚持在软件开发各个阶段的技术评审,这样才能在开发过程中尽早发现和预防错误,把出现的错误克服在早期,杜绝某些发生错误的隐患。

(2) 测试用例应由测试输入数据和与之对应的预期输出结果这两部分组成。

测试以前应当根据测试的要求选择测试用例,用来检验程序员编制的程序,因此,不但需要测试的输入数据,而且需要针对这些输入数据的预期输出结果。

136

（3）程序员应避免检查自己的程序。

程序员应尽可能避免测试自己编写的程序，程序开发小组也应尽可能避免测试本小组开发的程序。如果条件允许，最好建立独立的软件测试小组或测试机构。这点不能与程序的调试相混淆。调试由程序员自己来做可能更有效。

（4）在设计测试用例时，应当包括合理的输入条件和不合理的输入条件。

合理的输入条件是指能验证程序正确的输入条件，不合理的输入条件是指异常的、临界的，可能引起问题异变的输入条件。软件系统处理非法命令的能力必须在测试时受到检验。用不合理的输入条件测试程序时，往往比用合理的输入条件进行测试能发现更多的错误。

（5）充分注意测试中的群集现象。

在被测程序段中，若发现错误数目多，则残存错误数目也比较多。这种错误群集性现象，已为许多程序的测试实践所证实。根据这个规律，应当对错误群集的程序段进行重点测试，以提高测试投资的效益。

（6）严格执行测试计划，排除测试的随意性。

测试之前应仔细考虑测试的项目，对每一项测试做出周密的计划，包括被测程序的功能、输入和输出、测试内容、进度安排、资源要求、测试用例的选择、测试的控制方式和过程等，还要包括系统的组装方式、跟踪规程、调试规程、回归测试的规定以及评价标准等。对于测试计划，要明确规定，不要随意解释。

（7）应当对每一个测试结果做全面检查。

有些错误的征兆在输出实测结果时已经明显地出现了，但是如果不仔细、全面地检查测试结果，就会使这些错误被遗漏掉。所以必须对预期的输出结果明确定义，对实测的结果仔细分析检查。

（8）妥善保存测试计划、测试用例、出错统计和最终分析报告，为维护提供方便。

5.1.3　广义的软件测试概念

用户使用低质量的软件，在运行过程中会产生各种各样的问题，可能带来不同程度的严重后果，轻则影响系统的正常工作，重则造成事故，损失生命财产。软件测试是保证软件质量的最重要的手段。

现代的软件开发工程是将整个软件开发过程明确地划分为几个阶段，将复杂问题具体按阶段加以解决。这样，在软件的整个开发过程中，可以对每一阶段提出若干明确的监控点，作为各阶段目标实现的检验标准，从而提高开发过程的可见度和保证开发过程的正确性。经验证明，软件的质量不仅体现在程序的正确性上，它和编码以前所做的需求分析，软件设计密切相关。软件使用中出现的错误,不一定是编程人员在编码阶段引入的,很可能在程序设计、需求分析时就埋下了祸因。这时,对错误的纠正往往不能通过可能会诱发更多错误的简单的修修补补,而必须追溯到软件开发的最初阶段。这无疑增大了软件的开发费用。因此,为了保证软件的质量,应该着眼于整个软件生存期,特别是着眼于编码以前的各开发阶段的工作。这样,软件测试的概念和实施范围必须扩充,应该包括在整个开发各阶段的复查、评估和检测。广义的软件测试实际是由确认、验证、测试三个方面组成。

(1)确认。评估将要开发的软件产品是否是正确无误、可行和有价值的。例如,将要开发的软件是否会满足用户提出的要求,是否能在将来的实际使用环境中正确稳定地运行,是否存在隐患等。这里包含了对用户需求满足程度的评价。确认意味着确保一个待开发软件是正确无误的,是对软件开发构想的检测。

(2)验证。检测软件开发的每个阶段、每个步骤的结果是否正确无误,是否与软件开发各阶段的要求或期望的结果相一致。验证意味着确保软件是会正确无误地实现软件的需求,开发过程是沿着正确的方向在进行。

(3)测试。与狭隘的测试概念统一。通常是经过单元测试、集成测试、系统测试三个环节。

在整个软件生存期,确认、验证、测试分别有其侧重的阶段。确认主要体现在计划阶段、需求分析阶段,也会出现在测试阶段;验证主要体现在设计阶段和编码阶段;测试主要体现在编码阶段和测试阶段。事实上,确认、验证、测试是相辅相成的。确认无疑会产生验证和测试的标准,而验证和测试通常又会帮助完成一些确认,特别是在系统测试阶段。

5.1.4 程序错误分类

由于人们对错误有不同的理解和认识,所以目前还没有一个统一的错误分类方法。错误难于分类的原因:一方面是由于一个错误有许多征兆,因而它可以被归入不同的类;另一方面是因为把一个给定的错误归于哪一类,还与错误的来源和程序员的心理状态有关。

1. 按错误的影响和后果分类

根据错误的影响和后果,程序错误可以分为以下类型:

(1)较小错误。只对系统输出有一些非实质性影响,如输出的数据格式不合要求等。

(2)中等错误。对系统的运行有局部影响,如输出的某些数据有错误或出现冗余。

（3）较严重错误。系统的行为因错误的干扰而出现明显不合情理的现象，如开出了 0.00 元的支票，系统的输出完全不可信赖。

（4）严重错误。系统运行不可跟踪，一时不能掌握其规律，时好时坏。

（5）非常严重的错误。系统运行中突然停机，其原因不明，无法软启动。

（6）最严重的错误。系统运行导致环境破坏，或是造成事故，引起生命、财产的损失。

2. 按错误的性质和范围分类

B. Beizer 从软件测试观点出发，把软件错误分为功能错误、系统错误、加工错误、数据错误和代码错误五类。

（1）功能错误。

① 规格说明错误。规格说明可能不完全，有二义性或自身矛盾。

② 功能错误。程序实现的功能与用户要求的不一致。这常常是由于规格说明中包含错误的功能、多余的功能或遗漏的功能所致。

③ 测试错误。软件测试的设计与实施发生错误。软件测试自身也可能发生错误。

④ 测试标准引起的错误。对软件测试的标准要选择适当，若测试标准太复杂，则导致测试过程出错的可能就大。

（2）系统错误。

① 外部接口错误。外部接口指如终端、打印机、通信线路等系统与外部环境通信的手段。所有外部接口之间，人与机器之间的通信都使用形式的或非形式的专门协议。如果协议有错，或太复杂，难以理解，致使在使用中出错。此外，外部接口错误还包括对输入/输出格式错误理解、对输入数据不合理的容错等。

② 内部接口错误。内部接口指程序之间的联系。它所发生的错误与程序内实现的细节有关，如设计协议错误、输入/输出格式错误、数据保护不可靠、子程序访问错误等。

③ 硬件结构错误。这类错误在于不能正确地理解硬件如何工作。例如，忽视或错误地理解分页机构、地址生成、通道容量、I/O 指令、中断处理、设备初始化和启动等而导致的出错。

④ 操作系统错误。这类错误主要是由于不了解操作系统的工作机制而导致出错。当然，操作系统本身也有错误，但是一般用户很难发现这种错误。

⑤ 软件结构错误。由于软件结构不合理或不清晰而引起的错误。这种错误通常与系统的负载有关，而且往往在系统满载时才出现。这是最难发现的一类错误。例如，错误地设置局部参数或全局参数；错误地假定寄存器与存储器单

元初始化了;错误地假定不会发生中断而导致不能封锁或开中断;错误地假定程序可以绕过数据的内部锁而导致不能关闭或打开内部锁;错误地假定被调用子程序常驻内存或非常驻内存等都将导致软件出错。

⑥ 控制与顺序错误。这类错误包括:忽视了时间因素而破坏了事件的顺序;猜测事件出现在指定的序列中;等待一个不可能发生的条件;漏掉先决条件;规定错误的优先级或程序状态;漏掉处理步骤;存在不正确的处理步骤或多余的处理步骤等。

⑦ 资源管理错误。这类错误是由于不正确地使用资源而产生的。例如,使用未经获准的资源,使用后未释放资源,资源死锁,把资源链接在错误的队列中等。

（3）加工错误。

① 算术与操作错误。它是指在算术运算、函数求值和一般操作过程中发生的错误,包括数据类型转换错、除法溢出、错误地使用关系比较符、用整数与浮点数做比较等。

② 初始化错误。典型的错误有:忘记初始化工作区,忘记初始化寄存器和数据区;错误地对循环控制变量赋初值;用不正确的格式,数据或类型进行初始化等。

③ 控制和次序错误。这类错误与系统级同名错误类似,但它是局部错误,包括遗漏路径、不可达到的代码、不符合语法的循环嵌套、循环返回和终止的条件不正确、漏掉处理步骤或处理步骤有错等。

④ 静态逻辑错误。这类错误主要包括不正确地使用 CASE 语句、在表达式中使用不正确的否定(如用"＞"代替"＜"的否定)、对情况不适当地分解与组合、混淆"或"与"异或"等。

（4）数据错误。

① 动态数据错误。动态数据是在程序执行过程中暂时存在的数据。各种不同类型的动态数据在程序执行期间将共享一个共同的存储区域,若程序启动时对这个区域未初始化,就会导致数据出错。由于动态数据被破坏的位置可能与出错的位置在距离上相差很远,因此,要发现这类错误比较困难。

② 静态数据错误。静态数据在内容和格式上都是固定的,它们直接或间接地出现在程序或数据库中,由编译程序或其他专门程序对它们做预处理。这是在程序执行前防止静态错误的好办法,但预处理也会出错。

③ 数据内容错误。数据内容是指存储于存储单元或数据结构中的位串、字符串或数字。数据内容本身没有特定的含义,除非通过硬件或软件给予解释。数据内容错误就是由于内容被破坏或被错误地解释而造成的错误。

④ 数据结构错误。数据结构是指数据元素的大小和组织形式。在同一存储区域中可以定义不同的数据结构。数据结构错误主要包括结构说明错误及把一个数据结构误当做另一类数据结构使用的错误。这是更危险的错误。

⑤ 数据属性错误。数据属性是指数据内容的含义或语义,如整数、字符串、子程序等。数据属性错误主要包括对数据属性不正确地解释,如错把整数当实数,允许不同类型数据混合运算而导致的错误等。

（5）代码错误。代码错误主要包括语法错误、打字错误、对语句或指令不正确理解所产生的错误。

3. 按软件生存期阶段分类

Gerhart 分类方法把软件的逻辑错误按生存期不同阶段分为问题定义错误、规格说明错误、设计错误以及编码错误四类。

（1）问题定义（需求分析）错误。它们是在软件定义阶段,分析员研究用户的要求后所编写的文档中出现的错误。换句话说,这类错误是由于问题定义不满足用户的要求而导致的错误。

（2）规格说明错误。这类错误是指规格说明与问题定义不一致所产生的错误。它们又可以细分成以下几类:

① 不一致性错误。规格说明中功能说明与问题定义发生矛盾。

② 冗余性错误。规格说明中某些功能说明与问题定义相比是多余的。

③ 不完整性错误。规格说明中缺少某些必要的功能说明。

④ 不可行错误。规格说明中有些功能要求是不可行的。

⑤ 不可测试错误。有些功能的测试要求是不现实的。

（3）设计错误。这是在设计阶段产生的错误,它使系统的设计与需求规格说明中的功能说明不相符。它们又可以细分为以下几类:

① 设计不完全错误。某些功能没有被设计,或设计得不完全。

② 算法错误。算法选择不合适。主要表现为算法的基本功能不满足功能要求、算法不可行或者算法的效率不符合要求。

③ 模块接口错误。模块结构不合理;模块与外部数据库的界面不一致,模块之间的界面不一致。

④ 控制逻辑错误。控制流程与规格说明不一致;控制结构不合理。

⑤ 数据结构错误。数据设计不合理;与算法不匹配;数据结构不满足规格说明要求。

（4）编码错误。编码过程中的错误是多种多样的,大体可归为以下几种:数据说明错、数据使用错、计算错、比较错、控制流错、界面错、输入/输出错及其他的错误。

在不同的开发阶段,错误的类型和表现形式是不同的,故应当采用不同的方法和策略来进行检测。

5.1.5 软件测试的费用

统计表明,软件测试与维护的费用要占到整个软件开发费用的50%以上。图5-1给出了估计修复软件缺陷费用的现行行业标准(资料来源:B. Bohem, Software Engineeering, IEEE Transactions on Computer, 1976. 12)。这表明,缺陷发现得越晚,费用将如何惊人的增长。

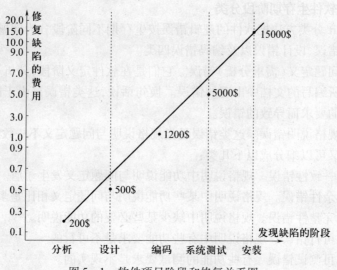

图5-1 软件项目阶段和修复关系图

5.1.6 软件测试的意义

(1)减少软件的缺陷数目或者降低软件的缺陷密度。通过测试可以发现软件中存在的缺陷,通过完全的修改这些缺陷,可以减少软件中缺陷的总数目或者降低其缺陷密度。

(2)提高软件的可靠性。软件的缺陷数目是影响软件可靠性的主要因素,通过测试减少软件的缺陷数目可以达到提高软件可靠性的目的。

(3)评估软件的性能指标。通过软件测试,根据所发现的缺陷数目和发现缺陷的时间,可以评估软件的可靠性等指标。即使软件测试没有发现缺陷,也同样可以达到这个目的。

(4)增加用户对软件的信心。软件通过了何种测试对用户来说是非常重要的,严格的软件测试可以大大提高用户对该软件的信心。

5.2　软件测试过程

测试过程按 4 个步骤进行,即单元测试、组装测试、确认测试和系统测试。图 5－2 显示出软件测试经历的 4 个步骤。单元测试集中对用源代码实现的每一个程序单元进行测试,检查各个程序模块是否正确地实现了规定的功能。然后,进行集成测试,根据设计规定的软件体系结构,把已测试过的模块组装起来,在组装过程中,检查程序结构组装的正确性。确认测试则是要检查已实现的软件是否满足了需求规格说明中确定了的各种需求,以及软件配置是否完全、正确。最后是系统测试,把已经经过确认的软件纳入实际运行环境中,与其他系统成分组合在一起进行测试。严格地说,系统测试已超出了软件工程的范围。

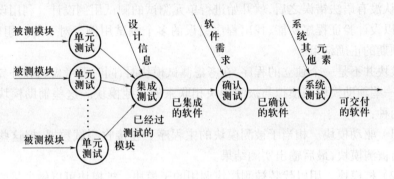

图 5－2　软件测试的过程

5.2.1　单元测试

单元测试针对程序模块,是进行正确性检验的测试。其目的在于发现各模块内部可能存在的各种差错。单元测试需要从程序的内部结构出发设计测试用例。多个模块可以平行地独立进行单元测试。

1.　单元测试的内容

(1) 模块接口测试。对通过被测模块的数据流进行测试。为此,对模块接口,包括参数表、调用子模块的参数、全程数据、文件输入/输出操作都必须检查。

(2) 局部数据结构测试。设计测试用例检查数据类型说明、初始化、默认值等方面的问题,还要查清全程数据对模块的影响。

(3) 路径测试。选择适当的测试用例,对模块中重要的执行路径进行测试。对基本执行路径和循环进行测试可以发现大量的路径错误。

(4) 错误处理测试。检查模块的错误处理功能是否包含有错误或缺陷。例如,是否拒绝不合理的输入;出错的描述是否难以理解,是否对错误定位有误,是否出错原因报告有误,是否对错误条件的处理不正确;在对错误处理之前错误条件是否已经引起系统的干预等。

(5)边界测试。要特别注意数据流、控制流中刚好等于、大于或小于确定的比较值时出错的可能性。对这些地方要仔细地选择测试用例,认真加以测试。

此外,如果对模块运行时间有要求,还要专门进行关键路径测试,以确定最坏情况下和平均意义下影响模块运行时间的因素。这类信息对性能评价是十分有用的。

2. 单元测试的步骤

通常,单元测试在编码阶段进行。在源程序代码编制完成,经过评审和验证,确认没有语法错误之后,就开始进行单元测试的测试用例设计。利用设计文档,可以设计验证程序功能、找出程序错误的多个测试用例。对于每一组输入,应有预期的正确结果。

模块并不是一个独立的程序,在考虑测试模块时,同时要考虑它和外界的联系,用一些辅助模块去模拟与被测模块相联系的其他模块。这些辅助模块分为以下两种:

(1)驱动模块。相当于被测模块的主程序。它接收测试数据,把这些数据传送给被测模块,最后输出实测结果。

(2)桩模块。用以代替被测模块调用的子模块。桩模块可以做少量的数据操作,不需要把子模块所有功能都带进来,但不允许什么事情也不做。

被测模块、与它相关的驱动模块及桩模块共同构成了一个"测试环境",如图5-3所示。

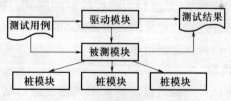

图5-3 单元测试的测试环境

如果一个模块要完成多种功能,且以程序包或对象类的形式出现,如 Ada 中的包、MODULA 中的模块、C++ 中的类。这时可以将这个模块看成由几个小程序组成。对其中的每个小程序先进行单元测试要做的工作,对关键模块还要做性能测试。对支持某些标准规程的程序,更要着手进行互联测试。有人把这种情况特别称为模块测试,以区别单元测试。

5.2.2 集成测试

在单元测试的基础上,需要将所有模块按照设计要求组装成为系统。这时,需要考虑以下几方面:

(1) 在把各个模块连接起来的时侯,穿越模块接口的数据是否会丢失。

(2) 一个模块的功能是否会对另一个模块的功能产生不利的影响。

(3) 各个子功能组合起来,能否达到预期要求的父功能。

(4) 全局数据结构是否有问题。

(5) 单个模块的误差累积起来,是否会放大,从而达到不能接受的程度。

(6) 单个模块的错误是否会导致数据库错误。

选择什么方式把模块组装起来形成一个可运行的系统,直接影响到模块测试用例的形式、所用测试工具的类型、模块编号的次序和测试的次序,以及生成测试用例的费用和调试的费用。通常,把模块组装成为系统的方式有以下两种方式:

1. 一次性集成方式

它是一种非增殖式集成方式,也叫做整体拼装。使用这种方式,首先对每个模块分别进行模块测试,然后再把所有模块组装在一起进行测试,最终得到要求的软件系统。

由于程序中不可避免地存在涉及模块间接口、全局数据结构等方面的问题,所以一次试运行成功的可能性并不是很大。

2. 增殖式集成方式

增殖式集成方式又称渐增式集成方式。首先对一个个模块进行模块测试,然后将这些模块逐步组装成较大的系统,在组装的过程中边连接边测试,以发现连接过程中产生的问题。最后通过增殖逐步组装成为要求的软件系统。

(1) 自顶向下的增殖方式。将模块按系统程序结构,沿控制层次自顶向下进行集成。由于这种增殖方式在测试过程中较早地验证了主要的控制和判断点,在一个功能划分合理的程序结构中,判断常出现在较高的层次,较早就能遇到。如果主要控制有问题,尽早发现它能够减少以后的返工。

(2) 自底向上的增殖方式。从程序结构的最底层模块开始组装和测试。因为模块是自底向上进行组装,对于一个给定层次的模块,它的子模块(包括子模块的所有下属模块)已经组装并测试完成,所以不再需要桩模块。在模块的测试过程中需要从子模块得到的信息可以直接运行子模块得到。

自顶向下增殖的方式和自底向上增殖的方式各有优缺点。自顶向下增殖方式的缺点是需要建立桩模块。要使桩模块能够模拟实际子模块的功能将是十分困难的。同时涉及复杂算法和真正输入/输出的模块一般在底层,它们是最容易出问题的模块,到组装和测试的后期才遇到这些模块,一旦发现问题,导致过多的回归测试。而自顶向下增殖方式的优点是能够较早地发现在主要控制方面的问题。自底向上增殖方式的缺点是"程序一直未能作为一个实体存在,直到最后一个模块加上去后才形成一个实体"。

也就是说,在自底向上组装和测试的过程中,对主要的控制直到最后才接触到。但这种方式的优点是不需要桩模块,而建立驱动模块一般比建立桩模块容易,同时,由于涉及到复杂算法和真正输入/输出的模块最先得到组装和测试,可以把最容易出问题的部分在早期解决。此外,自底向上增殖的方式可以实施多个模块的并行测试。

有鉴于此,通常是把以上两种方式结合起来进行组装和测试。

(1)衍变的自顶向下的增殖测试。它的基本思想是强化对输入/输出模块和引入新算法模块的测试,并自底向上组装成为功能相当完整且相对独立的子系统,然后由主模块开始自顶向下进行增殖测试。

(2)自底向上—自顶向下的增殖测试。它首先对含读操作的子系统自底向上直至根节点模块进行组装和测试,然后对含写操作的子系统做自顶向下的组装与测试。

(3)回归测试。这种方式采取自顶向下的方式测试被修改的模块及其子模块,然后将这一部分视为子系统,再自底向上测试,以检查该子系统与其上级模块的接口是否适配。

5.2.3 确认测试

确认测试又称有效性测试。它的任务是验证软件的有效性,即验证软件的功能和性能及其他特性是否与用户的要求一致。在软件需求规格说明书描述了全部用户可见的软件属性,其中有一节叫做有效性准则,它包含的信息就是软件确认测试的基础。

在确认测试阶段需要做的工作如图5-4所示。首先要进行有效性测试以及软件配置审查,然后进行验收测试和安装测试,在通过专家鉴定之后,才能成为可交付的软件。

1. 有效性测试(功能测试)

有效性测试是在模拟的环境(可能就是开发的环境)下,运用黑盒测试的方法,验证被测软件是否满足需求规格说明书列出的需求。为此,需要首先制定测试计划,规定要做测试的种类。还需要制定一组测试步骤,描述具体的测试用例。通过实施预定的测试计划和测试步骤,确定软件的特性是否与需求相符,确

146

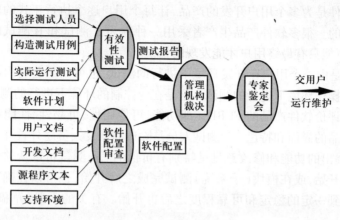

图 5－4　确认测试的步骤

保所有的软件功能需求都能得到满足,所有的软件性能需求都能达到,所有的文档都正确且便于使用。同时,对其他软件需求,如可移植性、兼容性、出错自动恢复、可维护性等,也都要进行测试,确认是否满足。

2. 软件配置审查

软件配置审查的目的是保证软件配置的所有成分都齐全,各方面的质量都符合要求,具有维护阶段所必需的细节,而且已经编排好分类的目录。

除了按合同规定的内容和要求,由人工审查软件配置之外,在确认测试的过程中,应当严格遵守用户手册和操作手册中规定的使用步骤,以便检查这些文档资料的完整性和正确性。必须仔细记录发现的遗漏和错误,并且适当地进行补充和改正。

3. 验收测试

在通过了系统的有效性测试及软件配置审查之后,就应开始系统的验收测试。验收测试是以用户为主的测试。软件开发人员和 QA(质量保证)人员也应参加。由用户参加设计测试用例,使用用户界面输入测试数据,并分析测试的输出结果。一般使用生产中的实际数据进行测试。在测试过程中,除了考虑软件的功能和性能外,还应对软件的可移植性、兼容性、可维护性、错误的恢复功能等进行确认。

4. 安装测试

在软件交付使用之后,用户将如何实际使用程序,对于开发者来说是无法预测的。因为用户在使用过程中常常会发生对使用方法的误解、异常的数据组合,以及产生对某些用户来说似乎是清晰的但对另一些用户来说却难以理解的输出等。

如果软件是为多个用户开发的产品，让每个用户逐个执行正式的验收测试是不切实际的。很多软件产品生产者采用一种称为 α 测试和 β 测试的测试方法，以发现可能只有最终用户才能发现的错误。

α 测试是由一个用户在开发环境下进行的测试，也可以是公司内部的用户在模拟实际操作环境下进行的测试。这是在受控制的环境下进行的测试。α 测试的目的是评价软件产品的 FURPS（即功能、可使用性、可靠性、性能和支持）。尤其注重产品的界面和特色。α 测试人员是除产品开发人员之外首先见到产品的人，他们提出的功能和修改意见是特别有价值的。α 测试可以从软件产品编码结束之时开始，或在模块（子系统）测试完成之后开始，也可以在确认测试过程中产品达到一定的稳定和可靠程度之后再开始。有关的手册（草稿）等应事先准备好。

β 测试是由软件的多个用户在一个或多个用户的实际使用环境下进行的测试。与 α 测试不同的是，开发者通常不在测试现场。因而，β 测试是在开发者无法控制的环境下进行的软件现场应用。在 β 测试中，由用户记下遇到的所有问题，包括真实的以及主观认定的，定期向开发者报告，开发者在综合用户的报告之后，做出修改，最后将软件产品交付给全体用户使用。β 测试主要衡量产品的 FURPS。着重于产品的支持性，包括文档、客户培训和支持产品生产能力。只有当 α 测试达到一定的可靠程度时，才能开始 β 测试。由于它处在整个测试的最后阶段，不能指望这时发现主要问题。同时，产品的所有手册文本也应该在此阶段完全定稿。由于 β 测试的主要目标是测试可支持性，所以 β 测试应尽可能由主持产品发行的人员来管理。

5.2.4 系统测试

系统测试，是将通过确认测试的软件作为整个基于计算机系统的一个元素，与计算机硬件、外设、某些支持软件、数据和人员等其他系统元素结合在一起，在实际运行（使用）环境下，对计算机系统进行一系列的组装测试和确认测试。

系统测试的目的在于通过与系统的需求定义作比较，发现软件与系统定义不符合或与之矛盾的地方。系统测试的测试用例应根据需求分析规格说明来设计，并在实际使用环境下来运行。

5.3　测试方法

软件测试的种类大致可以分为人工测试和基于计算机的测试。而基于计算机的测试又可以分为黑盒测试和白盒测试。

1. 黑盒测试

根据软件产品的功能设计规格,在计算机上进行测试,以证实每个实现了的功能是否符合要求。这种测试方法就是黑盒测试。黑盒测试意味着测试要在软件的接口处进行。也就是说,这种方法是把测试对象看做一个黑盒子,测试人员完全不考虑程序内部的逻辑结构和内部特性,只依据程序的需求分析规格说明,检查程序的功能是否符合它的功能说明。

用黑盒测试发现程序中的错误,必须在所有可能的输入条件和输出条件中确定测试数据,来检查程序是否都能产生正确的输出。

2. 白盒测试

根据软件产品的内部工作过程,在计算机上进行测试,以证实每种内部操作是否符合设计规格要求,所有内部成分是否已经过检查。这种测试方法就是白盒测试。白盒测试把测试对象看做一个打开的盒子,允许测试人员利用程序内部的逻辑结构及有关信息设计或选择测试用例,对程序所有逻辑路径进行测试。通过在不同点检查程序的状态,确定实际的状态是否与预期的状态一致。

不论是黑盒测试,还是白盒测试,都不可能把所有可能的输入数据都拿来进行穷举测试。因为可能的测试输入数据数目往往达到天文数字。下面举两个例子。

假设一个程序 P 有输入 X 和 Y 及输出 Z,参看图 5-5,在字长为 32 位的计算机上运行。如果 X、Y 只取整数,考虑把所有的 X、Y 值都作为测试数据,按黑盒测试方法进行穷举测试,力图全面、无遗漏地"挖掘"出程序中的所有错误。这样做可能采用的测试数据组 (X_i, Y_i) 的最大可能数目为 $2^{32} \times 2^{32} = 2^{64}$。如果程序 P 测试一组 X、Y 数据需要 1ms,且一天工作 24h,一年工作 365 天,要完成 264 组测试,需要 5 亿年。

而对一个具有多重选择和循环嵌套的程序,不同的路径数目也可能是天文数字。设给出一个如图 5-6 所示的小程序的流程图,其中包括了一个执行达 20

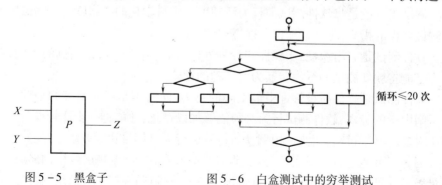

图 5-5　黑盒子　　　　　图 5-6　白盒测试中的穷举测试

149

次的循环。那么,它所包含的不同执行路径数高达 $5^{20} = 10^{13}$ 条,若要对它进行穷举测试,需覆盖所有的路径。假使测试程序对每一条路径进行测试需要 1ms,同样假定一天工作 24h,一年工作 365 天,那么,要想把如图 5 - 6 所示的小程序的所有路径测试完,则需要 3170 年。

以上的分析表明,由于工作量过大,实行穷举测试是不现实的。任何软件开发项目都要受到期限、费用、人力和机时等条件的限制,尽管为了充分揭露程序中所有隐藏错误,需要针对所有可能的数据进行测试,但事实告诉我们,这样做是不可能的。

软件工程的总目标是充分利用有限的人力、物力资源,高效率、高质量、低成本地完成软件开发项目。在测试阶段既然穷举测试不可行,为了节省时间和资源,提高测试效率,就必须要从数量极大的可用测试用例中精心地挑选少量的测试数据,使得采用这些测试数据能够达到最佳的测试效果,能够高效率地把隐藏的错误揭露出来。

白盒测试的方法:总体上分为静态分析方法和动态分析方法两大类。

(1) 静态分析方法是一种不通过执行程序而进行测试的技术。静态分析方法的关键功能是检查软件的表示和描述是否一致,没有冲突或者没有歧义。

(2) 动态分析方法的主要特点是当软件系统在模拟的或真实的环境中执行之前、之中和之后,对软件系统行为的分析。动态分析方法包含了程序在受控的环境下使用特定的期望结果进行正式的运行。它显示了一个系统在检查状态下是正确还是不正确。在动态分析方法中,最重要的技术是路径和分支测试。

5.4 测试用例设计

5.4.1 什么是测试用例

测试用例就是将软件测试的行为活动做一个科学化的组织归纳。测试用例是测试工作的指导,是软件测试必须遵守的准则。

软件测试是有组织性、步骤性和计划性的,而设计软件测试用例的目的,就是为了能将软件测试的行为转换为可管理的模式。

软件测试是软件质量管理中最实际的行为,同时也是耗时最多的一项。基于时间因素的考虑,软件测试行为必须能够加以量化,才能进一步让管理阶层掌握所需要的测试过程,而测试用例就是将测试行为具体量化的方法之一。

因为不可能进行穷举测试,为了节省时间和资源、提高测试效率,必须要从数量极大的可用测试数据中精心挑选出具有代表性或特殊性的测试数据来进行测试。

5.4.2　测试用例设计生成的基本准则

（1）测试用例的代表性。能够代表并覆盖各种合理的和不合理的、合法的和非法的、边界的和越界的、以及极限的输入数据、操作和环境设置等。

（2）测试结果的可判定性。即测试执行结果的正确性是可判定的,每一个测试用例都应有相应的期望结果。

（3）测试结果的可再现性。即对同样的测试用例,系统的执行结果应当是相同的。

5.4.3　黑盒测试用例设计方法

具体的黑盒测试用例设计方法包括等价类划分法、边界值分析法、场景法、错误推测法、因果图法、判定表驱动法、正交实验设计法、功能图分析法等。

这些方法是比较实用的,但采用什么方法,在使用时要针对开发项目的特点对方法加以适当选择。

1.　等价类划分法

等价类划分是一种典型的黑盒测试方法。使用这一方法时,完全不考虑程序的内部结构,只依据程序的规格说明来设计测试用例。由于不可能用所有可以输入的数据来测试程序,而只能从全部可供输入的数据中选择一个子集进行测试。如何选择适当的子集,使其尽可能多地发现错误,解决的办法之一就是等价类划分。

首先把数目极多的输入数据(有效的和无效的)划分为若干等价类。等价类是指某个输入域的子集合。在该子集合中,各个输入数据对于揭露程序中的错误都是等效的,并合理地假定:测试某等价类的代表值就等价于对这一类其他值的测试。因此,可以把全部输入数据合理划分为若干等价类,在每一个等价类中取一个数据作为测试的输入条件,就可用少量代表性测试数据,取得较好的测试效果。

等价类的划分有两种不同的情况:

（1）有效等价类。对于程序规格说明来说,是合理的,有意义的输入数据构成的集合。利用它,可以检验程序是否实现了规格说明预先规定的功能和性能。

（2）无效等价类。对于程序规格说明来说,是不合理的,无意义的输入数据构成的集合。利用它,可以检查程序中功能和性能的实现是否有不符合规格说明要求的地方。

在设计测试用例时,要同时考虑有效等价类和无效等价类的设计。软件不能都只接收合理的数据,还要经受意外的考验,接受无效的或不合理的数据,这样获得的软件才能具有较高的可靠性。

划分等价类的原则如下:

(1) 按区间划分。如果可能的输入数据属于一个取值范围或值的个数限制范围,则可以确立一个有效等价类和两个无效等价类。

(2) 按数值划分。如果规定了输入数据的一组值,而且程序要对每个输入值分别进行处理,则可为每一个输入值确立一个有效等价类,此外,针对这组值确立一个无效等价类,它是所有不允许的输入值的集合。

(3) 按数值集合划分。如果可能的输入数据属于一个值的集合,或者需满足"必须如何"的条件,这时可确立一个有效等价类和一个无效等价类。

(4) 按限制条件或规则划分。如果规定了输入数据必须遵守的规则或限制条件,则可以确立一个有效等价类(符合规则)和若干个无效等价类(从不同角度违反规则)。

在确立了等价类之后,建立等价类表,列出所有划分出的等价类:

输入条件	有效等价类	无效等价类
……	……	……
……	……	……

根据已列出的等价类表,按以下步骤确定测试用例:

(1) 为每个等价类规定一个唯一的编号。

(2) 设计一个新的测试用例,使其尽可能多地覆盖尚未覆盖的有效等价类。重复这一步,最后使得所有有效等价类均被测试用例所覆盖。

(3) 设计一个新的测试用例,使其只覆盖一个无效等价类。重复这一步使所有无效等价类均被覆盖。

2. 边界值分析法

人们从长期的测试工作经验得知,大量的错误是发生在输入或输出范围的边界上,而不是在输入范围的内部。因此,针对各种边界情况设计测试用例,可以查出更多的错误。

例如,在做三角形计算时,要输入三角形的三个边长:A、B 和 C。应注意到,这三个数值应当满足 $A>0$、$B>0$、$C>0$、$A+B>C$、$A+C>B$、$B+C>A$,才能构成三角形。但如果把六个不等式中的任何一个大于号" > "错写成大于等于号" ≥ ",那就不能构成三角形。问题恰好出现在容易被疏忽的边界附近。这里所说的边界是指,相当于输入等价类和输出等价类而言,稍高于其边界值及稍低于其边界值的一些特定情况。

152

使用边界值分析方法设计测试用例,首先应确定边界情况。通常,输入等价类与输出等价类的边界,就是应着重测试的边界情况。应当选取正好等于、刚刚大于或刚刚小于边界的值作为测试数据,而不是选取等价类中的典型值或任意值作为测试数据。

边界值分析方法是最有效的黑盒测试方法,但当边界情况很复杂的时候,要找出适当的测试用例还需针对问题的输入域、输出域边界,耐心细致地逐个考虑。

3. 场景法

现在的软件几乎都是用事件触发来控制流程的,如 GUI 软件、游戏等。事件触发时的情景并形成了场景,而同一事件不同的触发顺序和处理结果就形成了事件流。这种在软件设计方面的思想引入到软件测试中,可以生动地描绘出事件触发时的情景,有利于设计测试用例,同时使测试用例更容易理解和执行。

在场景法中测试一个软件的时候,测试流程是软件功能按照正确的事件流实现的一条正确流程,称为该软件的基本流;凡是出现故障或缺陷的过程,就用备选流加以标注,这样,备选流就可以是从基本流来的,或是由备选流中引出的。所以在进行图示的时候,就会发现每个事件流的颜色是不同的。

基本流和备选流如图 5-7 所示,图中经过用例的每条路径都用基本流和备选流来表示,直黑线表示基本流,是经过用例的最简单的路径。备选流用不同的色彩表示,一个备选流可能从基本流开始,在某个特定条件下执行,然后重新加入基本流中(如备选流 1 和 3);也可能起源于另一个备选流(如备选流 2),或者终止用例而不再重新加入到某个流(如备选流 2 和 4)。在这个图中,有一个基本流和四个备选流。

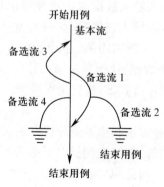

图 5-7 基本流和备选流

每个经过用例的可能路径,可以确定不同的用例场景。从基本流开始,再将基本流和备选流结合起来,可以确定以下用例场景:

场景 1　基本流

场景 2　基本流　备选流 1

场景 3　基本流　备选流 1　备选流 2

场景 4　基本流　备选流 3

场景 5　基本流　备选流 3　备选流 1

场景 6　基本流　备选流 3　备选流 1　备选流 2

场景 7　基本流　备选流 4

场景 8　基本流　备选流 3　备选流 4

下面是场景法的基本设计步骤:

(1) 根据说明,描述出程序的基本流及各项备选流。

(2) 根据基本流和各项备选流生成不同的场景。

(3) 对每一个场景生成相应的测试用例。

(4) 对生成的所有测试用例重新复审,去掉多余的测试用例,测试用例确定后,对每一个测试用例确定测试数据值。

4. 错误推测法

人们也可以靠经验和直觉推测程序中可能存在的各种错误,从而有针对性地编写检查这些错误的例子,这就是错误推测法。

错误推测法的基本想法是:列举出程序中所有可能有的错误和容易发生错误的特殊情况,根据它们选择测试用例。例如,在介绍单元测试时曾列出许多在模块中常见的错误,这些是单元测试经验的总结。此外,对于在程序中容易出错的情况,也有一些经验总结出来。例如,输入数据为 0,或输出数据为 0,是容易发生错误的情形,因此可选择输入数据为 0,或使输出数据为 0 的例子作为测试用例。又如,输入表格为空或输入表格只有一行,也是容易发生错误的情况,可选择表示这种情况的例子作为测试用例。再如,可以针对一个排序程序,输入空的值(没有数据)、输入一个数据、让所有的输入数据都相等、让所有输入数据有序排列、让所有输入数据逆序排列等,进行错误推测。

5. 因果图法

前面介绍的等价类划分方法和边界值分析方法,都是着重考虑输入条件,但未考虑输入条件之间的联系。如果在测试时必须考虑输入条件的各种组合,可能的组合数将是天文数字。因此,必须考虑使用一种适合于描述对于多种条件的组合,相应产生多个动作的形式来考虑设计测试用例,这就需要利用因果图。

因果图方法最终生成的就是判定表。它适合于检查程序输入条件的各种组合情况。

利用因果图生成测试用例的基本步骤如下：

（1）分析软件规格说明描述中，哪些是原因（即输入条件或输入条件的等价类），哪些是结果（即输出条件），并给每个原因和结果赋予一个标识符。

（2）分析软件规格说明描述中的语义，找出原因与结果之间、原因与原因之间对应的关系。根据这些关系，画出因果图。

（3）由于语法或环境限制，有些原因与原因之间、原因与结果之间的组合情况不可能出现。为表明这些特殊情况，在因果图上用一些记号标明约束或限制条件。

（4）把因果图转换成判定表。

（5）把判定表的每一列拿出来作为依据，设计测试用例。

通常，在因果图中，用 Ci 表示原因，Ei 表示结果，其基本符号如图 5－8 所示。各节点表示状态，可取值"0"或"1"。"0"表示某状态不出现，"1"表示某状态出现。

① 恒等。若原因出现，则结果出现。若原因不出现，则结果也不出现。

② 非。若原因出现，则结果不出现。若原因不出现，反而结果出现。

③ 或（∨）。若几个原因中有一个出现，则结果出现。若几个原因都不出现，结果不出现。

④ 与（∧）。若几个原因都出现，结果才出现。若其中有一个原因不出现，结果不出现。

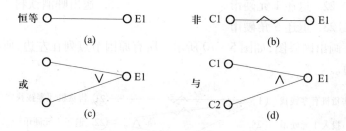

图 5－8　因果图的图形符号

为了表示原因与原因之间、结果与结果之间可能存在的约束条件，在因果图中可以附加一些表示约束条件的符号。从输入（原因）考虑，有四种约束；从输出（结果）考虑，还有一种约束，参看图 5－9。

① E（互斥）。表示 a、b 两个原因不会同时成立，两个中最多有一个可能成立。

② I（包含）。表示 a、b、c 三个原因中至少有一个必须成立。

③ O(唯一)。表示 a 和 b 当中必须有一个,且仅有一个成立。

④ R(要求)。表示当 a 出现时,b 必须也出现。不可能 a 出现,b 不出现。

⑤ M(屏蔽)。表示当 a 是 1 时,b 必须是 0。而当 a 为 0 时,b 的值不定。

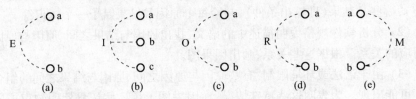

图 5 - 9　因果图的约束符号

(a) E(互斥·排他);(b) I(包含·或);(c) O(唯一);(d) R(要求);(e) M(屏蔽)。

例:有一个处理单价为 5 角钱的饮料的自动售货机软件测试用例的设计。其规格说明如下:"若投入 5 角钱或 1 元钱的硬币,按下[橙汁]或[啤酒]的按钮,则相应的饮料就送出来。若售货机没有零钱找,则一个显示[零钱找完]的红灯亮,这时在投入 1 元硬币并按下按钮后,饮料不送出来而且 1 元硬币也退出来;若有零钱找,则显示[零钱找完]的红灯灭,在送出饮料的同时退还 5 角硬币。"

(1) 分析这一段说明,列出原因和结果。

原因:1. 售货机有零钱找　　3. 投入 5 角硬币　　5. 按下[啤酒]按钮
　　　2. 投入 1 元硬币　　　4. 按下[橙汁]按钮

结果:21. 售货机[零钱找完]灯亮　　24. 送出橙汁饮料
　　　22. 退还 1 元硬币　　　　　　25. 送出啤酒饮料
　　　23. 退还 5 角硬币

(2) 画出因果图,如图 5 - 10 所示。所有原因节点列在左边,所有结果节点列在右边。

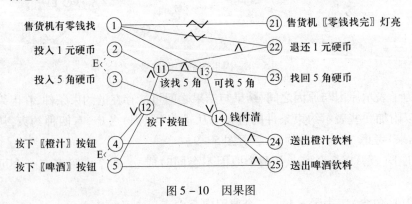

图 5 - 10　因果图

156

建立两个中间节点,表示处理的中间状态。

中间节点:11. 投入 1 元硬币且押下饮料按钮

　　　　　12. 按下[橙汁]或[啤酒]的按钮

　　　　　13. 应当找 5 角零钱并且售货机有零钱找

　　　　　14. 钱已付清

（3）由于 2 与 3,4 与 5 不能同时发生,分别加上约束条件 E。

（4）转换成判定表:

序号	1	2	3	4	5	6	7	8	9	10	1	2	3	4	5	6	7	8	9	20	1	2	3	4	5	6	7	8	9	30	1	2
条件 ①	1	1	1	1	1	1	1	1	1	1	1	1	1	1	1	1	0	0	0	0	0	0	0	0	0	0	0	0	0	0	0	0
②	1	1	1	1	1	1	1	1	0	0	0	0	0	0	0	0	1	1	1	1	1	1	1	1	0	0	0	0	0	0	0	0
③	1	1	1	1	0	0	0	0	1	1	1	1	0	0	0	0	1	1	1	1	0	0	0	0	1	1	1	1	0	0	0	0
④	1	1	0	0	1	1	0	0	1	1	0	0	1	1	0	0	1	1	0	0	1	1	0	0	1	1	0	0	1	1	0	0
⑤	1	0	1	0	1	0	1	0	1	0	1	0	1	0	1	0	1	0	1	0	1	0	1	0	1	0	1	0	1	0	1	0
中间结果 ⑪						1	1	0		0	0	0		0	0	0						1	1	0		0	0	0		0	0	0
⑫						1	1	0		1	1	0										1	1	0		1	1	0				
⑬						1	1	0		0	0	0										0	0	0		0	0	0				
⑭						1	1	0		1	1	1										0	0	0		1	1	1				
结果 ㉑						0	0	0		0	0	0		0	0	0						1	1	1		1	1	1		1	1	1
㉒						0	0	0		0	0	0										1	1	0		0	0	0		0	0	0
㉓						1	1	0		0	0	0										0	0	0		0	0	0				
㉔						1	0	0														1	0	0								
㉕						0	1	0		0	1	0										0	0	0		0	1	0				
测试用例						Y	Y	Y		Y	Y	Y		Y	Y							Y	Y	Y		Y	Y	Y		Y	Y	

在判定表中,阴影部分表示因违反约束条件而不可能出现的情况,删去。第 16 列与第 32 列因什么动作也没做,也删去。最后可根据剩下的 16 列作为确定测试用例的依据。

因果图方法是一个非常有效的黑盒测试方法,它能够生成没有重复性的且发现错误能力强的测试用例,而且对输入、输出同时进行了分析。

6. 功能图分析法

一个程序的功能说明通常由动态说明和静态说明组成。动态说明描述了输入数据的次序或转移的次序,静态说明描述了输入条件与输出条件之间的对应关系。对于较复杂的程序,由于存在大量的组合情况,因此,仅用静态说明组成的规格说明对于测试来说往往是不够的,必须用动态说明来补充功能说明。功能图方法是用功能图 FD 形式化地表示程序的功能说明,并机械地生成功能图的测试用例。功能图模型由状态迁移图和逻辑功能模型构成。状态迁移图用于表示输入数据序列以及相应的输出数据。在状态迁移图中,由输入数据和当前状态决定输出数据和后续状态。逻辑功能模型用于表示在状态中输入条件和输出条件之间的对应关系。逻辑功能模型只适合于描述静态说明,输出数据仅由输入数据决定。测试用例则是由测试中经过的一系列状态和在每个状态中必须依靠输入/输出数据满足的一对条件组成。功能图方法其实是一种黑盒白盒混合用例设计方法。[①]

（1）功能图。功能图由状态迁移图和布尔函数组成。状态迁移图用状态和迁移来描述。一个状态指出数据输入的位置（或时间），而迁移则指明状态的改变。同时要依靠判定表或因果图表示的逻辑功能，如一个简化的自动出纳机ATM的功能图。

（2）测试用例生成方法。从功能图生成测试用例，得到的测试用例数是可接受的。问题的关键的是如何从状态迁移图中选取测试用例。若用节点代替状态，用弧线代替迁移，则状态迁移图就可转化成一个程序的控制流程图形式。问题就转化为程序的路径测试问题（如白盒测试）问题了。

（3）测试用例生成规则。为了把状态迁移（测试路径）的测试用例与逻辑模型（局部测试用例）的测试用例组合起来，从功能图生成实用的测试用例，必须定义下面的规则。在一个结构化的状态迁移（SST）中，定义三种形式的循环：顺序、选择和重复。但分辨一个状态迁移中的所有循环是有困难的（其表示图形省略）。

（4）从功能图生成测试用例的过程。

① 生成局部测试用例。在每个状态中，从因果图生成局部测试用例。局部测试用例由原因值（输入数据）组合与对应的结果值（输出数据或状态）构成。

② 测试路径生成。利用上面的规则（三种）生成从初始状态到最后状态的测试路径。

③ 测试用例合成。合成测试路径与功能图中每个状态中的局部测试用例。结果是初始状态到最后状态的一个状态序列，以及每个状态中输入数据与对应输出数据的组合。

（5）测试用例的合成算法。采用条件构造树。

7. 正交实验设计法

利用因果图来设计测试用例时，作为输入条件的原因与输出结果之间的因果关系，有时很难从软件需求规格说明中得到。往往因果关系非常庞大，以至于据此因果图而得到的测试用例数目多得惊人，给软件测试带来沉重的负担，为了

---

① 在功能图方法中，要用到逻辑覆盖和路径测试的概念和方法，其属白盒测试方法中的内容。逻辑覆盖是以程序内部的逻辑结构为基础的测试用例设计方法。该方法要求测试人员对程序的逻辑结构有清楚的了解。由于覆盖测试的目标不同，逻辑覆盖可分为语句覆盖、判定覆盖、判定—条件覆盖、条件组合覆盖及路径覆盖。下面指的逻辑覆盖和路径是功能或系统水平上的，以区别于白盒测试中的程序内部的。

有效、合理地减少测试的工时与费用,可利用正交实验设计方法进行测试用例的设计。

正交实验设计方法:依据 Galois 理论,从大量的(实验)数据(测试例)中挑选适量的、有代表性的点(例),从而合理地安排实验(测试)的一种科学实验设计方法。类似的方法有聚类分析法、因子法等。

利用正交实验设计法测试用例的步骤如下:

(1)提取功能说明,构造因子——状态表。把影响实验指标的条件称为因子,而影响实验因子的条件叫因子的状态。利用正交实验设计法来设计测试用例时,首先要根据被测试软件的规格说明书找出影响其功能实现的操作对象和外部因素,把它们当作因子,而把各个因子的取值当作状态。对软件需求规格说明中的功能要求进行划分,把整体的概要性的功能要求进行层层分解与展开,分解成具体的有相对独立性的基本的功能要求。这样就可以把被测试软件中所有的因子都确定下来,并为确定个因子的权值提供参考的依据。确定因子与状态是设计测试用例的关键,因此要求尽可能全面、正确地确定取值,以确保测试用例的设计作到完整与有效。

(2)加权筛选,生成因素分析表。对因子与状态的选择可按其重要程度分别加权。可根据各个因子及状态的作用大小,出现频率的大小以及测试的需要,确定权值的大小。

(3)利用正交表构造测试数据集。正交表的推导依据 Galois 理论。利用正交实验设计方法设计测试用例,比使用等价类划分、边界值分析、因果图等方法有以下优点:节省测试工作工时;控制生成的测试用例数量;测试用例具有一定的覆盖率。

5.4.4　白盒测试用例设计方法

白盒测试作为测试人员常用的一种测试方法,越来越受到测试工程师的重视。白盒测试并不是简单的按照代码设计用例,而是需要根据不同的测试需求,结合不同的测试对象,使用适合的方法进行测试。因为对于不同复杂度的代码逻辑,可以衍生出许多种执行路径,只有适当的测试方法,才能帮助我们从代码的迷雾森林中找到正确的方向。常见的白盒子测试方法为逻辑覆盖,包括语句覆盖、判定覆盖、条件覆盖、判定—条件覆盖、条件组合覆盖、路径覆盖。

1. 逻辑覆盖

逻辑覆盖是以程序内部的逻辑结构为基础的设计测试用例的技术,属白盒测试。这一方法要求测试人员对程序的逻辑结构有清楚的了解,甚至要能掌握源程序的所有细节。由于覆盖测试的目标不同,逻辑覆盖又可分为语句覆盖、判定覆盖、条件覆盖、判定—条件覆盖、条件组合覆盖及路径覆盖。

（1）语句覆盖。语句覆盖就是设计若干个测试用例,运行被测程序,使得每一可执行语句至少执行一次。这种覆盖又称为点覆盖,它使得程序中每个可执行语句都得到执行,但它是最弱的逻辑覆盖准,效果有限,必须与其他方法交互使用。

（2）判定覆盖。判定覆盖就是设计若干个测试用例,运行被测程序,使得程序中每个判断的取真分支和取假分支至少经历一次。判定覆盖又称为分支覆盖。

判定覆盖只比语句覆盖稍强一些,但实际效果表明,只是判定覆盖,还不能保证一定能查出在判断的条件中存在的错误。因此,还需要更强的逻辑覆盖准则去检验判断内部条件。

（3）条件覆盖。条件覆盖就是设计若干个测试用例,运行被测程序,使得程序中每个判断的每个条件的可能取值至少执行一次。

条件覆盖深入到判定中的每个条件,但可能不能满足判定覆盖的要求。

（4）判定—条件覆盖。判定—条件覆盖就是设计足够的测试用例,使得判断中每个条件的所有可能取值至少执行一次,同时每个判断本身的所有可能判断结果至少执行一次。换言之,即是要求各个判断的所有可能的条件取值组合至少执行一次。

判定—条件覆盖有缺陷。从表面上来看,它测试了所有条件的取值。但是事实并非如此。往往某些条件掩盖了另一些条件,会遗漏某些条件取值错误的情况。为彻底地检查所有条件的取值,需要将判定语句中给出的复合条件表达式进行分解,形成由多个基本判定嵌套的流程图。这样就可以有效地检查所有的条件是否正确了(图 5 - 11 和图 5 - 12)。

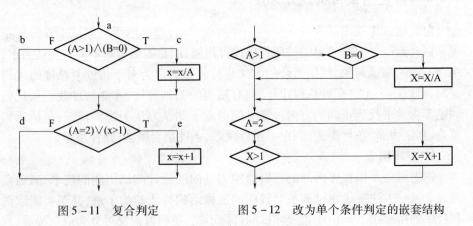

图 5 - 11　复合判定　　　　　图 5 - 12　改为单个条件判定的嵌套结构

（5）条件组合覆盖。条件组合覆盖就是设计足够的测试用例,运行被测程序,使得每个判断的所有可能的条件取值组合至少执行一次。

这是一种相当强的覆盖准则,可以有效地检查各种可能的条件取值的组合是否正确。它不但可覆盖所有条件的可能取值的组合,还可覆盖所有判断的可取分支,但可能有的路径会遗漏掉。测试还不完全。

（6）路径覆盖。路径覆盖就是设计足够的测试用例,覆盖程序中所有可能的路径。这是最强的覆盖准则。但在路径数目很大时,真正做到完全覆盖是很困难的,必须把覆盖路径数目压缩到一定限度。

2. 基本路径测试

如果把覆盖的路径数压缩到一定限度内,例如,程序中的循环体只执行零次和一次,就成为基本路径测试。它是在程序控制流图的基础上,通过分析控制构造的环路复杂性,导出基本可执行路径集合,从而设计测试用例的方法。

设计出的测试用例要保证在测试中,程序的每一个可执行语句至少要执行一次。

（1）程序的控制流图。控制流图是描述程序控制流的一种图示方法。基本控制构造的图形符号如图 5 – 13 所示。符号〇称为控制流图的一个节点,一组顺序处理框可以映射为一个单一的节点。控制流图中的箭头称为边,它表示了控制流的方向,在选择或多分支结构中分支的汇聚处,即使没有执行语句也应该有一个汇聚节点。边和节点圈定的区域叫做区域,当对区域计数时,图形外的区域也应记为一个区域。

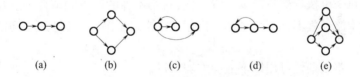

图 5 – 13　控制流图的各种图形符号
(a) 顺序结构; (b) IF 选择结构; (c) WHILE 重复结构;
(d) UNTIL 重复结构; (e) CASE 多分支结构。

如果判定中的条件表达式是复合条件时,即条件表达式是由一个或多个逻辑运算符(OR,AND,NAND,NOR)连接的逻辑表达式,则需要改复合条件的判定为一系列只有单个条件的嵌套的判定。例如,对应图 5 – 14(a)的复合条件的判定,应该画成如图 5 – 14(b)所示的控制流图。条件语句 if a OR b 中条件 a 和条件 b 各有一个只有单个条件的判定节点。

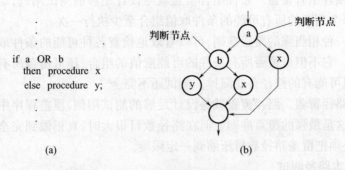

```
if a OR b
  then procedure x
  else procedure y;
```

(a)   (b)

图 5 – 14　复合逻辑下的控制流图

（2）计算程序环路复杂性。进行程序的基本路径测试时,程序的环路复杂性给出了程序基本路径集合中的独立路径条数,这是确保程序中每个可执行语句至少执行一次所必需的测试用例数目的上界。

独立路径,是指包括一组以前没有处理的语句或条件的一条路径。如在图 5 – 15(b)所示的控制流图中,一组独立的路径如下：

    path1:1 – 11
    path2:1 – 2 – 3 – 4 – 5 – 10 – 1 – 11
    path3:1 – 2 – 3 – 6 – 8 – 9 – 10 – 1 – 11
    path4:1 – 2 – 3 – 6 – 7 – 9 – 10 – 1 – 11

路径 path1、path2、path3、path4 组成了图 5 – 15(b)所示控制流图的一个基本路径集。只要设计出的测试用例能够确保这些基本路径的执行,就可以使得程序中的每个可执行语句至少执行一次,每个条件的取真和取假分支也能得到测试。基本路径集不是唯一的,对于给定的控制流图,可以得到不同的基本路径集。

通常环路复杂性可用以下三种方法求得：

① 将环路复杂性定义为控制流图中的区域数。

② 设 E 为控制流图的边数,N 为图的节点数,则定义环路复杂性为 V(G) = E – N + 2。

③ 若设 P 为控制流图中的判定节点数,则有 V(G) = P + 1。

因为图 5 – 15(b)所示控制流图有 4 个区域。其环路复杂性为 4。它是构成基本路径集的独立路径数的上界。可以据此得到应该设计的测试用例的数目。

（3）导出测试用例。利用逻辑覆盖方法生成测试用例,确保基本路径集中每条路径的执行。

162

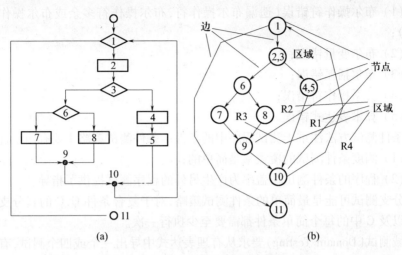

图 5 – 15　程序流程图与对应的控制流图

(a) 程序流程图；(b) 控制流图。

5.4.5　控制结构测试的变种

前面所述的基本路径测试技术是控制结构测试技术之一。尽管基本路径测试简单高效，但是，其本身并不充分。下面讨论控制结构测试的其他变种，这些测试覆盖并提高了白盒测试的质量，包括条件测试、数据流测试和循环测试等。

1. 条件测试

条件测试是检查程序模块中所包含逻辑条件的测试用例设计方法。条件测试是测试程序条件错误和程序的其他错误。如果程序的测试集能够有效地检测程序中的条件错误，则该测试集可能也会有效地检测程序中的其他错误。此外，如果测试策略对检测条件错误有效，则它也可能有效地检测程序错误。一个简单条件是一个布尔变量或一个可能带有 NOT("!")操作符的关系表达式。关系表达式的形式如下：

E1 < 关系操作符 > E2

式中：E1 和 E2 是算术表达式，而 < 关系操作符 > 是下列之一："<"、"≤"、"="、"≠"("！=")、">"或"≥"。复杂条件由简单条件、布尔操作符和括弧组成。假定可用于复杂条件的布尔算子包括 OR"丨",AND"&"和 NOT"!",不含关系表达式的条件称为布尔表达式。所以条件的成分类型包括布尔操作符、布尔变量、布尔括弧(括住简单或复杂条件)、关系操作符或算术表达式。

如果条件不正确，则至少有一个条件成分不正确，这样，条件的错误类型如下：

（1）布尔操作符错误（遗漏布尔操作符，布尔操作符多余或布尔操作符不正确）；

（2）布尔变量错误；

（3）布尔括弧错误；

（4）关系操作符错误；

（5）算术表达式错误。

条件测试方法注重于测试程序中的条件。条件测试策略主要有两个优点：

（1）测度条件测试的覆盖率是简单的；

（2）程序的条件测试覆盖率为产生另外的程序测试提供了指导。

分支测试可能是最简单的条件测试策略，对于复合条件 C，C 的真分支和假分支以及 C 中的每个简单条件都需要至少执行一次。

域测试（Domain Testing）要求从有理表达式中导出三个或四个测试，有理表达式的形式如下：

E1 < 关系操作符 > E2

需要三个测试分别用于计算 E1 的值是大于、等于或小于 E2 的值。如果 < 关系操作符 > 错误，而 E1 和 E2 正确，则这三个测试能够发现关系算子的错误。为了发现 E1 和 E2 的错误，计算 E1 小于或大于 E2 的测试应使两个值间的差别尽可能小。

有 n 个变量的布尔表达式需要 $2n$ 个可能的测试（$n > 0$）。这种策略可以发现布尔操作符、变量和括弧的错误，但是只有在 n 很小时适用。

也可以派生出敏感布尔表达式错误的测试。对于有 n 个布尔变量（$n > 0$）的单布尔表达式（每个布尔变量只出现一次），可以很容易地产生测试数小于 $2n$ 的测试集，该测试集能够发现多个布尔操作符错误和其他错误。

建议在上述技术之上建立条件测试策略，称为 BRO 测试集。测试保证能发现布尔变量和关系操作符只出现一次而且没有公共变量的条件中的分支和条件操作符错误。

BRO 策略利用条件 C 的条件约束。有 n 个简单条件的条件 C 的条件约束定义为（D1，D2，…，Dn），其中 $Di(0 < i \leqslant n)$ 表示条件 C 中第 i 个简单条件的输出约束。如果 C 的执行过程中 C 的每个简单条件的输出都满足 D 中对应的约束，则称条件 C 的条件约束 D 由 C 的执行所覆盖。

对于布尔变量 B，B 输出的约束说明 B 必须是真（T）或假（F）。类似地，对于关系表达式，符号 <、=、> 用于指定表达式输出的约束。

2. 数据流测试

数据流测试方法按照程序中的变量定义和使用的位置来选择程序的测试

路径。

为了说明数据流测试方法,假设程序的每条语句都赋予了独特的语句号,而且每个函数都不改变其参数和全局变量。对于语句号为 S 的语句:

DEF(S) = {X|语句 S 包含 X 的定义}

USE(S) = {X|语句 S 包含 X 的使用}

如果语句 S 是 if 或循环语句,它的 DEF 集为空,而 USE 集取决于 S 的条件。如果存在从 S 到 S'的路径,并且该路径不含 X 的其他定义,则称变量 X 在语句 S 处的定义在语句 S'仍有效。

变量 X 的定义——使用链(或称 DU 链)形式如[X,S,S'],其中 S 和 S'是语句号,X 在 DEF(S) 和 USE(S')中,而且语句 S 定义的 X 在语句 S'有效。

一种简单的数据流测试策略是要求覆盖每个 DU 链至少一次。将这种策略称为 DU 测试策略。已经证明,DU 测试并不能保证覆盖程序的所有分支,但是,DU 测试不覆盖某个分支仅仅在于如下之类的情况:if – then – else 中的 then 没有定义变量,而且不存在 else 部分。这种情况下,if 语句的 else 分支并不需要由 DU 测试覆盖。

3. 循环测试

循环测试是一种白盒测试技术,注重于循环构造的有效性,有四种循环,即简单循环、串接循环、嵌套循环和不规则循环,见图 5 – 16。

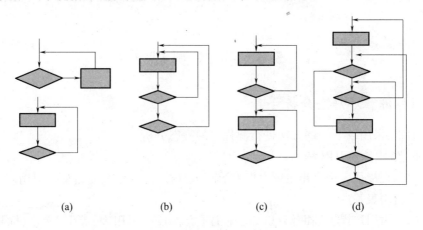

(a)　　　　　　(b)　　　　　　(c)　　　　　　(d)

图 5 – 16　循环测试分类

(a) 简单循环;(b) 嵌套循环;(c) 串接循环;(d) 不规则循环。

(1) 简单循环。下列测试集用于简单循环,其中 n 是允许通过循环的最大次数。

① 整个跳过循环;

② 只有一次通过循环；

③ 两次通过循环；

④ m 次通过循环,其中 $m < n$；

⑤ $n - 1$ 次、n 次、$n + 1$ 次通过循环。

（2）嵌套循环。如果将简单循环的测试方法用于嵌套循环,可能的测试数就会随嵌套层数成几何级增加,这会导致不实际的测试数目,下面是一种减少测试数的方法。

从最内层循环开始,将其他循环设置为最小值。

① 对最内层循环使用简单循环,而使外层循环的迭代参数（即循环计数）最小,并为范围外或排除的值增加其他测试。

② 由内向外构造下一个循环的测试,但其他的外层循环为最小值,并使其他的嵌套循环为"典型"值。

③ 继续直到测试所有的循环。

（3）串接循环。如果串接循环的循环都彼此独立,可使用嵌套的策略测试。但是如果两个循环串接起来,而第一个循环是第二个循环的初始值,则这两个循环并不是独立的。如果循环不独立,则推荐使用嵌套循环的方法进行测试。

（4）不规则循环。不能测试,尽量重新设计给结构化的程序结构后再进行测试。

5.5　静　态　测　试

5.5.1　源程序静态分析

通常,采用以下一些方法进行源程序的静态分析。

1. 生成各种引用表

（1）直接从表中查出说明/使用错误等,如循环层次表、变量交叉引用表、标号交叉引用表等。

（2）为用户提供辅助信息,如子程序（宏、函数）引用表、等价（变量、标号）表、常数表等。

（3）用来做错误预测和程序复杂度计算,如操作符和操作数的统计表等。

2. 静态错误分析

静态错误分析主要用于确定在源程序中是否有某类错误或"危险"结构。

（1）类型和单位分析。为了强化对源程序中数据类型的检查,发现在数据类型上的错误和单位上的不一致性,在程序设计语言中扩充了一些结构。如单位分析要求使用一种预处理器,它能够通过使用一般的组合/消去规则,确定表达式的单位。

(2)引用分析。最广泛使用的静态错误分析方法就是发现引用异常。如果沿着程序的控制路径,变量在赋值以前被引用,或变量在赋值以后未被引用,这时就发生了引用异常。为了检测引用异常,需要检查通过程序的每一条路径,也可以建立引用异常的探测工具。

(3)表达式分析。对表达式进行分析,以发现和纠正在表达式中出现的错误,包括在表达式中不正确地使用了括号造成错误、数组下标越界造成错误、除式为零造成错误、对负数开平方或对 π 求正切值造成错误,以及对浮点数计算的误差进行检查。

(4)接口分析。关于接口的静态错误分析主要检查过程、函数过程之间接口的一致性。因此,要检查形参与实参在类型、数量、维数、顺序、使用上的一致性;检查全局变量和公共数据区在使用上的一致性。

5.5.2 人工测试

静态分析中进行人工测试的主要方法有桌前检查、代码审查和走查。经验表明,使用这种方法能够有效地发现 30% ~70% 的逻辑设计和编码错误。

1. 桌前检查

由程序员自己检查自己编写的程序。程序员在程序通过编译之后,进行单元测试设计之前,对源程序代码进行分析、检验,并补充相关的文档,目的是发现程序中的错误。检查项目如下:

(1)检查变量的交叉引用表。重点是检查未说明的变量和违反了类型规定的变量;还要对照源程序,逐个检查变量的引用、变量的使用序列;临时变量在某条路径上的重写情况;局部变量、全局变量与特权变量的使用。

(2)检查标号的交叉引用表。验证所有标号的正确性;检查所有标号的命名是否正确;转向指定位置的标号是否正确。

(3)检查子程序、宏、函数。验证每次调用与被调用位置是否正确;确认每次被调用的子程序、宏、函数是否存在;检验调用序列中调用方式与参数顺序、个数、类型上的一致性。

(4)等值性检查。检查全部等价变量的类型的一致性,解释所包含的类型差异。

(5)常量检查。确认每个常量的取值和数制、数据类型;检查常量每次引用同它的取值、数制和类型的一致性。

（6）标准检查。用标准检查程序或手工检查程序中违反标准的问题。

（7）风格检查。检查在程序设计风格方面发现的问题。

（8）比较控制流。比较由程序员设计的控制流图和由实际程序生成的控制流图，寻找和解释每个差异，修改文档和校正错误。

（9）选择、激活路径。在程序员设计的控制流图上选择路径，再到实际的控制流图上激活这条路径。如果选择的路径在实际控制流图上不能激活，则源程序可能有错。用这种方法激活的路径集合应保证源程序模块的每行代码都被检查，即桌前检查应至少是语句覆盖。

（10）对照程序的规格说明，详细阅读源代码。程序员对照程序的规格说明书、规定的算法和程序设计语言的语法规则，仔细地阅读源代码，逐字逐句进行分析和思考，比较实际的代码和期望的代码，从它们的差异中发现程序的问题和错误。

（11）补充文档。桌前检查的文档是一种过渡性的文档，不是公开的正式文档。通过编写文档，也是对程序的一种下意识的检查和测试，可以帮助程序员发现和抓住更多的错误。

这种桌前检查，由于程序员熟悉自己的程序和自身的程序设计风格，可以节省很多的检查时间，但应避免主观片面性。

2. 代码评审

代码评审是由若干程序员和测试员组成一个会审小组，通过阅读、讨论和争议，对程序进行静态分析的过程。

代码评审分两步。第一步，小组负责人提前把设计规格说明书、控制流程图、程序文本及有关要求、规范等分发给小组成员，作为评审的依据。小组成员在充分阅读这些材料之后，进入审查的第二步，召开程序审查会。在会上，首先由程序员逐句讲解程序的逻辑。在此过程中，程序员或其他小组成员可以提出问题，展开讨论，审查错误是否存在。实践表明，程序员在讲解过程中能发现许多原来自己没有发现的错误，而讨论和争议则促进了问题的暴露。

在会前，应当给会审小组每个成员准备一份常见错误的清单，把以往所有可能发生的常见错误罗列出来，供与会者对照检查，以提高会审的实效。这个常见错误清单也叫做检查表，它把程序中可能发生的各种错误进行分类，对每一类列举出尽可能多的典型错误，然后把它们制成表格，供在会审时使用。这种检查表类似于本章单元测试中给出的检查表。

3. 代码走查

走查与代码评审基本相同，其过程分为两步。第一步也把材料先发给走查小组每个成员，让他们认真研究程序，然后再开会。开会的程序与代码评审不同,不是简单地读程序和对照错误检查表进行检查,而是让与会者"充当"计算机。即首先由测试组成员为被测程序准备一批有代表性的测试用例,提交给走查小组。走查小组开会,集体扮演计算机角色,让测试用例沿程序的逻辑运行一遍,随时记录程序的踪迹,供分析和讨论用。

人们借助于测试用例的媒介作用,对程序的逻辑和功能提出各种疑问,结合问题开展热烈的讨论和争议,能够发现更多的问题。

5.6 调 试

软件测试也是一个系统工程,在做测试时,需要先做测试计划和规格说明,然后设计测试用例,定义策略,最后将测试结果与预先给出的期望结果进行比较,再做评价分析。而软件调试则是在进行了成功的测试之后才开始的工作。它与软件测试不同,软件测试的目的是尽可能多地发现软件中的错误,但进一步诊断和改正程序中潜在的错误,则是调试的任务。

调试活动由以下两部分组成:

(1) 确定程序中可疑错误的确切性质和位置。

(2) 对程序(设计,编码)进行修改,排除这个错误。

通常,调试工作是一个具有很强技巧性的工作。一个软件工程人员在分析测试结果的时候会发现,软件运行失效或出现问题,往往只是潜在错误的外部表现,而外部表现与内在原因之间常常没有明显的联系。如果要找出真正的原因,排除潜在的错误,不是一件易事。因此,可以说,调试是通过现象,找出原因的一个思维分析的过程。

5.6.1 调试的步骤

调试的步骤包括以下几方面:

(1) 从错误的外部表现形式入手,确定程序中出错位置。

(2) 研究有关部分的程序,找出错误的内在原因。

(3) 修改设计和代码,以排除这个错误。

(4) 重复进行暴露了这个错误的原始测试或某些有关测试,以确认该错误是否被排除、是否引进了新的错误。

(5) 如果所做的修正无效,则撤销这次改动,重复上述过程,直到找到一个有效的解决办法为止。

从技术角度来看,查找错误的难度如下:

① 现象与原因所处的位置可能相距甚远。也就是说,现象可能出现在程序

的一个部位,而原因可能在离此很远的另一个位置。高耦合的程序结构中这种情况更为明显。

② 当纠正其他错误时,这一错误所表现出的现象可能会暂时消失,但并未实际排除。

③ 现象实际上是由一些非错误原因(如舍入得不精确)引起的。

④ 现象可能是由于一些不容易发现的人为错误引起的。

⑤ 错误是由于时序问题引起的,与处理过程无关。

⑥ 现象是由于难于精确再现的输入状态(如实时应用中输入顺序不确定)引起的。

⑦ 现象可能是周期出现的。在软、硬件结合的嵌入式系统中常常遇到。

5.6.2　常见调试方法

调试的关键在于推断程序内部的错误位置及原因。为此,可以采用以下方法:

1. 强行排错

这是目前使用较多、效率较低的调试方法。它不需要过多思考,比较省脑筋。例如:

(1)通过内存全部打印来排错(Memory Dump);

(2)在程序特定部位设置打印语句;

(3)自动调试工具。

可供利用的典型的语言功能有打印出语句执行的追踪信息、追踪子程序调用,以及指定变量的变化情况。自动调试工具的功能是:设置断点,当程序执行到某个特定的语句或某个特定的变量值改变时,程序暂停执行。程序员可在终端上观察程序此时的状态。

应用以上任意一种方法之前,都应当对错误的征兆进行全面彻底的分析,得出对出错位置及错误性质的推测,再使用一种适当的排错方法来检验推测的正确性。

2. 回溯法排错

这是在小程序中常用的一种有效的排错方法。一旦发现了错误,人们先分析错误征兆,确定最先发现"症状"的位置。然后,人工沿程序的控制流程,向回追踪源程序代码,直到找到错误根源或确定错误产生的范围。

回溯法对于小程序很有效,往往能把错误范围缩小到程序中的一小段代码;仔细分析这段代码不难确定出错的准确位置。但对于大程序,由于回溯的路径数目较多,回溯会变得很困难。

3. 归纳法排错

归纳法是一种从特殊推断一般的系统化思考方法。归纳法排错的基本思想是：从一些线索（错误征兆）着手，通过分析它们之间的关系来找出错误。

归纳法排错步骤大致分为以下四步：

（1）收集有关的数据。列出所有已知的测试用例和程序执行结果。看哪些输入数据的运行结果是正确的，哪些输入数据的运行结果有错误存在。

（2）组织数据。由于归纳法是从特殊到一般的推断过程，所以需要组织整理数据，以便发现规律。常用的构造线索的技术是"分类法"。

	Yes	No
What（列出一般现象）		
Where（说明发现现象的地点）		
When（列出现象发生时所有已知情况）		
How（说明现象的范围和量级）		

而在"Yes"和"No"这两列中，"Yes"描述了出现错误的现象的3W1H，"No"作为比较，描述了没有错误的现象的3W1H。通过分析，找出矛盾来。

（3）提出假设。分析线索之间的关系，利用在线索结构中观察到的矛盾现象，设计一个或多个关于出错原因的假设。如果一个假设也提不出来，归纳过程就需要收集更多的数据。此时，应当再设计与执行一些测试用例，以获得更多的数据。如果提出了许多假设，则首先选用最有可能成为出错原因的假设。

（4）证明假设。把假设与原始线索或数据进行比较，若它能完全解释一切现象，则假设得到证明；否则，就认为假设不合理，或不完全，或是存在多个错误，以至于只能消除部分错误。

4. 演绎法排错

演绎法是一种从一般原理或前提出发，经过排除和精化的过程来推导出结论的思考方法。演绎法排错是测试人员首先根据已有的测试用例，设想及枚举出所有可能出错的原因作为假设；然后再用原始测试数据或新的测试，从中逐个排除不可能正确的假设；最后，再用测试数据验证余下的假设确是出错的原因。

演绎法主要有以下四个步骤：

（1）列举所有可能出错原因的假设。把所有可能的错误原因列成表。它们不需要完全的解释，而仅仅是一些可能因素的假设。通过它们，可以组织、分析现有数据。

（2）利用已有的测试数据，排除不正确的假设。仔细分析已有的数据，寻找矛盾，力求排除前一步列出所有原因。如果所有原因都被排除了，则需要补充一些数据(测试用例),以建立新的假设;如果保留下来的假设多于一个,则选择可能性最大的原因做基本的假设。

(3)改进余下的假设。利用已知的线索,进一步改进余下的假设,使之更具体化,以便可以精确地确定出错位置。

(4)证明余下的假设。这一步极端重要,具体做法与归纳法的第(4)步相同。

5.6.3 调试原则

在调试方面,许多原则本质上是心理学方面的问题。因为调试由两部分组成,所以调试原则也分成两组。

1. 确定错误的性质和位置的原则

(1)用头脑去分析思考与错误征兆有关的信息。最有效的调试方法是用头脑分析与错误征兆有关的信息。一个能干的程序调试员应能做到不使用计算机就能够确定大部分错误。

(2)避开死胡同。如果程序调试员走进了死胡同,或者陷入了绝境,最好暂时把问题抛开,留到第二天再去考虑,或者向其他人讲解这个问题。事实上常有这种情形:向一个好的听众简单地描述这个问题时,不需要任何听讲者的提示,你自己会突然发现问题的所在。

(3)只把调试工具当做辅助手段来使用。利用调试工具,可以帮助思考,但不能代替思考。因为调试工具给你的是一种无规律的调试方法。实验证明,即使是对一个不熟悉的程序进行调试时,不用工具的人往往比使用工具的人更容易成功。

(4)避免用试探法,最多只能把它当做最后手段。初学调试的人最常犯的一个错误是想试试修改程序来解决问题。这还是一种碰运气的盲目的动作,它的成功机会很小,而且还常把新的错误带到问题中来。

2. 修改错误的原则

(1)在出现错误的地方,很可能还有别的错误。经验证明,错误有群集现象,当在某一程序段发现有错误时,在该程序段中还存在别的错误的概率也很高。因此,在修改一个错误时,还要查一下它的近邻,看是否还有别的错误。

(2)修改错误的一个常见失误是只修改了这个错误的征兆或这个错误的表现,而没有修改错误的本身。如果提出的修改不能解释与这个错误有关的全部线索,那就表明了只修改了错误的一部分。

(3)当心修正一个错误的同时有可能会引入新的错误。人们不仅需要注意不正确的修改,而且还要注意看起来是正确的修改可能会带来的副作用,即引进新的错误。因此,在修改了错误之后,必须进行回归测试,以确认是否引进了新的错误。

（4）修改错误的过程将迫使人们暂时回到程序设计阶段。修改错误也是程序设计的一种形式。一般说来，在程序设计阶段所使用的任何方法都可以应用到错误修正的过程中来。

（5）修改源代码程序，不要改变目标代码。

5.7　面向对象测试

对面向对象（OO）软件的类测试相当于传统软件的单元测试。和传统软件的单元测试往往关注模块的算法细节和模块接口间流动的数据不同，OO 软件的类测试是由封装在类中的操作和类的状态行为所驱动的。OO 软件测试的特点如下：

（1）因为属性和操作是被封装的，对类之外操作的测试通常是徒劳的。封装使对对象的状态快照难于获得。

（2）继承也给测试带来了难度，即使是彻底复用的，对每个新的使用语境也需要重新测试。

（3）多重继承更增加了需要测试的语境的数量，使测试进一步复杂化。如果从超类导出的测试用例被用于相同的问题域，有可能对超类导出的测试用例集可以用于子类的测试。然而，如果子类被用于完全不同的语境，则超类的测试用例将没有多大用途，必须设计新的测试用例集。

类测试一般有两种主要的方式：功能性测试和结构性测试，即对应于传统结构化软件的黑盒测试和白盒测试。

功能性测试以类的规格说明为基础，它主要检查类是否符合其规格说明的要求。例如，对于 Stack 类，即检查它的操作是否满足 LIFO 规则；结构性测试则从程序出发，它需要考虑其中的代码是否正确，同样是 Stack 类，就要检查其中代码是否动作正确且至少执行过一次。

5.7.1　面向对象测试概述

面向对象技术是一种全新的软件开发技术，正逐渐代替被广泛使用的面向过程开发方法，被看成是解决软件危机的新兴技术。面向对象技术产生更好的系统结构，更规范的编程风格，极大地优化了数据使用的安全性，提高了程序代码的重用，一些人就此认为面向对象技术开发出的程序无需进行测试。应该看到，尽管面向对象技术的基本思想保证了软件应该有更高的质量，但实际情况却并非如此，因为无论采用什么样的编程技术，编程人员的错误都是不可避免的，而且由于面向对象技术开发的软件代码重用率高,更需要严格测试,避免错误的繁衍。因此,软件测试并没有因面向对象编程的兴起而丧失掉它的重要性。

从 1982 年在美国北卡罗来纳大学召开首次软件测试的正式技术会议至今,软件测试理论迅速发展,并相应出现了各种软件测试方法,使软件测试技术得到了极大提高。然而,一度实践证明行之有效的软件测试对面向对象技术开发的软件多少显得有些力不从心。尤其是面向对象技术所独有的多态、继承、封装等新特点,产生了传统语言设计所不存在的错误可能性,或者使得传统软件测试中的重点不再显得突出,或者使原来测试经验认为和实践证明的次要方面成为了主要问题。例如:

在传统的面向过程程序中,对于函数

$y = Function(x)$;

只需要考虑一个函数(Function())的行为特点,而在面向对象程序中,不得不同时考虑基类函数(Base::Function())的行为和继承类函数(Derived::Function())的行为。

面向对象程序的结构不再是传统的功能模块结构,作为一个整体,原有集成测试所要求的逐步将开发的模块搭建在一起进行测试的方法已成为不可能。而且,面向对象软件抛弃了传统的开发模式,对每个开发阶段都有不同于以往的要求和结果,已经不可能用功能细化的观点来检测面向对象分析和设计的结果。因此,传统的测试模型对面向对象软件已经不再适用。针对面向对象软件的开发特点,应该有一种新的测试模型。

5.7.2 面向对象测试模型

面向对象的开发模型突破了传统的瀑布模型,将开发分为面向对象分析(OOA)、面向对象设计(OOD)和面向对象编程(OOP)三个阶段。分析阶段产生整个问题空间的抽象描述,在此基础上,进一步归纳出适用于面向对象编程语言的类和类结构,最后形成代码。由于面向对象的特点,采用这种开发模型能有效地将分析设计的文本或图表代码化,不断适应用户需求的变动。针对这种开发模型,结合传统的测试步骤的划分,本文建议用一种对整个软件开发过程中不断测试的测试模型,使开发阶段的测试与编码完成后的单元测试、集成测试、系统测试成为一个整体。

OOATest 和 OODTest 是对分析结果和设计结果的测试,主要是对分析设计产生的文本进行,是软件开发前期的关键性测试。OOPTest 主要针对编程风格和程序代码实现进行测试,其主要的测试内容在面向对象单元测试和面向对象集成测试中体现。面向对象单元测试是对程序内部具体单一的功能模块的测试,如果程序是用 C ++ 语言实现,主要就是对类成员函数的测试。面向对象单元测试是进行面向对象集成测试的基础。面向对象集成测试主要对系统内部的相互服务进行测试,如成员函数间的相互作用、类间的消息传递等。面向对象集成测试不但要基于面向对象单元测试,更要参见 OOD 或 OODTest 结果(详见后叙述)。面向对象系统测试是基于面向对象集成测试的最后阶段的测试,主要以用户需求为测试标准,需要借鉴 OOA 或 OOATest 结果。

5.7.3 面向对象分析的测试

传统的面向过程分析是一个功能分解的过程,是把一个系统看成可以分解的功能的集合。这种传统的功能分解分析法的着眼点在于一个系统需要什么样的信息处理方法和过程,以过程的抽象来对待系统的需要。而面向对象分析是"把 E - R 图和语义网络模型,即信息造型中的概念,与面向对象程序设计语言中的重要概念结合在一起而形成的分析方法",最后通常是得到问题空间的图表的形式描述。

OOA 直接映射问题空间,全面地将问题空间中实现功能的现实抽象化。将问题空间中的实例抽象为对象(不同于 C ++ 中的对象概念),用对象的结构反映问题空间的复杂实例和复杂关系,用属性和服务表示实例的特性和行为。对一个系统而言,与传统分析方法产生的结果相反,行为是相对稳定的,结构是相对不稳定的,这更充分反映了现实的特性。OOA 的结果是为后面阶段类的选定和实现、类层次结构的组织和实现提供平台。因此,OOA 对问题空间分析抽象的不完整,最终会影响软件的功能实现,导致软件开发后期大量可避免的修补工作;而一些冗余的对象或结构会影响类的选定、程序的整体结构或增加程序员不必要的工作量。因此,本文对 OOA 的测试重点在其完整性和冗余性。

尽管 OOA 的测试是一个不可分割的系统过程,为叙述方便,对 OOA 阶段的测试划分为以下五个方面:

(1) 对认定的对象的测试。

(2) 对认定的结构的测试。

(3) 对认定的主题的测试。

(4) 对定义的属性和实例关联的测试。

(5) 对定义的服务和消息关联的测试。

1. 对认定的对象的测试

OOA 中认定的对象是对问题空间中的结构、其他系统、设备、被记忆的事件、系统涉及的人员等实际实例的抽象。对它的测试可以从如下方面考虑:

(1) 认定的对象是否全面,是否问题空间中所有涉及到的实例都反映在认定的抽象对象中。

（2）认定的对象是否具有多个属性。只有一个属性的对象通常应看成其他对象的属性，而不是抽象为独立的对象。

（3）对认定为同一对象的实例是否有区别于其他实例的共同属性。

（4）对认定为同一对象的实例是否提供或需要相同的服务，如果服务随着不同的实例而变化，认定的对象就需要分解或利用继承性来分类表示。

（5）如果系统没有必要始终保持对象代表的实例的信息，提供或者得到关于它的服务，认定的对象也无必要。

（6）认定的对象的名称应该尽量准确、适用。

2. 对认定的结构的测试

在 Coad 方法中，认定的结构指的是多种对象的组织方式，用来反映问题空间中的复杂实例和复杂关系。认定的结构分为两种：分类结构和组装结构。分类结构体现了问题空间中实例的一般与特殊的关系，组装结构体现了问题空间中实例整体与局部的关系。

对认定的分类结构的测试可从如下方面着手：

（1）对于结构中的一种对象，尤其是处于高层的对象，是否在问题空间中含有不同于下一层对象的特殊可能性，即是否能派生出下一层对象。

（2）对于结构中的一种对象，尤其是处于同一低层的对象，是否能抽象出在现实中有意义的更一般的上层对象。

（3）对所有认定的对象，是否能在问题空间内向上层抽象出在现实中有意义的对象。

（4）高层的对象的特性是否完全体现下层的共性。

（5）低层的对象是否有高层特性基础上的特殊性。

对认定的组装结构的测试从如下方面入手：

（1）整体（对象）和部件（对象）的组装关系是否符合现实的关系。

（2）整体（对象）的部件（对象）是否在考虑的问题空间中有实际应用。

（3）整体（对象）中是否遗漏了反映在问题空间中有用的部件（对象）。

（4）部件（对象）是否能够在问题空间中组装新的有现实意义的整体（对象）。

3. 对认定的主题的测试

主题是在对象和结构的基础上更高一层的抽象，是为了提供 OOA 分析结果的可见性，如同文章对各部分内容的概要。对主题层的测试应该考虑以下方面：

（1）贯彻 GeorgeMiller 的"7 + 2"原则，如果主题个数超过 7 个，就要求对有较密切属性和服务的主题进行归并。

（2）主题所反映的一组对象和结构是否具有相同和相近的属性和服务。

（3）认定的主题是否是对象和结构更高层的抽象，是否便于理解 OOA 结果的概貌（尤其是对非技术人员的 OOA 结果读者）。

（4）主题间的消息联系（抽象）是否代表了主题所反映的对象和结构之间的所有关联。

4. 对定义的属性和实例关联的测试

属性是用来描述对象或结构所反映的实例的特性，而实例关联是反映实例集合间的映射关系。对属性和实例关联的测试从如下方面考虑：

（1）定义的属性是否对相应的对象和分类结构的每个现实实例都适用。

（2）定义的属性在现实世界是否与这种实例关系密切。

（3）定义的属性在问题空间是否与这种实例关系密切。

（4）定义的属性是否能够不依赖于其他属性被独立理解。

（5）定义的属性在分类结构中的位置是否恰当，低层对象的共有属性是否在上层对象属性体现。

（6）在问题空间中每个对象的属性是否定义完整。

（7）定义的实例关联是否符合现实。

（8）在问题空间中实例关联是否定义完整，特别需要注意1—多和多—多的实例关联。

5. 对定义的服务和消息关联的测试

定义的服务，就是定义的每一种对象和结构在问题空间所要求的行为。由于问题空间中实例间必要的通信，在 OOA 中相应需要定义消息关联。对定义的服务和消息关联的测试从如下方面进行：

（1）对象和结构在问题空间的不同状态是否定义了相应的服务。

（2）对象或结构所需要的服务是否都定义了相应的消息关联。

（3）定义的消息关联所指引的服务提供是否正确。

（4）沿着消息关联执行的线程是否合理，是否符合现实过程。

（5）定义的服务是否重复，是否定义了能够得到的服务。

5.7.4 面向对象设计的测试

通常的结构化的设计方法，用的是"面向作业的设计方法，它把系统分解以后，提出一组作业，这些作业是以过程实现系统的基础构造，把问题域的分析转化为求解域的设计，分析的结果是设计阶段的输入"。

而面向对象设计采用"造型的观点"，以 OOA 为基础归纳出类，并建立类结构或进一步构造成类库，实现分析结果对问题空间的抽象。OOD 归纳的类，可以是对象简单的延续,可以是不同对象的相同或相似的服务。由此可见,OOD 不是在 OOA 上的另一思维方式的大动干戈,而是 OOA 的进一步细化和更高层的抽象。所以,OOD 与 OOA 的界限通常是难以严格区分的。OOD 确定类和类结构不仅是满足当前需求分析的要求,更重要的是通过重新组合或加以适当的补充,能方便实现功能的重用和扩增,以不断适应用户的要求。因此,对 OOD 的测试,本文建议针对功能的实现和重用以及对 OOA 结果的拓展,从如下三方面考虑:

(1) 对认定的类的测试。

(2) 对构造的类层次结构的测试。

(3) 对类库的支持的测试。

1. 对认定的类的测试

OOD 认定的类可以是 OOA 中认定的对象,也可以是对象所需要的服务的抽象,对象所具有的属性的抽象。认定的类原则上应该尽量基础性,这样才便于维护和重用。测试认定的类如下:

(1) 是否含盖了 OOA 中所有认定的对象。

(2) 是否能体现 OOA 中定义的属性。

(3) 是否能实现 OOA 中定义的服务。

(4) 是否对应着一个含义明确的数据抽象。

(5) 是否尽可能少地依赖其他类。

(6) 类中的方法(C ++ :类的成员函数)是否单用途。

2. 对构造的类层次结构的测试

为能充分发挥面向对象的继承共享特性,OOD 的类层次结构,通常基于 OOA 中产生的分类结构的原则来组织,着重体现父类和子类间一般性和特殊性。在当前的问题空间,对类层次结构的主要要求是能在解空间构造实现全部功能的结构框架。为此,测试如下方面:

(1) 类层次结构是否含盖了所有定义的类。

(2) 是否能体现 OOA 中所定义的实例关联。

(3) 是否能实现 OOA 中所定义的消息关联。

(4) 子类是否具有父类没有的新特性。

(5) 子类间的共同特性是否完全在父类中得以体现。

3. 对类库支持的测试

对类库的支持虽然也属于类层次结构的组织问题,但其强调的重点是再次软件开发的重用。由于它并不直接影响当前软件的开发和功能实现,因此,将其单独提出来测试,也可作为对高质量类层次结构的评估。拟定测试点如下:

（1）一组子类中关于某种含义相同或基本相同的操作,是否有相同的接口（包括名字和参数表）。

（2）类中方法（C++:类的成员函数）功能是否较单纯,相应的代码行是否较少。

（3）类的层次结构是否是深度大、宽度小。

5.7.5　面向对象编程的测试

典型的面向对象程序具有继承、封装和多态的新特性,这使得传统的测试策略必须有所改变。封装是对数据的隐藏,外界只能通过被提供的操作来访问或修改数据,这样降低了数据被任意修改和读写的可能性,降低了传统程序中对数据非法操作的测试。继承是面向对象程序的重要特点,继承使得代码的重用率提高,同时也使错误传播的概率提高。继承使得传统测试遇见了这样一个难题:对继承的代码究竟应该怎样测试（参见面向对象单元测试）？多态使得面向对象程序对外呈现出强大的处理能力,但同时却使得程序内"同一"函数的行为复杂化,测试时不得不考虑不同类型具体执行的代码和产生的行为。

面向对象程序是把功能的实现分布在类中。能正确实现功能的类,通过消息传递来协同实现设计要求的功能。正是这种面向对象程序风格,将出现的错误能精确地确定在某一具体的类。因此,在面向对象编程阶段,忽略类功能实现的细则,将测试的目光集中在类功能的实现和相应的面向对象程序风格,主要体现为以下两个方面（假设编程使用C++语言）:

（1）数据成员是否满足数据封装的要求。

（2）类是否实现了要求的功能。

1.　数据成员是否满足数据封装的要求

数据封装是数据和数据有关的操作的集合。检查数据成员是否满足数据封装的要求,基本原则是数据成员是否被外界（数据成员所属的类或子类以外的调用）直接调用。更直观地说,当改变数据成员的结构时,是否影响了类的对外接口,是否会导致相应外界必须改动。值得注意的是,有时强制的类型转换会破坏数据的封装特性。

2.　类是否实现了要求的功能

类所实现的功能,都是通过类的成员函数执行。在测试类的功能实现时,应该首先保证类成员函数的正确性。单独地看待类的成员函数,与面向过程程序中的函数或过程没有本质区别,几乎所有传统的单元测试中所使用的方法,都可在面向对象的单元测试中使用。具体的测试方法在面向对象的单元测试中介绍。类函数成员的正确行为只是类能够实现要求的功能的基础,类成员函数间的作用和类之间的服务调用是单元测试无法确定的。因此,需要进行面向对象的集成测试。具体的测试方法在面向对象的集成测试中介绍。需要着重声明,测试类的功能,不能仅满足于代码能无错运行或被测试类能提供的功能无错,应该以所做的 OOD 结果为依据,检测类提供的功能是否满足设计的要求,是否有缺陷。必要时(如通过 OOD 检测仍不清楚明确的地方),还应该参照 OOA 的结果,以之为最终标准。

5.7.6　面向对象的单元测试

　　传统的单元测试是针对程序的函数、过程或完成某一定功能的程序块。沿用单元测试的概念,实际测试类成员函数。一些传统的测试方法在面向对象的单元测试中都可以使用,如等价类划分法、因果图法、边值分析法、逻辑覆盖法、路径分析法、程序插装法等。单元测试一般建议由程序员完成。

　　用于单元级测试进行的测试分析(提出相应的测试要求)和测试用例(选择适当的输入,达到测试要求),规模和难度等均远小于后面将介绍的对整个系统的测试分析和测试用例,而且强调对语句应该有 100% 的执行代码覆盖率。在设计测试用例选择输入数据时,可以基于以下两个假设:

　　(1) 如果函数(程序)对某一类输入中的一个数据正确执行,对同类中的其他输入也能正确执行。

　　(2) 如果函数(程序)对某一复杂度的输入正确执行,对更高复杂度的输入也能正确执行。例如,需要选择字符串作为输入时,基于本假设,就无需计较于字符串的长度。除非字符串的长度是要求固定的,如 IP 地址字符串。在面向对象程序中,类成员函数通常都很小,功能单一,函数间调用频繁,容易出现一些不易发现的错误。例如:

　　if($-1 = =$ write(fid , buffer , amount)) error_out( ) ;

　　该语句没有全面检查 write( ) 的返回值,无意中断然假设了只有数据被完全写入和没有写入两种情况。当测试也忽略了数据部分写入的情况,就给程序遗留了隐患。

　　按程序的设计,使用函数 strrchr( ) 查找最后的匹配字符,但程序中误写成了函数 strchr( ),使程序功能实现时查找的是第一个匹配字符。

　　程序中将 if(strncmp(str1 , str2 , strlen(str1))) 误写成了 if(strncmp(str1 , str2 , strlen(str2)))。如果测试用例中使用的数据 str1 和 str2 长度一样,就无法检测出来。

　　因此,在做测试分析和设计测试用例时,应该注意面向对象程序的这个特点,仔细地进行测试分析和设计测试用例,尤其是针对以函数返回值作为条件判

180

断选择、字符串操作等情况。

面向对象编程的特性使得对成员函数的测试,又不完全等同于传统的函数或过程测试。尤其是继承特性和多态特性,使子类继承或过载的父类成员函数出现了传统测试中未遇见的问题。BrianMarick 给出了两方面的考虑:

(1) 继承的成员函数是否都不需要测试。对父类中已经测试过的成员函数,两种情况需要在子类中重新测试:①继承的成员函数在子类中做了改动;②成员函数调用了改动过的成员函数的部分。例如:

假设父类 Bass 有两个成员函数:Inherited( )和 Redefined( ),子类 Derived 只对 Redefined( )做了改动。

Derived::Redefined( )显然需要重新测试。对于 Derived::Inherited( ),如果它有调用 Redefined( )的语句(如 x = x/Redefined( )),就需要重新测试,反之,无此必要。

(2) 对父类的测试是否能照搬到子类。援用上面的假设,Base::Redefined( )和 Derived::Redefined( )已经是不同的成员函数,它们有不同的服务说明和执行。对此,照理应该对 Derived::Redefined( )重新测试分析,设计测试用例。但由于面向对象的继承使得两个函数有相似点,故只需在 Base::Redefined( )的测试要求和测试用例上添加对 Derived::Redfined( )新的测试要求和增补相应的测试用例。例如:

Base::Redefined( )含有如下语句:

```
If(value <0) message("less");
else if(value = =0) message("equal");
else message("more");
Derived::Redfined()中定义为
If(value <0)message("less");
else if(value = =0) message("Itis equal");
else
{message("more");
if(value = =88) message("luck");}
```

在原有的测试上,对 Derived::Redfined( )的测试只需做如下改动:将 value ==0 的测试结果期望改动;增加 value ==88 的测试。

多态有几种不同的形式,如参数多态、包含多态、过载多态。包含多态和过载多态在面向对象语言中通常体现在子类与父类的继承关系,对这两种多态的测试参见上述对父类成员函数继承和过载的论述。包含多态虽然使成员函数的参数可有多种类型,但通常只是增加了测试的繁杂。对具有包含多态的成员函数测试时,只需要在原有的测试分析和基础上扩大测试用例中输入数据的类型的考虑。

5.7.7 面向对象的集成测试

传统的集成测试,是由底向上通过集成完成的功能模块进行测试,一般可以在部分程序编译完成的情况下进行。而对于面向对象程序,相互调用的功能是散布在程序的不同类中,类通过消息相互作用申请和提供服务。类的行为与它的状态密切相关,状态不仅仅是体现在类数据成员的值,也许还包括其他类中的状态信息。由此可见,类相互依赖极其紧密,根本无法在编译不完全的程序上对类进行测试。所以,面向对象的集成测试通常需要在整个程序编译完成后进行。此外,面向对象程序具有动态特性,程序的控制流往往无法确定,因此也只能对整个编译后的程序做基于黑盒子的集成测试。

面向对象的集成测试能够检测出相对独立的单元测试无法检测出的那些类相互作用时才会产生的错误。基于单元测试对成员函数行为正确性的保证,集成测试只关注于系统的结构和内部的相互作用。面向对象的集成测试可以分成两步进行:先进行静态测试,再进行动态测试。

静态测试主要针对程序的结构进行,检测程序结构是否符合设计要求。现在流行的一些测试软件都能提供一种称为"可逆性工程"的功能,即通过原程序得到类关系图和函数功能调用关系图,如 International Software Automation 公司的 Panorama – 2 for Windows95、Rational 公司的 Rose C ++ Analyzer 等,将"可逆性工程"得到的结果与 OOD 的结果相比较,检测程序结构和实现上是否有缺陷。换句话说,通过这种方法检测 OOP 是否达到了设计要求。

动态测试设计测试用例时,通常需要上述的功能调用结构图、类关系图或者实体关系图为参考,确定不需要被重复测试的部分,从而优化测试用例,减少测试工作量,使得进行的测试能够达到一定覆盖标准。测试所要达到的覆盖标准可以是:达到类所有的服务要求或服务提供的一定覆盖率;依据类间传递的消息,达到对所有执行线程的一定覆盖率;达到类的所有状态的一定覆盖率等。同时也可以考虑使用现有的一些测试工具来得到程序代码执行的覆盖率。

具体设计测试用例,可参考下列步骤:

(1) 先选定检测的类,参考 OOD 分析结果,仔细观察出类的状态和相应的行为,类或成员函数间传递的消息,输入或输出的界定等。

（2）确定覆盖标准。

（3）利用结构关系图确定待测类的所有关联。

（4）根据程序中类的对象构造测试用例，确认使用什么输入激发类的状态、使用类的服务和期望产生什么行为等。

值得注意的是，设计测试用例时，不但要设计确认类功能满足的输入，还应该有意识地设计一些被禁止的例子，确认类是否有不合法的行为产生，如发送与类状态不相适应的消息、要求不相适应的服务等。根据具体情况，动态的集成测试，有时也可以通过系统测试完成。

5.7.8　面向对象的系统测试

通过单元测试和集成测试，仅能保证软件开发的功能得以实现。但不能确认在实际运行时，它是否满足用户的需要，是否大量存在实际使用条件下会被诱发产生错误的隐患。为此，对完成开发的软件必须经过规范的系统测试。换个角度说，开发完成的软件仅仅是实际投入使用系统的一个组成部分，需要测试它与系统其他部分配套运行的表现，以保证在系统各部分协调工作的环境下也能正常工作。

系统测试应该尽量搭建与用户实际使用环境相同的测试平台，应该保证被测系统的完整性，对临时没有的系统设备部件，也应有相应的模拟手段。系统测试时，应该参考 OOA 分析的结果，对应描述的对象、属性和各种服务，检测软件是否能够完全"再现"问题空间。系统测试不仅是检测软件的整体行为表现，从另一个侧面看，也是对软件开发设计的再确认。

这里说的系统测试是对测试步骤的抽象描述。它体现的具体测试内容包括以下几方面：

（1）功能测试。测试是否满足开发要求，是否能够提供设计所描述的功能，是否用户的需求都得到满足。功能测试是系统测试最常用和必须的测试，通常还会以正式的软件说明书为测试标准。

（2）强度测试。测试系统的能力最高实际限度，即软件在一些超负荷的情况、功能实现情况。如要求软件某一行为的大量重复、输入大量的数据或大数值数据、对数据库大量复杂的查询等。

（3）性能测试。测试软件的运行性能。这种测试常常与强度测试结合进行，需要事先对被测软件提出性能指标，如传输连接的最长时限、传输的错误率、计算的精度、记录的精度、响应的时限和恢复时限等。

（4）安全测试。验证安装在系统内的保护机构确实能够对系统进行保护，使之不受各种非常的干扰。安全测试时需要设计一些测试用例试图突破系统的安全保密措施,检验系统是否有安全保密的漏洞。

(5)恢复测试。采用人工的干扰使软件出错,中断使用,检测系统的恢复能力,特别是通信系统。恢复测试时,应该参考性能测试的相关测试指标。

(6)可用性测试。测试用户是否能够满意使用。具体体现为操作是否方便,用户界面是否友好等。

(7)安装/卸载测试(install/uninstalltest)等。

系统测试需要对被测的软件结合需求分析做仔细的测试分析,建立测试用例。

5.8 测 试 工 具

软件测试工具是提高软件测试效率的重要手段,是软件理论和技术发展的重要标志,也是软件测试技术从实验室走向产业的重要标志。软件测试工具是伴随软件测试技术的发展而发展的。目前,应用比较广泛的软件测试工具有下列几种类型:

(1)测试设计工具。测试设计工具有助于准备测试输入或测试数据。测试设计工具包括逻辑设计工具和物理设计工具。逻辑设计工具涉及到说明、接口或代码逻辑,有时也叫做测试用例生成器。物理设计工具操作已有的数据或产生测试数据,如可以随机从数据库中抽取记录的工具就是物理设计工具、从说明中获取测试数据的工具就是逻辑设计工具。

(2)测试管理工具。测试管理工具是指帮助完成测试计划,跟踪测试运行结果等的工具。这类工具还包括有助于需求、设计、编码测试及缺陷跟踪的工具。其代表工具有 MI 公司的 Test Director、Rational 公司的 Test Manager、Compureware 公司的 TrackRecord 等。

(3)静态分析工具。静态分析工具直接对代码进行分析,不需要运行代码,也不需要对代码编译链接,生成可执行文件。静态分析工具一般是对代码进行语法扫描,找出不符合编码规范的地方,根据某种质量模型评价代码的质量,生成系统的调用关系图等。静态分析工具的代表有 Telelogic 公司的 Logiscope 软件、PR 公司的 PRQA 软件、Reasoning 公司的 Illuma 软件。

(4)动态分析工具。动态分析工具与静态分析工具不同,动态分析工具一般采用"插桩"的方式,向代码生成的可执行文件中插入一些监测代码,用来统计程序运行时的数据。与静态分析工具最大的不同就是,动态分析工具要求被测系统实际运行。其代表有 Compuware 公司的 DevPartner 软件、Rational 公司的 Purify 系列产品。

（5）覆盖测试工具。覆盖工具评估通过一系列的测试，测试软件被测试执行的程度。覆盖工具大量地用于单元测试中。例如，对于安全性要求高或与安全有关的系统，则要求的覆盖程度也较高。覆盖工具还可以度量设计层次结构，如调用树结构的覆盖率。如 Telelogic 公司的 TestChecker 测试软件。

（6）负载和性能测试工具。性能测试工具检测每个事件所需要的时间。例如，性能测试工具可以测定典型或负载条件下的响应时间。负载测试可以产生系统流量。例如，产生许多代表典型情况或最大情况下的事物。这种类型的测试工具用于容量和压力测试。专用于性能测试的工具有 Radview 公司的 Web-Load、Microsoft 公司的 WebStress，MI 公司的 LoadRunner 等工具。

（7）GUI 测试驱动和捕获/回放工具。这类测试工具可使测试自动执行，然后将测试输出结果与期望输出进行比较。此类测试工具可在任何层次中执行测试：单元测试、集成测试、系统测试或验收测试。捕获回放工具是目前使用的测试工具中最流行的一种。其代表有 Rational 公司的 TeamTest、Robot，Compuware 公司的 QACenter，MI 公司的 WinRunner 等。

（8）基于故障的测试工具。首先给出软件的故障模型，在此故障模型下，给出基于该故障模型的软件测试工具。这是目前一种有很好发展前景的软件测试工具。随着人们对软件故障认识的不断深入，软件的故障模型也会越来越完备，并更加符合实际。基于故障的软件测试工具有三个需要研究的问题：一是故障模型的准确程度；二是测试的准确程度；三是测试的自动化程度。目前，比较典型的是 Rational 公司的 C ++ 测试产品 C-Inspector。

5.9　软件测试技术的发展

软件测试技术是和程序联系在一起的，自从有了程序，也就有了软件测试。只不过是早期人们没有认识到这个问题罢了。

早在 20 世纪 50 年代，英国著名的计算机科学家图灵就曾给出了程序测试的原始定义：测试是正确性确认的实验方法的一种极端形式。但在这个时期，程序一般是比较简单的，控制类程序和计算类程序是主要的，程序的规模一般为几百行至几千行源代码。程序设计者、编程人员和程序测试者一般都是一个人，测试者可以简单地根据程序的功能对程序进行测试，并简单地根据结果的正确性来决定程序是否有错误。由于程序规模小，一般程序的正确性也不存在什么大的问题。

20 世纪 50 年代以后，随着高级语言的诞生和广泛应用，软件的规模急剧增大，就计算机科学本身来说，操作系统软件、编译软件等一般都在数万行源代码，而且由于这种软件一般都是计算机系统运行的核心,其正确性和可靠性的要求都比较高,传统程序设计的思想和软件不可靠性的矛盾日趋突出。于 70 年代诞生的软件工程技术是软件发展的里程碑,它在某种程度上缓解了这个矛盾,但没有从根本上解决问题。

20 世纪 70 年代中期以后,是软件测试技术发展的最活跃时期。Brooks 总结了开发 IBM OS/360 操作系统中的经验,在著名的《神秘的人—月》一书中阐明了软件测试在研制大系统中的重要意义。1975 年,美国的黄荣昌教授在论文中讨论了测试准则、测试过程、路径谓词、测试数据及其生成问题,首次全面系统地论述了软件测试的有关问题。Hetzel 在 1975 年整理出版了 *Program Test Methods* 一书,书中纵览了测试方法及各种自动测试工具,这是专题论述软件测试的第一本著作。Goodenough 和 Gerhart 首次提出了软件测试的理论,从而把软件测试这一实践性很强的学科提高到了理论的高度,被认为是测试技术发展过程中具有开创性的工作。此后不久,著名测试专家 Howden 指出了上述理论的缺陷,并进行了新的开创性工作。以后,Weyuker、Ostrand、Geller 和 Gerhart 等人进一步总结原有的测试理论并进一步加以完善,使软件测试成为有理论指导的实践性学科。

在软件测试理论迅速发展的同时,各种软件测试方法也应运而生。黄荣昌提出了程序插装测试技术;Howden 在路径分析的基础上,提出了系统功能测试和代数测试的概念;Howden、Clarke 和 Darringer 等人提出了符号测试方法,并建立了 DISSET 符号测试系统;Demillo 提出了程序变异测试方法;Osterweil 和 Fosdick 提出了数据流测试方法;White 和 Cohen 提出了域测试方法;Richardson 和 Clarke 提出了划分测试方法。总之,20 世纪 70 年代至 80 年代,是软件测试技术迅速发展的时期,数十种软件测试方法被提出,软件测试技术已迅速发展成为一个独立的学科。

但总体来看,20 世纪 70 年代至 80 年代,软件测试技术的研究主要是在理论上,实用的软件测试系统并不多见,少数的测试系统由于测试效率不高,也难以进入市场。

进入 20 世纪 90 年代,随着计算机技术的日趋普及,软件的应用范围逐步扩大,一些关系到国际民生的行业、关系到国家安全的重要部门已变得越来越依赖软件。软件的规模在大幅度扩大,软件的复杂性在大幅度提高,由于软件测试技术的发展远远落后于软件技术的发展,软件不可靠性的矛盾变得更加突出。因此,进入 90 年代,软件的质量与可靠性已引起了政府和社会的广泛重视,各种实用的软件测试系统不断涌现,软件测试产品也逐步进入市场,专门从事软件测试的公司也相继出现,这为保证软件的质量与可靠性奠定了重要基础。进入 2000

年以来,我国软件测试技术发展极为迅速,全国目前有 100 余家软件评测中心,软件测试的从业人员有数千人,2003 年软件测试的产值达到了数亿元人民币。

在软件测试技术的学术领域,1982 年,在美国北卡罗来纳大学召开了首届软件测试的正式学术会议,之后,该学术会议每两年召开一次,此外,国际上还有软件可靠性会议,从会议的规模和论文的数量与质量上看,从事软件测试技术的人员在大幅度增加。我国目前虽然没有专门的软件测试的学术组织,但目前在容错计算专业委员会的学术会议上、全国测试学术会议上都能收到大量的软件测试技术的学术论文。2004 年 8 月,在青海省西宁市召开了全国首届软件测试技术研讨会,2007 年,在昆明召开了第二届全国软件测试技术研讨会。

可以预测,在未来的时间里,软件测试技术与行业将会得到更快的发展,主要可能的表现包括软件测试理论更加完善、测试效率更加提高、更实用的软件测试系统将会大量出现、更多的专门从事软件测试与可靠性评估的公司将会诞生。

复习要点

1. 了解软件测试的目的和原则。
2. 了解软件错误的分类。
3. 了解软件测试的过程和策略。
4. 了解软件测试用例设计的方法,掌握逻辑覆盖、基本路径测试、因果图等测试用例设计方法。
5. 了解程序静态测试的方法。
6. 了解程序调试的概念。
7. 了解面向对象的软件测试方法。

练 习 题

1. 叙述基本概念:黑盒测试、白盒测试、面向对象测试、测试用例。
2. 叙述项目测试的阶段划分。
3. 叙述常用的代码调试方法。
4. 叙述等价类分析方法的原理。

第6章　军用软件维护

随着武器装备跨越式的发展和作战需求的不断提高,装备中软件的规模和数量在不断增加,军用软件无论在作战指挥还是在后勤保障等方面都发挥着越来越重要的作用,软件的"核心地位"和"神经中枢"作用日益突出。同时,军用软件的广泛应用也对软件的维护提出了更高、更严格的要求,是保证信息化武器装备战斗力的关键。

6.1　软件维护的概念

软件的生存期包括制定计划、需求分析、设计、程序编码、测试及运行维护等阶段。维护阶段是整个软件生存周期中花时间最多、工作量最大、费用最高的阶段,是软件工程的一个极其重要的环节。

6.1.1　软件维护的定义

软件维护是指软件产品交付使用后,为纠正错误、改进性能或其他属性或使产品适应改变了的环境而进行的修改活动。对正在运行的软件提出维护要求的原因很多,主要分为以下三大类:第一类是改正在特定的使用条件下暴露出来的一些潜在的程序错误或设计缺陷;第二类是在使用过程中,需要修改软件以适应数据环境或处理环境发生的变化;第三类是在使用时,用户提出增加新的功能以及改善总体性能的要求而进行的软件修改。

软件维护活动所花费的工作量可以占整个软件生存期总工作量的70%以上,如图6-1所示。这是因为软件产品不同于其他产品,在漫长的运行使用过程中,软件需要不断地修改发现的错误、适应新的环境和用户需求、增加新的功

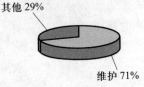

其他 29%

维护 71%

图6-1　维护占软件生存期工作量比例

能,因此要不断地对软件进行修改。这些修改往往需要花费大量时间和精力,而且有时还会引入新的错误。同时,软件维护技术不像开发技术那样成熟、规范化,因而消耗工作量就比较多。

6.1.2 软件维护的类型

依据不同的维护原因,可以对软件维护进行分类,即可以分为改正性维护、适应性维护、完善性维护和预防性维护4种维护类型。

改正性维护用于纠正软件开发阶段产生而在软件测试和验收过程中没有发现的错误。主要内容包括改正软件相关的各类错误,即软件设计错误、程序错误、数据错误和文档错误。

适应性维护是为适应软件运行环境的改变而进行的修改。环境改变的主要内容包括:影响系统的规则或规律的变化;硬件配置的变化,如机型、终端、外部设备的改变等;数据格式或文件结构的改变,以及软件支持环境的改变,如操作系统、编译器或实用程序的变化等。

完善性维护是为扩充软件功能或改善性能而进行的修改,是软件维护工作的主要部分。修改的方式包括新增、删除、扩充和增强等。主要内容包括:为扩充和增强功能而作的修改,如扩展软件范围、优化算法等;为改善性能而作的修改,如提高运行速度、节省存储空间等;为便于维护而作的修改,如为了改进易读性而增加一些注释以及相关图文说明等。

预防性维护是在问题发生之前,为防止问题的发生所进行的修改。这类维护的特点是并没有实际发生过这类问题,要详细地分析和说明维护的原因及预期结果。如在吸取其他软件的经验教训的基础上或对其他发生过问题"举一反三"后,为预防问题的发生对软件进行的修改;为改进软件的可维护性或可靠性,或者为了给未来的改进奠定更好的基础而修改软件,如采用逆向工程与再造工程等先进技术修改或重构已有的系统,产生一个新版本。

四类软件维护各自所占的比例如图6-2所示,从图中可以看出,预防性维护所占的比例很小,而完善性维护占几乎一半的工作量。

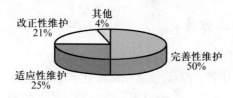

图6-2 各类维护所占比例

6.1.3 软件维护的策略

针对 3 种典型的维护,James Martin 等提出了一些策略,以控制维护成本。

1. 改正性维护

要生成100%可靠的软件成本太高,不一定合算。但通过使用新技术,可大大提高可靠性,减少进行改正性维护的需要。这些技术包括数据库管理系统、软件开发环境、程序自动生成系统、较高级(第四代)的语言。应用以下 4 种方法也可产生更加可靠的代码。

(1) 利用应用软件包,可开发出比由用户完全自己开发的系统可靠性更高的软件。

(2) 结构化技术,用它开发的软件易于理解和测试。

(3) 防错性程序设计。把自检能力引入程序,通过非正常状态的检查,提供审查跟踪。

(4) 通过周期性维护审查,在形成维护问题之前就可确定质量缺陷。

2. 适应性维护

这一类的维护不可避免,但可以控制。

(1) 在配置管理时,把硬件、操作系统和其他相关环境因素的可能变化考虑在内,可以减少某些适应性维护的工作量。

(2) 把与硬件、操作系统,以及其他外围设备有关的程序归到特定的程序模块中。可把因环境变化而必须修改的程序局限于某些程序模块之中。

(3) 使用内部程序列表、外部文件,以及处理的例行程序包,可为维护时修改程序提供方便。

3. 完善性维护

利用前两类维护中列举的方法,也可以减少这一类维护。特别是数据库管理系统、程序生成器、应用软件包,可减少系统或程序员的维护工作量。

此外,建立软件系统的原型,把它在实际系统开发之前提供给用户。用户通过研究原型,进一步完善他们的功能要求,就可以减少以后完善性维护的需要。

6.1.4 软件维护工作量

维护工作包括生产性活动和非生产性活动。生产性活动包括分析和评价、设计修改和实现;非生产性活动包括理解源代码的功能、判明数据结构、接口特性以及性能界限等。下述公式给出了一种维护工作量的模型,即

$$M = P + Ke^{c-d}$$

式中:M 是维护中的总工作量;P 是生产性工作量;K 是经验常数;c 是缺乏好的

设计和文档而导致复杂性的度量;d 是对软件的熟悉程度。

该模型表明,如果软件的开发方法不正确,生产性工作量 P 将增加,导致维护中的总工作量增加;如果软件开发人员没有采用软件工程的方法进行开发,并且没有参与软件的维护,则维护人员对软件的熟悉程度 d 将降低,维护中的总工作量将成指数增加。

6.2 软件维护的组织和过程

6.2.1 软件维护的组织

为了有效地进行软件维护,应事先就开始做组织工作。

第一,建立维护的机构。除了较大的软件开发公司外,在软件维护工作方面,不要求建立一个正式的维护机构,但是要在在开发部门确立一个非正式的维护机构。维护的机构如图 6-3 所示。

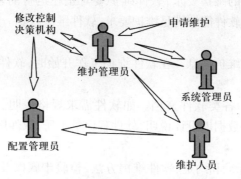

图 6-3 维护的机构

第二,申明提出维护申请报告的过程及评价的过程。每个维护申请通过维护管理员转给系统管理员,由系统管理员对维护申请进行分析,对可能引起的软件修改进行评估,并向修改控制决策机构报告,由它决定是否进行修改。一旦做出评价,由修改负责人确定如何进行修改。由维护人员按照维护计划进行修改。在修改程序的过程中,由配置管理员严格把关,控制修改的范围,对软件配置进行审计。在维护之前,就把责任明确下来,可以减少维护过程中的混乱。

第三,为每一个维护申请规定标准的处理步骤。由申请维护的用户填写维护申请报告或称软件问题报告,用户必须完整地说明产生错误的情况,包括输入数据、错误清单以及其他有关材料。如果申请的是适应性维护或完善性维护,用户必须提出一份修改说明书,列出所有希望的修改。

维护申请报告将由维护管理员和系统管理员来研究处理,并相应地做出软件修改报告,指明所需修改的性质、申请修改的优先级、为满足某个维护申请报告所需的工作量及预计修改后的状况。软件修改报告应提交修改负责人,经批准后才能开始进一步安排维护工作。

尽管维护申请的类型不同,但维护的技术工作都包括修改软件需求说明、修改软件设计、设计评审、对源程序做必要的修改、单元测试、集成测试(回归测试)、确认测试和软件配置评审等工作。

第四,建立维护活动的登记制度以及规定评价和评审的标准。维护档案记录维护申请报告的名称、维护类型、维护开始时间和维护结束时间、每次修改所付出的"人时"数、修改程序增加及减少的源程序语句条数等信息。维护档案记录得全面、详细,将为评价维护活动提供一些相关的数据。在每次软件维护任务完成后进行情况评审,对将来的维护工作如何进行会产生重要的影响。

6.2.2 软件维护的过程

根据用户提出的维护要求,软件维护要对正在运行的软件进行各种修改。为了使得修改后的软件能够满足维护要求,软件维护需要一定的工作流程,具体步骤如下:

(1)收集软件维护信息。在软件维护工作开始时,软件维护人员应收集下列软件维护信息:

① 开发阶段的各类软件文档。如软件需求规格说明、接口需求和设计文档、软件设计文档、数据库设计说明、软件程序员手册、软件用户手册和软件测试报告等有关文档。

② 程序编制标准和约定、软件维护方法、检验步骤以及软件维护时的特殊要求。

③ 软件功能、设计思想和方法、程序结构、关键模块接口及软件维护历史等。

④ 用户提供的软件问题报告单,其他形式的用户意见。

⑤ 其他软件维护信息,如软件维护工具的可用情况,软件本身的可理解性、可测试性、可更动性等。

这些维护信息的收集,为维护计划的制定提供了基本素材。

(2)确定软件维护类型。软件维护人员应全面、准确地理解软件的功能和目标,程序的内部结构和程序的操作要求,根据用户提供的软件问题报告,进行软件维护分析,确定修改的需求和软件维护类型。

(3)软件维护申请与审批。

① 软件维护申请。申请软件维护时,应向软件维护主管提交软件更动申

请、软件问题报告单和附加报告。对于纠错性维护,应完整地说明产生错误的情况,附上软件运行时产生的有关资料。对于适应性维护,应说明更动前后运行环境的变化。对于完善性维护,应说明更动前后软件功能或性能的变化。对于预防性维护,应说明维护的原因及预期结果。

② 软件维护审批。软件维护主管负责审批软件维护申请,软件维护审批工作的步骤如下:

步骤1:软件维护主管指定软件维护管理员对软件维护申请报告进行分析,以确定可否批准。如不能批准,则应说明原因,退回软件维护申请报告;如被批准,软件维护主管将指定软件维护管理员收集与报告有关的信息,分析、评价报告,拟定软件维护方案。

步骤2:软件维护管理员向软件维护主管和软件维护管理机构提出软件维护方案。软件维护方案的内容主要是:确定软件维护类型,估计更动的工作量和时间,实现更动需要的人员,运行新系统所需附加的计算机资源及其利用率,更动需要的费用,更动带来的影响(如对程序整体性、设计兼容性、程序结构标准化和软件操作的影响)等。

步骤3:软件维护主管与软件维护管理机构讨论软件维护管理员拟定的软件维护方案,估计更动带来的影响,确定软件维护任务的优先级,组成软件维护小组并指定负责人,拟定初步计划交软件维护小组完成软件维护任务。

(4) 软件维护计划与实施。

① 软件维护计划。软件维护小组根据软件维护管理机构提供的初步计划和实际情况,制定具体的软件维护计划,主要内容包括软件维护任务的范围、软件维护所需资源、软件维护要求、软件维护经费预算、软件维护进度安排、软件维护支持条件。软件维护计划经软件维护管理机构报软件维护主管批准后开始执行。软件维护计划如需要修改,应经软件维护主管同意。

② 软件维护实施。软件维护工作分为需求分析、设计、实现、测试等步骤。在软件维护阶段应做好软件维护记录。修改后的软件应进行"回归测试"。修改工作结束后,软件维护人员应编写软件维护记录和软件文档修改清单,并同软件问题报告、软件维护申请和软件维护计划一起作为软件文档保存。

(5) 软件复查、回归测试、评审与验收。

① 软件复查。软件修改后,为满足系统需求和软件维护申请的全部要求,应进行软件维护复查,验证所作的更动是否正确,重新确认整个软件。

软件复查的内容包括:软件维护申请的全部要求是否得到满足;是否对原版本和软件问题报告进行了认真分析和处理;设计是否有缺陷,是否符合易维护性要求;是否考虑了其他可供选择的方案;更动结果与系统的其他部分或其他用户是否发生冲突;新版本是否与原版本在设计、程序编制标准和约定等方面保持一致;按照软件文档修改清单,检查有关文档是否作了相应的修改,是否与程序相符;软件更动部分是否遵守有关标准规范;是否广泛向用户征求过意见;软件维护记录是否真实、细致、无遗漏。

② 回归测试。软件修改后,应对被修改的软件进行回归测试。

③ 软件维护评审。在软件维护实施过程中,应对需求分析、设计和管理等方面的工作进行评审。

④ 软件维护验收。软件经过修改产生新版本时,应该进行验收。

6.3 程序修改的步骤和修改的副作用

6.3.1 程序修改的步骤

在软件维护的实施过程中,对源程序的修改分为三个步骤,即理解现有程序、修改现有程序和重新验证程序。

1. 理解现有程序

(1) 理解程序的功能和目标。

(2) 掌握程序的结构信息,即从程序中细分出若干结构成分,如程序系统结构、控制结构、数据结构和输入/输出结构等。

(3) 了解数据流信息,即涉及到的数据来源何处,在哪里被使用。

(4) 了解控制流信息,即执行每条路径的结果。

(5) 理解程序的操作(使用)要求。

2. 修改现有程序

对程序的修改,必须事先做出计划,有预谋地、周密有效地实施修改。

首先,要设计程序的修改计划。程序的修改计划要考虑人员和资源的安排。小的修改可以不需要详细的计划,而对于需要耗时数月的修改,就需要计划立案。

其次,修改代码,以适应变化。在修改时,要谨慎地修改程序,尽量保持程序的风格及格式,要在程序清单上注明改动的指令,在修改过程中做好修改的详细记录。

3. 重新验证程序

在将修改后的程序提交用户之前,需要进行充分的确认和测试,以保证整个修改后程序的正确性。

(1) 静态确认。修改软件,伴随着引起新的错误的危险。为了能够做出正确的判断,验证修改后的程序至少需要两个人参加。

(2) 计算机确认。在进行了以上确认的基础上,用计算机对修改程序进行确认测试。

① 确认测试顺序。先对修改部分进行测试,然后隔离修改部分,测试程序的未修改部分,最后再把它们集成起来进行测试。这种测试称为回归测试。

② 准备标准的测试用例。

③ 充分利用软件工具帮助重新验证过程。

④ 在重新确认过程中,需邀请用户参加。

(3) 维护后的验收——在交付新软件之前,维护主管部门要检验。

① 全部文档是否完备,并已更新。

② 所有测试用例和测试结果已经正确记载。

③ 记录软件配置所有副本的工作已经完成。

④ 维护工序和责任已经确定。

6.3.2 修改程序的副作用

副作用是指因修改软件而造成的错误或其他不希望发生的情况。副作用有三种,即修改代码的副作用、修改数据的副作用、文档的副作用。

(1) 修改代码的副作用。在修改源代码时,都可能引入错误。例如,删除或修改一个子程序、删除或修改一个标号、删除或修改一个标识符、改变程序代码的时序关系、改变占用存储的大小、改变逻辑运算符、修改文件的打开或关闭、改进程序的执行效率,以及把设计上的改变翻译成代码的改变时,都容易引入错误。

(2) 修改数据的副作用。数据副作用就是修改软件信息结构导致的结果。在修改数据结构时,有可能造成软件设计与数据结构不匹配,因而导致软件出错。容易导致设计与数据不相容的错误可以有重新定义局部的或全局的常量、重新定义记录或文件的格式;增大或减小一个数组或高层数据结构的大小;修改全局或公共数据;重新初始化控制标志或指针;重新排列输入/输出或子程序的参数等。数据副作用可以通过交叉引用表加以控制,通过把数据元素、记录、文件和其他结构联系起来,能够发现修改数据的副作用。

(3) 文档的副作用。对于用户来说,软件是看不见、摸不着的,只有通过软件文档他们才能了解软件和使用软件。因此,对数据流、软件结构、模块逻辑或任何其他有关特性进行修改时,必须对相关技术文档进行相应修改,否则会导致文档与程序功能不匹配,默认条件改变,新错误信息不正确等错误。使得软件文档不能反映软件的当前状态。

如果对可执行软件的修改不反映在文档里,就会产生文档的副作用。如对交互输入的顺序或格式进行修改,如果没有正确地记入文档中,就可能引起重大的问题;过时的文档内容、索引和文本可能造成冲突,引起用户不满。因此,必须在软件交付之前对整个软件配置进行评审,以减少文档的副作用。

为了控制因修改而引起的副作用,要做到:按模块把修改分组;自顶向下地安排被修改模块的顺序;每次修改一个模块;对于每个修改了的模块,在安排修改下一个模块之前,要确定这个修改的副作用。可以使用交叉引用表、存储映像表、执行流程跟踪等检查由修改引起的副作用。

6.4　软件可维护性

6.4.1　软件可维护性的定义

软件可维护性,是指纠正软件系统出现的错误和缺陷,以及为满足新的要求进行修改、扩充或压缩的容易程度。可维护性、可使用性、可靠性是衡量软件质量的几个主要质量特性,也是用户十分关心的几个方面。可惜的是,影响软件质量的这些重要因素,目前尚没有对它们定量度量的普遍适用的方法。但是就它们的概念和内涵来说则是很明确的。

软件的可维护性是软件开发阶段各个时期的关键目标。

目前,广泛使用的是用如下的七个特性来衡量程序的可维护性。而且对于不同类型的维护,这七种特性的侧重点也不相同。表6-1列出了在各类维护中应侧重哪些特性。图中的"√"表示需要的特性。

表6-1　在各类维护中的侧重点

	改正性维护	适应性维护	完善性维护
可理解性	√		
可测试性	√		
可修改性	√	√	
可靠性	√		
可移植性		√	
可使用性		√	√
效率			√

上面所列举的这些质量特性通常体现在软件产品的许多方面,为使每一个质量特性都达到预定的要求,需要在软件开发的各个阶段采取相应的措施加以保证。因此,软件的可维护性是产品投入运行以前各阶段面向上述各质量特性

要求进行开发的最终结果。

6.4.2 提高可维护性的方法

1. 建立明确的软件质量目标和优先级

一个可维护的程序应是可理解的、可靠的、可测试的、可修改的、可移植的、效率高的、可使用的。但要实现所有的目标,需要付出很大的代价,而且也不一定行得通。因为某些质量特性是相互促进的,如可理解性和可测试性、可理解性和可修改性。但另一些质量特性却是相互抵触的,如效率和可移植性、效率和可修改性等。因此,尽管可维护性要求每一种质量特性都要得到满足,但它们的相对重要性应随程序的用途及计算环境的不同而不同。所以,应当对程序的质量特性,在提出目标的同时还必须规定它们的优先级。这样有助于提高软件的质量,并对软件生存期的费用产生很大的影响。

2. 使用提高软件质量的技术和工具

(1)模块化。模块化是软件开发过程中提高软件质量、降低成本的有效方法之一,也是提高可维护性的有效的技术。它的优点是如果需要改变某个模块的功能,则只要改变这个模块,对其他模块影响很小;如果需要增加程序的某些功能,则仅需增加完成这些功能的新的模块或模块层;程序的测试与重复测试比较容易;程序错误易于定位和纠正;容易提高程序效率。

(2)结构化程序设计。结构化程序设计不仅使得模块结构标准化,而且将模块间的相互作用也标准化了,因而把模块化又向前推进了一步。采用结构化程序设计可以获得良好的程序结构。

(3)使用结构化程序设计技术,提高现有系统的可维护性。

① 采用备用件的方法。当要修改某一个模块时,用一个新的结构良好的模块替换掉整个模块。这种方法要求了解所替换模块的外部(接口)特性,可以不了解其内部工作情况。它有利于减少新的错误,并提供了一个用结构化模块逐步替换掉非结构化模块的机会。

② 采用自动重建结构和重新格式化的工具(结构更新技术)。这种方法采用如代码评价程序、重定格式程序、结构化工具等自动软件工具,把非结构化代码转换成良好结构代码。

③ 改进现有程序的不完善的文档。改进和补充文档的目的是为了提高程序的可理解性,以提高可维护性。

④ 使用结构化程序设计方法实现新的子系统。

⑤ 采用结构化小组程序设计的思想和结构文档工具。软件开发过程中,建立主程序员小组,实现严格的组织化结构,强调规范,明确领导以及职能分工,能

够改善通信、提高程序生产率;在检查程序质量时,采取有组织分工的结构普查,分工合作,各尽其职,能够有效地实施质量检查。同样,在软件维护过程中,维护小组也可以采取与主程序员小组和结构普查类似的方式,以保证程序的质量。

3. 进行明确的质量保证审查

质量保证审查对于获得和维持软件的质量是一个很有用的技术。除了保证软件得到适当的质量外,审查还可以用来检测在开发和维护阶段内发生的质量变化。一旦检测出问题来,就可以采取措施来纠正,以控制不断增长的软件维护成本,延长软件系统的有效生命期。

为了保证软件的可维护性,有四种类型的软件审查。

(1) 在检查点进行复审。保证软件质量的最佳方法是在软件开发的最初阶段就把质量要求考虑进去,并在开发过程每一阶段的终点,设置检查点进行检查。检查的目的是要证实已开发的软件是否符合标准,是否满足规定的质量需求。在不同的检查点,检查的重点不完全相同,如图 6 - 4 所示。

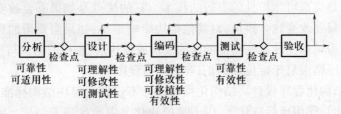

图 6 - 4 软件开发期间各个检查点的检查重点

(2) 验收检查。验收检查是一个特殊的检查点的检查,是交付使用前的最后一次检查,是软件投入运行之前保证可维护性的最后机会。它实际上是验收测试的一部分,只不过它是从维护的角度提出验收的条件和标准。

(3) 周期性地维护审查。软件在运行期间,为了纠正新发现的错误或缺陷,为了适应计算环境的变化,为了响应用户新的需求,必须进行修改。因此,会导致软件质量有变坏的危险,可能产生新的错误,破坏程序概念的完整性。因此,必须像硬件的定期检查一样,每月一次,或两个月一次,对软件做周期性的维护审查,以跟踪软件质量的变化。周期性维护审查实际上是开发阶段检查点复查的继续,并且采用的检查方法、检查内容都是相同的。为了便于用户进行运行管理,适时提供维护工具以及有关信息是很重要的。

维护审查的结果可以同以前的维护审查的结果,以及以前的验收检查的结果和检查点检查的结果相比较,任何一种改变都表明在软件质量上或其他类型的问题上可能起了变化。对于改变的原因应当进行分析。例如,如果使用的是

复杂性度量标准,则应当随机地选择少量模块,再次测量其复杂性。如果新的复杂性值大于以前的值,则可能:

① 是软件可维护性退化的征兆;

② 预示将来维护该系统需要更多的维护工作量;

③ 表明修改太仓促,没有考虑到要保持系统的完整性;

④ 是软件的文档化工具以及维护人员的专业知识不足所造成的。

反之,若复杂性值减小,则表明软件质量是稳定的。

（4）对软件包进行检查。软件包是一种标准化了的、可为不同单位及不同用户使用的软件。软件包卖主考虑到他的专利权,一般不会提供给用户他的源代码和程序文档。因此,对软件包的维护采取以下方法。使用单位的维护人员首先要仔细分析、研究卖主提供的用户手册、操作手册、培训教程、新版本说明、计算机环境要求书、未来特性表,以及卖方提供的验收测试报告等,在此基础上,深入了解本单位的希望和要求,编制软件包的检验程序。该检验程序检查软件包程序所执行的功能是否与用户的要求和条件相一致。为了建立这个程序,维护人员可以利用卖方提供的验收测试实例,还可以自己重新设计新的测试实例。根据测试结果,检查和验证软件包的参数或控制结构,以完成软件包的维护。

4. 选择可维护的程序设计语言

程序设计语言的选择,对程序的可维护性影响很大(图 6-5)。

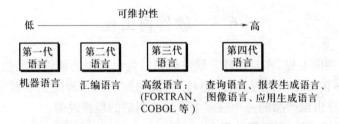

图 6-5　程序设计语言对可维护性的影响

低级语言,即机器语言和汇编语言,很难理解和掌握,因此很难维护。高级语言比低级语言容易理解,具有更好的可维护性。但同是高级语言,可理解的难易程度也不一样。第四代语言,如查询语言、图形语言、报表生成器、非常高级的语言等,有的是过程化的语言,有的是非过程化的语言。不论是哪种语言,编制出的程序都容易理解和修改,而且,其产生的指令条数可能要比 COBOL 语言或用 PL/1 语言编制出的少一个数量级,开发速度快许多倍。有些非过程化的第四代语言,用户不需要指出实现的算法,仅需向编译程序或解释程序提出自己的要求,由编译程序或解释程序自己做出实现用户要求的智能假设,如自动选择报表格式、选择字符类型和图形显示方式等。总之,从维护角度来看,第四代语言比其他语言更容易维护。

5. 改进程序的文档

程序文档是对程序总目标、程序各组成部分之间的关系、程序设计策略、程序实现过程的历史数据等的说明和补充。程序文档对提高程序的可理解性有着重要作用。即使是一个十分简单的程序,要想有效地、高效率地维护它,也需要编制文档来解释其目的及任务。而对于程序维护人员来说,要想对程序编制人员的意图重新改造,并对今后变化的可能性进行估计,缺了文档也是不行的。因此,为了维护程序,人们必须阅读和理解文档。

好的文档是建立可维护性的基本条件。它的作用和意义有以下三点:

(1)文档好的程序比没有文档的程序容易操作,因为它增加了程序的可读性和可使用性。但不正确的文档比根本没有文档要坏得多。

(2)好的文档意味着简洁、风格一致且易于更新。

(3)程序应当成为其自身的文档。也就是说,在程序中应插入注释,以提高程序的可理解性,并以移行、空行等明显的视觉组织来突出程序的控制结构。如果程序越长、越复杂,则它对文档的需要就越迫切。

另外,在软件维护阶段,利用历史文档,可以大大简化维护工作。历史文档有三种:系统开发日志;错误记载;系统维护日志。

6.5 软件再工程

术语"逆向工程"来自硬件。硬件公司对竞争对手的硬件产品进行分解,了解竞争对手在设计和制造上的"隐秘"。成功的逆向工程应当通过考察产品的实际样品,导出该产品的一个或多个设计与制造的规格说明。

1. 逆向工程与再工程的概念

软件的逆向工程是完全类似的。但是,要做逆向工程的程序一般是自己的程序,有些是在多年以前开发出来的。这些程序没有规格说明,对它们的了解很模糊。因此,软件的逆向工程是分析程序,力图在比源代码更高抽象层次上建立程序表示的过程。逆向工程是设计恢复的过程。逆向工程工具可以从已存在程序中抽取数据结构、体系结构和程序设计信息。

再工程不仅能从已存在的程序中重新获得设计信息,而且还能使用这些信息来改建或重构现有的系统,以改进它的综合质量。一般软件人员利用再工程重新实现已存在的程序,同时加进新的功能或改善它的性能。

为了执行预防性维护,软件开发组织必须选择在最近的将来可能变更的程序,做好变更它们的准备。逆向工程和再工程可用于执行这种维护任务。

2. 逆向工程

逆向工程就好像是一个魔术管道。把一个非结构化的无文档的源代码或目标代码清单喂入管道,则从管道的另一端出来计算机软件的全部文档。逆向工程可以从源代码或目标代码中提取设计信息,其中抽象的层次、文档的完全性、工具与人的交互程度,以及过程的方法都是重要的因素,如图6-6所示。

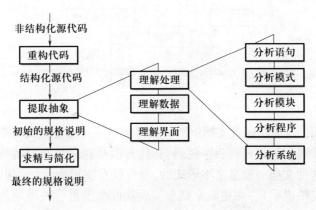

图6-6　逆向工程过程

逆向工程的抽象层次和用来产生它的工具提交的设计信息是原来设计的赝品,它是从源代码或目标代码中提取出来的。理想情况是抽象层次尽可能高,也就是说,逆向工程过程应当能够导出过程性设计的表示(最低层抽象)、程序和数据结构信息(低层抽象)、数据和控制流模型(中层抽象)和实体联系模型(高层抽象)。随着抽象层次的增加,可以给软件工程师提供更多的信息,使得理解程序更容易。

逆向工程的文档完全性给出了一个抽象层次所能提供细节的详细程度。在多数情况下,文档完全性随着抽象层次的增加而减少。例如,给出一个源代码清单,可利用它得到比较完全的过程性设计表示;可能还能得到简单的数据流表示;但要得到完全的数据流图则比较困难。

如果逆向工程过程的方向只有一条路,则从源代码或目标代码中提取的所有信息都将提供给软件工程师。他们可以用来进行维护活动。如果方向有两条路,则信息将反馈给再工程工具,以便重新构造或重新生成老的程序。

3. 软件再工程

再工程组合了逆向工程的分析和设计抽象的特点,具有对程序数据、体系结构和逻辑的重构能力。执行重构可生成一个设计,它产生与原来程序相同的功能,但具有比原来程序更高的质量。

实现软件再工程的技术包括改进软件、理解软件、获取及保护和扩充软件的已有知识。

(1) 改进软件。

① 软件重构。软件重构是对软件进行修改,使其易于理解或易于维护。重构,意味着变更源代码的控制结构,它是实现再工程全面自动化的第一步。软件重构的示意图参看图 6-7。

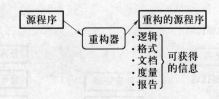

图 6-7　软件重构示意图

② 文档重写、加注释及文档更新。软件文档重写是要生成更新的校正了的软件信息。重写代码是要将程序代码、其他文档及程序员知识转换成更新了的代码文档。这种文档一般是文本形式的,但可以有图形表示(包括嵌入的注释、设计和程序规格说明)。用更新文档来实现软件改进是一种早期的软件再工程方法,程序员可以通过嵌入的注释了解程序的功能。文档重写的示意图参见图 6-8。

图 6-8　文档重写示意图

③ 复用工程。复用工程的目的是将软件修改成可复用的。通常的做法是:首先寻找软件部件,然后将其改造并放入复用库中。开发新的应用时,可从复用库中选取可复用的构件,实现复用。利用再工程实现复用的过程如图 6-9所示。

④ 重分模块。重分模块时要变更系统的模块结构,这项工作有赖于对系统构件特性分析和模块耦合性的度量值。

⑤ 数据再工程。数据再工程是为了改善系统的数据组织,使得数据模式可

202

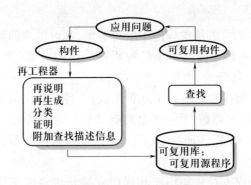

图6-9 利用再工程实现软件复用的过程

以辨认和更新。它往往是其他任务（如将数据迁移到其他数据库管理系统）的前期工作。

⑥ 业务过程再工程。现在的趋势是,使软件去适应业务而不是让业务去适应软件。经验表明,生产率的显著提高有时可能来自在软件帮助下对业务过程所做的自动的重新思考。这种思考可能会导致新的软件设计,新的设计可以成为软件系统再工程、演化的基础。

⑦ 可维护性分析、业务量分析和经济分析。可维护性分析对于寻找出系统的哪些部分需要再工程十分有用。一般来讲,大多数维护工作往往集中在系统的少数模块。这些部分对于维护成本有着最为强烈的初始冲击。

（2）理解软件。

① 浏览。利用文本编辑器来浏览软件是最早的理解软件的手段。近年来,浏览方法已大有改进,利用超文本,可以在鼠标的帮助下,提供多种视图。另一种重要的浏览手段是交叉索引。

② 分析与度量。这也是理解程序特性（如复杂性）的重要方法。软件度量问题已受到软件界的广泛关注。与再工程相关的技术是程序分片、控制流复杂性度量及耦合性度量等。

③ 逆向工程与设计恢复。这两者有相同的含义,都是从另外的途径取得软件信息。这一方法已被人们普遍采用,但用其确定某些设计信息（如设计说明）仍有风险。目前,广泛应用的逆向工程是从源程序产生软件设计的结构图或数据流图。

（3）获取、保护和扩充软件的已有知识。

① 程序分解。利用程序分解从程序中找出对象和关系,并将它们存入信息库。而对象和关系一般用于分析、度量以及进一步对信息实施分析和提取。不是直接对源程序实现分解可以节省利用工具进行程序语法分析和生成对象和关

203

系的工作量。

② 对象恢复。它可以从源程序中取得对象,这可以帮助我们用面向对象的方法来观察以前的一些非面向对象的源程序。面向对象(类、继承、方法、抽象数据类型等)可能是部分的,也可能是全部的。

③ 程序理解。程序理解有以下几种形式:一种是程序员用手工的或自动的方式获得对软件的较好理解;另一种是将有关编程的信息保存起来,再利用这些信息找到编程知识的实例。理解是否正确,需要由软件与编程知识库中信息相匹配的程度决定。

④ 知识库和程序变换。知识库和程序变换是许多再工程技术的基础。变换在程序图上和存于知识库的对象图上进行。为开发新的再工程工具,基于对象的、针对再工程工具的变换结构正在受到广泛关注。

复习要点

1. 了解软件维护的类型与策略。
2. 了解软件维护的过程与管理方法。
3. 了解可维护性的概念。
4. 了解提高可维护性的方法。
5. 了解软件逆向工程与再工程的概念

练习题

1. 为什么软件需要维护?维护有哪几种类型?简述它们的维护过程。
2. 改正性维护与"排错"是否是一回事?为什么?
3. 什么是程序修改的副作用?程序修改的副作用有哪几种?试举例说明。
4. 讨论高级语言对适应性维护的影响。使程序适应新的环境是可能的吗?
5. 在软件计划中是否应该把维护费用计划在内?实际情况如何?

第 7 章　军用软件质量

伴随着计算机科学和电子、信息技术的飞速发展,人类战争已经进入信息化战争时代。信息化战争突出强调的是联合作战能力和武器本身效能的提高。而军用软件在提升这些能力方面扮演着重要的角色,军用软件的质量直接影响着军事装备的作战效能的发挥,所以确保军用软件质量是科研人员在军事装备系统研制过程中所关注的头等大事。

改进软件质量是个系统化工程,需要从人、过程和技术等角度着手。软件质量提升也不仅仅依赖于测试活动,测试是事后的质量保证和纠正行为,而且实施测试的宗旨是为了标识系统中的问题,而不是为了证明系统不存在问题。目前的质量控制实践已经从事后控制,逐渐迁移到事中和事前控制,关注人、过程和技术的协调配合,而不再仅仅依赖技术和工具。

本章简单分析军用软件质量管理工作目前存在的问题,接着阐述软件质量的一般概念、质量模型、常见的质量保证体系和方法,以及一般性的质量保证活动。

7.1　软件质量概述

7.1.1　软件质量带来的问题

因软件质量问题给社会带来的危害越来越严重。软件从业者都知道,任何一个产品开发出来后,都可能存在大大小小的缺陷(Bug),轻则影响用户的正常使用,重则导致系统崩溃,甚至人命关天。

1983 年,苏联导弹预警系统软件故障差点导致第三次世界大战。9 点,计算机预警系统发出美国向苏联实施核进攻的警报,美国人向我们发射核武器了。错误警报的发出完全是由计算机的故障造成的,计算机在这起事故中,充当了挑起核战争的罪魁祸首。

1998 年,美国发射的火星气候探测器因导航系统单位不同而被毁。令人难以接受的是,一群最优秀的航天科学家居然犯了这样一个中学生才会犯的低级错误:弄错了单位从而导致耗资 1.25 亿美元的火星气候轨道探测器烧毁。这一事件被评为1999年度最重大的科学失误。

1996年,欧洲航天局"阿丽亚娜"5型火箭发射40秒后火箭爆炸,发射基地2名法国士兵当场死亡,历时9年的航天计划严重受挫,整个国际宇航界为之震惊。爆炸原因在于惯性导航系统软件技术和设计的小失误。

2007年,美国12架F-16战机执行从夏威夷飞往日本的任务中,因计算机系统编码中犯了一个小错误,导致飞机上的全球定位系统纷纷失灵,一架战机"折戟沉沙"。

1999年至2000年,"千年虫"问题更是一个典型的软件设计的质量问题。"千年虫"问题的根源始于20世纪60年代。当时,计算机存储器的成本很高,如果用四位数字表示年份,就要多占用存储器空间,就会使成本增加,因此为了节省存储空间,计算机系统的编程人员采用两位数字表示年份。随着计算机技术的迅猛发展,虽然后来存储器的价格降低了,但在计算机系统中使用两位数字来表示年份的做法却由于思维上的惯性势力而被沿袭下来,年复一年,直到新世纪即将来临之际,大家才突然意识到用两位数字表示年份将无法正确辨识公元2000年及其以后的年份。1997年,信息界开始拉起了"千年虫"警钟,并很快引起了全球关注。

7.1.2 软件质量的问题根源

F. Brook在著名的《人月神话》一书中说到:没有任何技术或管理上的进展,能够独立地许诺10年内使生产率、可靠性或简洁性获得数量级上的进步。这个结论确实令人备受挫折,但是事实证明这个结论的正确性。

Brook在他的论文中总结了为什么软件质量难以保证,原因在于软件本身的内在特性:复杂度、一致性、可变性和不可见性。

1. 复杂度

软件实体可能比任何由人类创造的其他实体要复杂,因为没有任何两个软件部分是相同的(至少是在语句的级别)。如果有相同的情况,会把它们合并成供调用的子函数。在这个方面,软件系统与计算机、建筑或者汽车大不相同,后者往往存在着大量重复的部分。数字计算机本身就比人类建造的大多数东西复杂。计算机拥有大量的状态,这使得构思、描述和测试都非常困难。软件系统的状态又比计算机系统状态多若干个数量级。同样,软件实体的扩展也不仅仅是相同元素重复添加,而必须是不同元素实体的添加。大多数情况下,这些元素以非线性递增的方式交互,因此整个软件的复杂度以更大的非线性级数增长。

2. 一致性

软件产品扎根于文化的母体中,如各种应用、用户、自然及社会规律、计算机硬件等。后者持续不断地变化着，这些变化无情地强迫着软件随之变化。

　　并不是只有软件工程师才面对复杂问题。物理学家甚至在非常"基础"的级别上，面对异常复杂的事物。不过，物理学家坚信必定存在着某种通用原理，或者在夸克中，或者在统一场论中。爱因斯坦曾不断地重申自然界一定存在着简化的解释，因为上帝不是专横武断或反复无常的。软件工程师却无法从类似的信念中获得安慰，他必须控制的很多复杂度是随心所欲、毫无规则可言的，来自若干必须遵循的人为惯例和系统。它们随接口的不同而改变，随时间的推移而变化，而且，这些变化不是必需的，仅仅由于它们是不同的人——而非上帝——设计的结果。

　　某些情况下，因为是开发最新的软件，所以它必须遵循各种接口。另一些情况下，软件的开发目标就是兼容性。在上述的所有情况中，很多复杂性来自保持与其他接口的一致，对软件的任何再设计，都无法简化这些复杂特性。

3. 可变性

　　软件实体经常会遭受到持续的变更压力。当然，建筑、汽车、计算机也是如此。不过，工业制造的产品在出厂之后不会经常发生修改，它们会被后续模型所取代，或者必要更改会被整合到具有相同基本设计的后续产品系列。汽车的更改十分罕见，计算机的现场调整时有发生。然而，它们和软件的现场修改比起来，都要少很多。其中部分的原因是因为系统中的软件包含了很多功能，而功能是最容易感受变更压力的部分。另外的原因是因为软件可以很容易地进行修改——它是纯粹思维活动的产物，可以无限扩展。日常生活中，建筑有可能发生变化，但众所周知，建筑修改的成本很高，从而打消了那些想提出修改的人的念头。

　　所有成功的软件都会发生变更。现实工作中，经常发生两种情况。当人们发现软件很有用时，会在原有应用范围的边界，或者在超越边界的情况下使用软件。功能扩展的压力主要来自那些喜欢基本功能，又对软件提出了很多新用法的用户。

　　其次，软件一定是在某种计算机硬件平台上开发，成功软件的生命期通常比当初的计算机硬件平台要长。即使不是更换计算机，则有可能是换新型号的磁盘、显示器或者打印机。软件必须与各种新生事物保持一致。

4. 不可见性

　　软件是不可见的和无法可视化的。例如，几何抽象是强大的工具。建筑平面图能帮助建筑师和客户一起评估空间布局、进出的运输流量和各个角度的视觉效果。这样，矛盾变得突出，忽略的地方变得明显。同样，机械制图、化学分子模型尽管是抽象模型，但都起了相同的作用。总之，都可以通过几何抽象来捕获物理存在的几何特性。软件的客观存在不具有空间的形体特征。因此,没有已有的表达方式,就像陆地海洋有地图、硅片有膜片图、计算机有电路图一样。当试图用图形来描述软件结构时,发现它不仅仅包含一个,而是很多相互关联、重叠在一起的图形。这些图形可能描绘控制流程、数据流、依赖关系、时间序列、名字空间的相互关系等。它们通常不是有较少层次的扁平结构。实际上,在上述结构上建立概念控制的一种方法是强制将关联分割,直到可以层次化一个或多个图形。除去软件结构上的限制和简化方面的进展,软件仍然保持着无法可视化的固有特性,从而剥夺了一些具有强大功能的概念工具的构造思路。这种缺憾不仅限制了个人的设计过程,也严重地阻碍了相互之间的交流。

7.1.3 军用软件质量管理现状

随着军事装备体系化、复杂化、高技术化趋势的日益显著,各类军用软件的使用越来越广泛,结构也越来越复杂。对武器装备所起的作用,军用软件已不再是硬件的附属物,已经成为与硬件并列的、独立的技术状态管理项目。军用软件要求具有很高的可靠性、可维护性和安全性,以保证最大限度地发挥系统的整体作战效能。因此,军用软件开发中必须采用有效的手段和工具进行软件的质量保证活动,以支持开发人员在最短的时间内,用最小的费用开发高质量的软件,满足应用需求,同时减少维护费用。

但是,在国内由于受多种因素的影响和制约,军用软件的质量和可靠性问题一直没有引起人们足够的重视。软件在开发、设计阶段缺乏严格的需求分析和评审;在调试、验收阶段,由于缺乏科学的测试手段也无法对软件进行必要的测试;在使用、维护阶段,不能严格按照软件配置进行管理,造成软件在生命周期中,存在着更改随意性大、质量难控制的问题。这些都不可避免地造成了软件的技术状态混乱,给部队的使用和维护工作带来了困难,影响了部队战斗力的提高。下面简单总结军用软件质量管理存在的一些不足之处。

1. 承制方尚未建立完善的软件质量保证体系

现在,虽然已经建立基本的军用软件质量体系标准,如 GJB 9001A—2001等,但是实施程度较差。在现阶段,军事科研软件的开发大多集中于军队直属单位中,大多是院校、科研所及相关部门。参与软件开发单位一般较多,但单位内部没有建立较为完善的软件质量保证体系。由于质量体系的不完善导致了软件开发过程缺乏行之有效的管理和监督,软件的质量保证工作基本上是由软件开发者自身完成的。而实践已经证明,采用这种方法开发软件是无法保证产品质量的。

2. 军方尚未有效参与软件需求定义

软件需求是度量软件质量的基础,不符合需求的软件就不具备质量。但当前的型号研制中,军用软件需求定义阶段缺少军方的有效参与,设计人员无法全面、准确地理解和定义装备的作战使用需求,同时对军用软件隐含的需求(如软件的可维护性)重视不够,导致在后续工作中软件修改、返工频繁,不但影响了软件研制进度,而且一些质量问题和缺陷也带进了后面阶段的工作中,软件质量难以保证。

3. 软件测试不够充分

目前,军用软件承制方多数没有建立专门的软件测试组,而是在软件开发的各阶段主要由开发人员采取自测和互测相结合的方式。由于软件开发人员任务重,他们在测试上不可能花费很多时间,容易走过场,致使测试的作用和可信度大大降低,一些隐含的错误和缺陷被遗留到软件产品交付投入运行阶段。

4. 文档在软件质量保证中的作用尚未引起足够的重视

软件文档是计算机软件产品中不可缺少的一部分,它关系到系统能否有效运行、开发和维护,是保证软件质量的一个重要手段,它主要体现在文档本身的可追溯性和可改进性。但是,在实际工作中,文档的形成过程是一项艰苦、枯燥的劳动,人们常常忽视它,致使文档的编制和管理存在着许多亟待解决的问题。一是软件开发人员对文档编制不感兴趣,编制不及时;二是软件文档格式不规范,内容不完整,可读性差;三是文档审核、管理把关不严,未经许可随意更改的现象比较普遍。这些问题导致了软件透明度低,可维护性差。

7.2　软件质量概念

软件质量如此重要,又难以有效改进,那么,究竟什么是软件质量呢?软件质量通常被理解为合乎规格说明、满足用户需求,以及文档和代码中包含尽量少的缺陷。软件质量建立于一般产品质量管理概念和理论基础之上,既具有一般产品的公共质量特性,又有软件自身的特点。要对"软件质量"概念和相关的质量保证活动有全面的理解,必须首先从一般的产品概念角度出发,再分析软件质量所蕴含的特殊含义或者特征。软件质量与传统意义上的质量概念并无本质差别,只是在某些方面更加强调软件特性。

7.2.1　软件质量常见概念

目前,对软件质量的定义比较多,尚未有一个统一和绝对权威的定义。下面是几个有代表性的软件质量定义。

ISO8402 术语规定:质量是"反映实体满足明确或者隐含需要的能力的特性总和"。软件质量是"对用户在功能和性能方面需求的满足、对规定的标准和规范的遵循,以及正轨软件某些公认的应该具有的本质"。

ANSI/IEEESTD729—1983 定义软件质量为"与软件产品满足规定的和隐含的需求的能力有关的特征或特性的全体"。

SW - CMM 对软件质量的定义如下:

(1) 一个系统、组件或者过程复合特定需求的程度;

(2) 一个系统、组件或者过程复合客户或者用户的要求或者期望的程度。

RUP 从三个维度来定义软件质量定义:

(1) 功能(Functionality)。按照既定意图和要求,执行指定用例的能力。

(2) 可靠性(Reliability)。软件坚固性和可靠性(防故障能力,如防止崩溃、内存丢失等能力)、资源利用率、代码完整性,以及技术兼容性等。健壮性和有效性有时可看成是可靠性的一部分。

(3) 性能(Performance)。用来衡量系统占用系统资源(CPU 时间、内存)和系统响应、表现的状态。

除上述标准对软件质量做出严格规范的科学定义之外,很多专家学者也在文献中提出自己对软件质量的理解。Pressman 把软件质量定义为明确声明的功能与特性需求、明确文档的开发标准,以及专业人员开发的软件所应该具有的隐含特征都应该得到满足,他提出的软件质量包含三方面:

(1) 软件需求是度量软件质量的基础。不符合需求的软件就不具备质量。

(2) 在各种标准中定义了一些开发准则,用来指导软件人员用工程化的方法来开发软件。如果不遵守这些开发准则,软件质量就得不到保证。

(3) 往往会有一些隐含的需求没有明确地提出来。例如,软件应具备良好的可维护性。如果软件只满足那些精确定义了的需求,而没有满足这些隐含的需求,软件质量也不能保证。

M. J. Fisher 把软件质量定义为"所有描述计算机软件优秀程度的特性的组合"。也就是说,为满足软件的各项精确定义的功能、性能需求,符合文档化的开发标准,需要相应地给出或设计一些质量特性及其组合,作为在软件开发与维护中的重要考虑因素。如果这些质量特性及其组合都能在产品中得到满足,则这个软件产品质量就是高的。

7.2.2 软件产品质量和过程质量

软件质量的定义是非常广泛的,既包括软件产品自身的质量属性的保证,又对生产过程的质量控制提出要求。关于这一点,从 Pressman 的质量定义中可以看出来。

随着过程运动的开展,大家逐渐认识到良好的规范化软件过程对最终软件质量和产品质量的重要程度,也认识到只关注最终产品质量并不能保证组织能够交付高质量产品,因为软件产品是执行多个软件开发过程的结果。

基于改进软件开发过程的质量可以实现高质量软件产品的直观认识,出现了很多过程改进模型和评估标准,最著名的是 CMM/CMMI/TSP/PSP、ISO/IEC15504(SPICE)、Bootstrap、Trillium,以及 ISO9001 系列等。Bootstrap 和 SPICE 是 CMM 的变种。

CMM/CMMI 致力于提升软件组织的整体过程能力,以便于能够始终一致和可预测地生产高质量产品。这个模型定义 5 个成熟度等级,使用成熟度调查表来辅助评估组织的如下方面:组织和资源管理、软件工程过程及其管理、工具和技术。本模型可以帮助标识组织过程的薄弱环节,并提供改善指南。

ISO9001/9000 - 3 是软件开发、部署和维护的质量保证模型。ISO9001 的长处是其质量体系过程。ISO9001 的大多数基本实践可以对应到 CMM 第 2 级和第 3 级。

CMMI 连续式表示、ISO/IEC15504(SPICE)和 Bootstrap 等模型注重对过程域的定义和能力评估,使用 6 个能力等级(编号从 0 到 5,分别是未完成级、已执行级、已管理级、已定义级、定量管理级和优化级)来指定每个过程域中过程改进的能力等级。

过程改进和过程质量研究是一个很艰巨的任务,主要原因是我们的目标对象是个概念,而不是一个实物。上述这些模型和标准都是面向整个组织层面的,目的是提高组织的能力,其前提假设是高成熟度组织只要配备合适的过程就能产生高质量的软件产品。

CMM/CMMI 模型从过程度量角度,提出软件过程应该关注 5 个方面,可以假定就是定义软件过程的质量属性。

(1)性能。过程执行中有关质量、成本和时间等相关的可度量属性。

(2)稳定性。过程能够按照期望运行吗?

(3)依从性。组织能否遵循过程规范和过程模型?

(4)能力性。过程能否生产满足需求的产品?过程的性能能够满足组织的需求吗?

(5)改进性。如何改进过程的性能?如何减少可变性?如何知道所实施的改进活动正常发挥作用?

美国 Joint Logistics Cmmanders Joint Groupon Systems Engineering 从过程度量角度,提出 6 个度量领域:进度、资源和成本、稳定性、产品质量、开发性能,以及技术完备性等,但是没有对每个度量属性进一步细化。

Software Engineering 第 8 版对过程特性进行了归纳和总结。

（1）可理解性。过程能够被理解、学习和使用的容易程度。

（2）可见性。过程执行活动的可见程度。

（3）支持性。CASE 工具支持项目执行的能力。

（4）可接受性。所定义过程被负责开发软件产品的工程师的接受和使用程度。

（5）可靠性。过程错误在导致产品错误之前是否能够避免和消除。

（6）鲁棒性。在出现非预测问题时,过程是否可以继续执行。

（7）可维护性。过程是否可以改进,以反映组织需求变更。

（8）及时性。目标系统从规范到完成的速度有多快。

7.3　软件质量模型

软件质量特性反映了软件的本质。讨论一个软件的质量,问题最终要归结到定义软件的质量特性。而定义一个软件的质量,就等价于为该软件定义一系列质量特性。

人们通常把影响软件质量的特性用软件质量模型来描述。质量模型是指提供声明质量需求和评价质量基础的特性以及特性之间的关系的集合。换句话说,质量模型是用来描述质量需求以及对质量进行评价的理论基础。不同的质量观有相应的质量特征和标准,并建立质量模型,提出评价度量方法,如 McCall 软件质量模型与 Boehm 软件质量模型和度量。

这些质量模型的共同特点是:把软件质量特性定义成分层模型。最基本的叫做基本质量特性,它可以由一些子质量特性定义和度量。子质量特性在必要时又可由它的一些子质量特性定义和度量。

7.3.1　Boehm 软件质量模型

1976 年,著名软件工程专家 Boehm 等提出定量的评价软件质量的模型。他们把软件产品的质量分为三个方面:可移植性、可使用性、可维护性,从而实现对软件质量的总体评价。Boehm 模型分为三个层次:软件质量要素、软件质量评价准则、软件质量度量。

1. 软件质量要素

Boehm 第 1 层包含 6 个软件质量要素,分别如下:

（1）功能性。软件所实现的功能满足用户需求的程度。功能性反映了所开发的软件满足用户陈述或隐含的需求的程度,即用户要求的功能是否全部实现了。

（2）可靠性。在规定的时间和条件下,软件所能维持其性能水平的程度。可靠性对某些软件是重要的质量要求,它除了反映软件满足用户需求正常运行的程度外,还反映了在故障发生时能继续运行的程度。

（3）易使用性。对于一个软件,用户学习、操作、准备输入和理解输出时,所做努力的程度。易使用性反映了与用户的友善性,即用户在使用本软件时是否方便。

（4）效率。在指定的条件下,用软件实现某种功能所需的计算机资源（包括时间）的有效程度。效率反映了在完成功能要求时,有没有浪费资源,此外,"资源"这个术语有比较广泛的含义,它包括了内存、外存的使用,通道能力及处理时间。

（5）可维护性。在一个可运行软件中,为了满足用户需求、环境改变或软件错误发生时,进行相应修改所做的努力程度。可维护性反映了在用户需求改变或软件环境发生变更时,对软件系统进行相应修改的容易程度。一个易于维护的软件系统也是一个易理解、易测试和易修改的软件,以便纠正或增加新的功能,或允许在不同软件环境上进行操作。

（6）可移植性。从一个计算机系统或环境转移到另一个计算机系统或环境的容易程度。

2. 软件质量评价准则

Boehm 第 2 层包含 22 个软件质量评价准则,分别如下:

（1）精确性。在计算和输出时所需精度的软件属性。

（2）健壮性。在发生意外时,能继续执行和恢复系统的软件属性。

（3）安全性。防止软件受到意外或蓄意的存取、使用、修改、毁坏或泄密的软件属性。

（4）其他还包括通信有效性、处理有效性、设备有效性、可操作性、培训性、完备性、一致性、可追踪性、可见性、硬件系统无关性、软件系统无关性、可扩充性、公用性、模块性、清晰性、自描述性、简单性、结构性、产品文件完备性。

软件质量评价准则的一定组合将反映某一软件质量要素。

3. Boehm 第 3 层:软件质量度量

根据软件的需求分析、概要设计、详细设计、实现、组装测试、确认测试和维护与使用 7 个阶段,制定了针对每一个阶段的问卷表,以此实现软件开发过程的质量控制。

对于企业来说,不管是定制还是外购软件后的二次开发,了解和监控软件开发过程每一个环节的进展情况、产品水平都是至关重要的,因为软件质量的高低,很大程度上取决于用户的参与程度。

应用 Boehm 模型进行软件质量评价要注意以下几方面:

(1)对于不同类型的软件(如系统软件、控制软件、管理软件、CAD 软件、教育软件、网络软件)及不同规模的软件,对质量要求、评价准则、度量问题的侧重点有所不同应加以区别。

应用环境特性	需要考虑的要素
生存期长	可移植性、可维护性
实时系统	可靠性、效率
要在不同的环境中使用	可移植性
在银行系统中使用	可靠性、功能性

(2)在需求分析、概要设计、详细设计及其实现阶段,主要评价软件需求是否完备,设计是否完全反映了需求以及编码是否简洁、清晰。而且,每一个阶段都存在一份特定的度量工作表,它由特定的度量元素组成,根据度量元素的得分就可逐步得到度量准则及质量要素的得分,并在此基础上做出评价。

(3)对软件各阶段都进行质量度量的根本目的是以此控制软件成本、开发进度,改善软件开发的效率和质量。

7.3.2 McCall 质量模型

1979 年,McCall 等人改进 Boehm 质量模型,提出一种新的软件质量模型。模型包括质量要素、准则和度量三个层次,如图 7 - 1 所示。

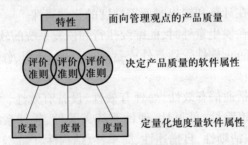

图 7 - 1　McCall 质量度量模型

在该质量模型中,质量概念基于 11 个特性之上,而这 11 个特性分别面向软件产品的运行、修正、转移。它们与特性的关系如图 7 - 2 所示。McCall 等人认为,特性是软件质量的反映,软件属性可用做评价准则,定量化地量软件属性可知软件质量的优劣。

McCall 等人的质量特性定义如表 7 - 1 所列。

214

图 7-2　McCall 软件质量模型

表 7-1　McCall 质量特性

正确性	在预定环境下,软件满足设计规格说明及用户预期目标的程度。它要求软件本身没有错误
可靠性	软件按照设计要求,在规定时间和条件下不出故障,持续运行的程度
效率	为了完成预定功能,软件系统所需的计算机资源的多少
完整性	为某一目的而保护数据,避免它受到偶然的或有意的破坏、改动或遗失的能力
可使用性	对于一个软件系统,用户学习、使用软件及为程序准备输入和解释输出所需工作量的大小
可维护性	为满足用户新的要求,或当环境发生了变化,或运行中发现了新的错误时,对一个已投入运行的软件进行相应诊断和修改所需工作量的大小
可测试性	测试软件以确保其能够执行预定功能所需工作量的大小
灵活性	修改或改进一个已投入运行的软件所需工作量的大小
可移植性	将一个软件系统从一个计算机系统或环境移植到另一个计算机系统或环境中运行时所需工作量的大小
可复用性	一个软件(或软件的部件)能再次用于其他应用(该应用的功能与此软件或软件部件的所完成的功能有关)的程度
互连性	又称相互操作性。连接一个软件和其他系统所需工作量的大小。如果这个软件要联网或与其他系统通信或要把其他系统纳入到自己的控制之下,必须有系统间的接口,使之可以连接

　　对以上 11 个质量特性直接进行度量是很困难的,有些情况下甚至是不可能的。因此,McCall 定义了一些评价准则,使用它们对反映质量特性的软件属性分级,以此来估计软件质量特性的值。

　　定义评价准则的关键是确定影响软件质量要素的属性。这些属性必须满足以下条件:

　　(1) 比较完整、准确地描述软件质量要素。

　　(2) 比较容易量化和测量,能够反映软件质量的优劣。

　　软件属性一般分级范围从 0(最低)到 10(最高)。

McCall 定义的软件质量要素评价准则共 21 个,如表 7-2 中定义。

表 7-2　McCall 评价准则

评价准则	描　　述
可审查性	检查软件需求、规格说明、标准、过程、指令、代码和合同等是否一致的难易程度
准确性	计算和控制的精度,最好表示成相对误差的函数,数值越大表示精度越高
通信通用性	使用标准接口、协议和频带的程度
完全性	所需功能完全实现的程度
简明性	程序代码的紧凑性
一致性	设计文档和系统实现的一致性
数据通用性	使用标准数据结构和类型的程度
容错性	在各种异常情况下,系统继续提供服务的能力
执行效率	程序运行的效率
可扩充性	能够对结构设计、数据设计和过程设计进行调整的程度
通用性	程序部件潜在应用范围的广泛性
硬件独立性	软件和硬件不相关的程度
检测性	监视程序的运行,一旦发生错误时,标识错误的程度
模块化	程序部件的功能独立性
可操作性	操作软件的难易程度
安全性	控制和保护程序与数据不受破坏的机制,防止程序和数据被意外地或者蓄意地存取、使用、修改、毁坏或者泄密
自文档化	源代码提供有意义文档的程度
简单性	理解程序的难易程度
软件系统独立性	程序与非标准的程序语言设计特征、操作系统特征以及其他环境约束无关的程度
可追踪性	对软件进行正向和反向追踪的能力
易培训性	软件支持新用户使用该系统的能力

质量要素和评价准则的对应关系如表 7-3 所列。

表 7-3　质量要素和评价准则的关系

	正确性	可靠性	效率	完整性	可维护性	可测试性	可移植性	可复用性	互操作性	可使用性	灵活性
可审查性				√		√					
准确性		√									
通信通用性									√		

216

	正确性	可靠性	效率	完整性	可维护性	可测试性	可移植性	可复用性	互操作性	可使用性	灵活性
完全性	✓										
简明性			✓		✓						✓
一致性	✓	✓			✓						✓
数据通用性									✓		
容错性		✓									
执行效率			✓								
可扩充性											✓
通用性							✓	✓	✓		✓
硬件独立性							✓	✓	✓		✓
检测性				✓	✓	✓					
模块化		✓			✓	✓	✓	✓	✓		
可操作性			✓							✓	
安全性					✓						
自文档化					✓	✓	✓	✓			✓
简单性	✓				✓	✓					
软件系统独立性							✓	✓			
可追踪性	✓										
易培训性										✓	

7.3.3 ISO 软件质量评价模型

1985 年，国际标准化组织依据 McCall 质量模型提出一个软件质量度量模型，该模型由三层组成。在这个标准中，三层次中的第一层称为质量特性，第二层称为质量子特性，第三层称为度量。对应到 McCall 模型的质量要素、评价准则和度量。

（1）高层。软件质量需求评价准则（SQRC）。

（2）中层。软件质量设计评价准则（SQDC）。

（3）底层。软件质量度量评价准则（SQMC）。

ISO 认为，应该对高层和中层建立国际标准，以便于在国际上推广软件质量管理，低层可由各使用单位视实际情况制定。ISO 高层由 8 个质量要素组成、中层由 23 个评价准则组成。它们之间关系如表 7－4 所列。

表 7-4　质量要素和评价准则

	正确性	可容性	有效性	安全性	可用性	可维护性	灵活性	互操作性
可追踪性	√							
完全性	√							
一致性	√	√				√		
准确性		√						
容错性		√						
简单性		√				√		
模块化						√	√	
通用性							√	
可扩充性							√	
检测性						√		
自描述性						√	√	
执行效率			√					
存储效率			√					
存取控制				√				
存取审查				√				
可操作性					√			
易培训性					√			
通信性					√			
软件独立性							√	
硬件独立性							√	
通信独立性								√
数据通用性								√
简明性						√		

1991 年,ISO 发布了 ISO/IEC9126 质量特性的国际标准,将质量特性降为 6 个,即功能性、可靠性、易使用性、效率、易维护性、易移植性,并定义了 21 个子特性。6 个质量特性分别如下:

（1）功能性。软件所实现的功能满足用户需求的程度。功能性反映了所开发的软件满足用户明示的或隐含的需求的程度,即用户要求的功能是否全部实现了。

（2）可靠性。在规定的时间和条件下,软件能维持其性能水平的程度。可靠性对某些软件是重要的质量要求,它除了反映软件满足用户需求前提下正常运行的程度,且反映了在异常发生时软件能继续执行的程度。

（3）易使用性。对于一个软件,用户学习、操作、准备输入和理解输出时,所做努力的程度。易使用性反映了与用户的友善性,即用户在使用本软件时是否方便。

（4）效率。在指定的条件下,用软件实现某种功能所需的计算机资源（包括时间）的状况。效率反映了在完成功能要求时,有没有浪费资源,此外术语"资源"有比较广泛的含义,它包括对内存、外存的需求,通道能力及处理时间等。

（5）可维护性。对一个可运行的软件,为了解决用户需求变更、环境改变或软件出现故障等,对软件系统进行相应修改的容易程度。易于维护的软件系统也是易理解、易测试和易修改的软件,以便纠正问题或增加新的功能,或允许在不同软件环境下操作。

（6）可移植性。从一个计算机系统或环境转移到另一个计算机系统或环境的容易程度。

质量特性和子特性之间的对应关系如图 7-3 所示。

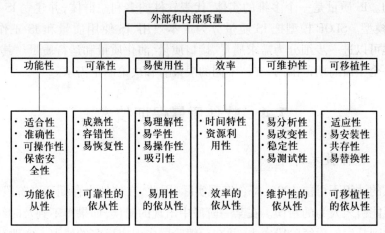

图 7-3　质量特性和子特性的关系

在软件的质量特性和质量特性之间、质量特性和子特性之间存在有利和不利影响。例如,考虑到效率,应该尽可能使用汇编语言,但是使用汇编语言对于代码的可靠性、可移植性和可维护性都是不利的。因此,在系统设计时需要综合考虑不同因素。图 7-4 列出不同质量特性之间的影响关系。

现在,1991 年的 ISO/IEC9126 已经被分成两部分：ISO/IEC9126（软件产品质量）和 ISO/IEC14598（软件产品评价）。其中 9126 又包含四部分：质量模型、外部度量、内部度量、使用质量度量。

	功能性	可靠性	可使用性	效率	可维护性	可移植性
功能性		△			△	
可靠性				▽		△
可使用性				▽	△	△
效率		▽			▽	▽
可维护性		△		▽		△
可移植性		▽		▽		
注：△ 表示有利影响，▽ 表示不利影响						

图 7-4　质量特性的影响关系

7.3.4　全面软件质量模型

1991 年,Eriksson 和 Tom 在评价不同软件质量概念的基础上,提出信息系统 IS(Information System)质量的概念。IS 质量比软件质量涵盖的概念更广,涉及开发、使用软件的人和工作;涉及软件产品的生命周期活动及寿命管理周期演化的活动。IS 质量是一个多维的实体,代表软件的多利益群体,并建立 IS 质量的 SLOE 模型。SLOE 模型把 IS 质量分为成本效用、IS 使用质量和 IS 工作质量。后两类可以进一步细分为需求质量、接口质量、演化质量和运行质量。其目的是在软件全生命周期范围内,支持不同的决策者和决策制定需求。

7.4　软件质量保证技术

7.4.1　软件技术评审

人的认识不可能 100% 符合客观实际,因此,在软件生存期每个阶段的工作中都可能引入人为的错误。在某一阶段中出现的错误,如果得不到及时纠正,就会传播到开发的后续阶段中去,并在后续阶段中引出更多的错误。实践证明,提交给测试阶段的程序中包含的错误越多,经过同样时间的测试后,程序中仍然潜伏的错误也越多。所以必须在开发时期的每个阶段,特别是设计阶段结束时都要进行严格的评审,尽量不让错误传播到下一个阶段。

20 世纪 70 年代中期,Fagan 在 IBM 公司制定评审过程,人们可以评审任何一个工作产品,包括需求和设计文档、源代码、测试文档及项目计划等。目前,评审活动要求覆盖到所有工作产品和工作阶段。软件技术评审是一种软件产品验证的活动,能够通过及早地从软件工作产品中标识和消除缺陷,从而减少后期返工,提高开发进度,提高产品质量。评审是一个多阶段过程,由受过培训的参与者组成的小组在一定时间内根据给定目标找出目标产品的错误。该过程依靠小组成员的个人知识和相互配合,来减少每个开发阶段中出现和传递的错误,重点是发现、记录错误,并对错误进行分类,解决错误是评审会议之后的事情。

1. 评审目的

软件技术评审是软件开发人员实施的一种质量保证活动,软件技术评审的目标如下:

(1)针对任一种软件范型,发现软件在功能、逻辑和实现上的错误。

(2)验证经过评审的软件确实满足需求。

(3)保证软件是按照已确定的标准表述的。

(4)使得软件能按一致的方式开发。

(5)使软件项目跟容易管理。

此外,软件技术评审还起到了提高项目连续性和训练软件工程人员的作用。软件技术评审包括"走查"、"检查"、"循环评审"和其他的软件评审技术。每次软件评审都以会议形式进行,只有在很好地计划、控制和参与的情况下,软件评审才有可能获得成功。

2. 评审过程

1)分配评审人员角色

每次评审过程中,每个参与者都要扮演特定的角色:调解员、作者、记录员和陪审员。评审对象不同,角色定义和人员是不同的,但是作用是基本类似的。

(1)作者。负责生成被评审的工作产品,并在评审结束后修改所有错误。

(2)调解员。决定一个产品是否适合在会议中评审。如果工作产品较大,需要进行细分,保证在指定的评审会议时间范围内可以完成。选择评审人员,分配评审人员,分发材料。在评审会议之前,检查评审员准备情况。在评审会议结束后,督促作者修改问题和错误,以及向项目经理或者其他收集评审数据的人员汇报评审情况。

(3)评审员。识别评审材料中错误,判断问题分类和严重程度,以及建议修改方式。

(4)记录员。以规格化的形式记录评审会议上的问题、错误和建议。

从角色职责来看,调解员是临时评审小组的领导,其他人员在调解员的安排下开展工作。

2)评审过程的建立

评审是个多步骤的过程,通常包括以下几方面:

（1）评审计划。根据管理规定,定期或者不定期组织评审活动,事先做出计划,包括确定目标材料、选择参加者、确定评审会的时间和地点、会议议程、选择评审标准等。

（2）准备。把目标材料和评审标准分发给评审员。评审员仔细查看资料,生成错误列表和检查列表给作者。

（3）评审会议。根据合并的问题列表讨论相关问题。对错误达成一致后,汇总生成错误总结。会议结束时,需要与会者达成如下意见:

① 接受该工作产品,不再做进一步的修改。

② 由于该工作产品错误严重,拒绝接受(错误改正后必须再次进行评审)。

③ 暂时接受该工作产品(发现必须改正的微小错误,但不必再次进行评审)。

④ 当决定之后,软件评审的所有参加者都必须签名,以表明参加了会议,并同意评审组的决定。

调解员完成评审报告。

每次评审会议一般要求遵守以下规定:

① 每次会议的参加人数为 3 人~5 人。

② 会前应做好准备,但每个人的工作量不应超过 2h。

③ 每次会议的时间不应超过 2h。

按照上述规定,显然,软件评审关注的应是整个软件的某一特定(且较小)的部分。例如,不是对整个设计评审,而是逐个模块走查,或走查模块的一部分。通过缩小关注的范围,更容易发现错误。

（4）事后讨论。对于修改部分,作者完成每个项目修改之后,调解员重新评估目标材料。如果需要评审,则再次组织。

在不同组织中,评审效果存在很大差异,有的流于形式。评审活动必须严格组织和管理才能获得实效。

3. CMM 的同行评审 KPA

CMM 模型将同行评审分为正式评审、技术审查和走查 3 类。正式评审,通常是由经过同行评审培训的项目经理或产品和过程质量保证(PPQA:Product & Process Quality Assurance)主持,规模在 3 人~7 人为宜,一般在完成了一个工作产品后对其进行的评审。正式评审的目的在于定位并除去工作产品中的缺陷。技术审查,或称内部评审,通常由技术负责人或项目经理召集,3 人以上参加。技术审查一般是在工作产品的中期进行或完成了某部分独立的工作产品时进行,也可在书写草案遇到问题时就其中专门的一两项问题讨论和审查,也可以是检查工作产品与规程、模板、计划、标准的符合性或者变更是否被正确地执行。

技术审查的目的在于通过对开发人员的工作产品的技术审查，提出改进意见。走查，又叫代码走查或代码走读，审查的范围根据需求的优先级通常由管理人员来确定，主要是静态质量分析和编程规则检查。通常是小型讨论会，一般是在工作产品形成的早期进行，作者有一定的想法时，希望从中获得一些帮助或补充一些想法。当然，也可以在编制工作产品的任何阶段进行，两三个人参加，由作者主持，主要是评估和提高工作产品的质量或教育参加者。其中，"正式评审"是正式的，"技术审查"和"走查"是常用的非正式同行评审方法。同行评审的目的是为了及早地和高效地消除软件工作产品的缺陷。一个重要的必然结果是对软件工作产品及可预防的缺陷有了更好的了解。

同行评审包括生产者的同行对软件工作产品进行系统的考察，以便识别出缺陷和需作更动的地方。需经同行评审的具体产品在项目定义的软件过程中加以标识，并作为软件项目计划活动的一部分来安排进度，就像在等级3的关键过程域集成软件管理中所描述的那样。这个关键过程域只包括实施同行评审的实践。而具体识别哪些软件工作产品需经同行评审，则包含在描述开发和维护软件工作产品的关键过程域中。

1）目标

CMM的同行评审活动要有计划，目标是识别并消除软件工作产品中存在的缺陷。

2）执行约定

约定1：项目遵循一个由组织制定的文档化的方针来实施同行评审。

该方针一般规定：组织确定的一组标准的需经同行评审的软件工作产品。每个项目确定需经同行评审的软件工作产品。软件工作产品包括运行软件和支持软件、可交付的和不交付的软件工作产品以及软件（如源代码）和非软件工作产品（如文档）

过程描述如下：

（1）由受过培训的同行评审负责人领导同行评审。

（2）同行评审仅关注被评审的软件工作产品，而不关注生产者。

（3）管理者不得用同行评审的结果去评价个人的能力。

3）执行能力

能力1：对每个待评审的软件工作产品，提供足够的执行同行评审的资源和资金。资源和资金用于以下几方面：

（1）准备和分发同行评审的材料。

（2）组织领导同行评审。

（3）评审同行评审材料。

223

（4）召开同行评审会议以及根据同行评审识别出的缺陷所需要的后续复审。

（5）监督根据同行评审发现的缺陷数而导致的对软件工作产品的返工工作。

（6）收集和报告同行评审中所产生的数据。

能力2：同行评审负责人接受如何领导同行评审的培训。相关培训如下：

（1）同行评审的目标、原理和方法。

（2）计划和组织同行评审。

（3）评价同行评审的准备就绪准则和完成准则。

（4）领导和进行同行评审。

（5）报告同行评审的结果。

（6）跟踪和确认同行评审所提出的解决措施。

（7）收集和报告同行评审所需要的数据。

能力3：参加同行评审的评审者接受在同行评审的目标、原理和方法方面的培训。相关培训如下：

（1）同行评审的类型（如软件需求评审、软件设计评审、编码评审和软件测试规程评审）。

（2）同行评审的目标、原理和方法。

（3）评审者的任务。

（4）估计用于准备和参加同行评审的工作量。

4）执行活动

活动1：计划同行评审，并写成文档。这些计划用于以下几方面：

（1）确定需经同行评审的软件工作产品。所选的软件工作产品包括在组织的标准软件过程中所标识的那组产品。参考等级3的组织过程定义中相关组织的标准软件过程的实践。

（2）规定同行评审的进度。根据进度对将要进行的每个同行评审，指派负责人和其他评审者。

活动2：按照一个文档化的规程进行同行评审。该规程一般规定：

（1）由经培训的同行评审负责人计划和领导同行评审。

（2）预先将评审材料分发给评审者，以便他们能为同行评审作好充分的准备。评审材料应包括同行评审的软件工作产品开发时的相关输入，如软件工作产品的目标、适用的标准、设计模块的相关需求以及代码模块的相关详细设计。

（3）分配评审者在同行评审中的任务。

（4）规定同行评审的准备就绪准则和完成准则。向相关负责人报告满足准则时存在的问题。

（5）使用检查表,以便以一致的方式确定用于评审软件工作产品的准则。

① 针对特定类型的工作产品和同行评审,对检查单进行剪裁。剪裁检查表考虑的问题有对标准和规程的符合性、完备性、正确性、构造规则以及可维护性。

② 由检查表制定者的同行和潜在的用户对检查表进行评审。

③ 跟踪同行评审中确定的问题解决措施,直至问题得到最后解决。

（6）同行评审的成功完成,包括对同行评审中识别出的问题的返工工作、被作为相关任务完成的准则。

活动3:记录同行评审的实施和结果数据。这些数据有被评审的软件工作产品的标识、软件工作产品的规模、评审组的规模和组成、每个评审者的准备时间、评审会议的长短、发现和改正缺陷的类型和数目以及返工的工作量。

5）度量和分析

测量:进行测量,测量结果用来确定同行评审活动的状态。测量有以下几方面:

（1）与计划相比较,实施同行评审的次数。

（2）与计划相比较,同行评审所花费的工作量。

（3）与计划相比较,被评审的软件工作产品的数目。

6）验证实现

验证:软件质量保证组评审和(或)审计同行评审的活动和工作产品,并报告结果。评审和(或)审计至少要验证:

（1）所计划的同行评审已被实施。

（2）同行评审的负责人根据其职责接受过足够的培训。

（3）评审者根据其职责得到过适当的培训,或者具有相关经验。

（4）准备同行评审、实施同行评审和执行后续问题解决措施等的过程得到遵循。

（5）同行评审数据的报告是完全的、精确的和及时的。

7.4.2 软件测试

软件测试是一种事后的质量保证活动,关于软件测试的内容详见第5章。

7.4.3 GJB 9001A—2001

本标准是在等同采用国家标准 GB/T 19001—2000 的基础上增加军用产品的特殊要求编制而成的,鼓励在建立、实施质量管理体系以及改进其有效性时采用过程方法,通过满足顾客要求,增强顾客满意度。为使组织有效运作,必须识别和管理众多关联的活动。通过使用资源和管理,将输入转化为输出的活动可视为过程。通常,一个过程的输出直接形成下一个过程的输入。

组织内诸过程的系统的应用,连同这些过程的识别和相互作用及其管理,可称为"过程方法"。过程方法的优点是对诸过程的系统中单个过程之间的联系以及过程的组合和相互作用进行连续的控制。过程方法在质量管理体系中应用时,强调以下方面的重要性:

(1) 理解并满足要求。

(2) 需要从增值的角度考虑过程。

(3) 获得过程业绩和有效性的结果。

(4) 基于客观的测量,持续改进过程。

图 7-5 所反映了以过程为基础的质量管理体系模式的过程联系。这种展示反映了在规定输入要求时,顾客起着重要作用。对顾客满意的监视要求对有关组织是否已满足顾客要求的感受的信息进行评价。该模式虽覆盖了本标准的所有要求,但却未详细地反映各过程。

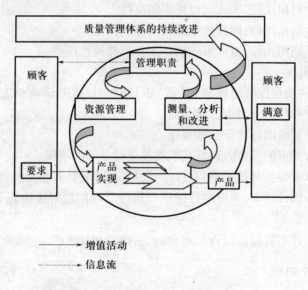

图 7-5 以过程为基础的质量管理体系

7.4.4 CMM 能力成熟度模型

CMM 是英文 Capability Maturity Model 的简称,意思是能力成熟度模型。由美国国防部资助,卡内基·梅隆大学软件工程研究所最先提出并取得研究成果

226

的 CMM 模型理论及其应用,是从 20 世纪 80 年代中期开始的,90 年代正式发表了研究成果。CMM 模型原本是美国国防部在外包军事软件时,对承接单位能力的评判体系,然后逐步推广到民间企业中来。目前,这一成果已经得到了众多国家软件产业界的认可,并且在北美、欧洲和日本等国家及地区得到了广泛应用,成为了事实上的软件过程改进的工业标准。

CMM 的本质是软件工程管理的一个部分。它是对于软件组织在定义、实现、度量、控制和改善其软件过程的进程中各个发展阶段的描述。根据软件生产的历史与现状,CMM 框架可用 5 个不断进化的等级来表达:其中初始级(第一级)是混沌的过程,可重复级(第二级)是经过训练、有纪律的软件过程,定义级(第三级)是标准一致的软件过程,管理级(第四级)是可预测的软件过程,优化级(第五级)是能持续改善的软件过程。

(1)初始级。初始级的软件过程是未加定义的随意过程,项目的执行是随意甚至是混乱的。也许,有些企业制定了一些软件工程规范,但若这些规范未能覆盖基本的关键过程要求,且执行没有政策、资源等方面的保证时,那么,它仍然被视为初始级。

(2)可重复级。根据多年的经验和教训,人们总结出软件开发的首要问题不是技术问题而是管理问题。因此,这一级的焦点集中在软件管理过程上。一个可管理的过程则是一个可重复的过程,可重复的过程才能逐渐改进和成熟。可重复级的管理过程包括了需求管理、项目管理、质量管理、配置管理和子合同管理 5 个方面;其中项目管理过程又分为计划过程和跟踪与监控过程。通过实施这些过程,从管理角度可以看到一个按计划执行的且阶段可控的软件开发过程。

(3)定义级。在可重复级定义了管理的基本过程,而没有定义执行的步骤标准。在这一级则要求制定企业范围的工程化标准,并将这些标准集成到企业软件开发标准过程中去。所有开发的项目需根据这个标准过程,裁剪出与项目适宜的过程,并且按照过程执行。过程的裁剪不是随意的,在使用前必须经过企业有关人员的批准。

(4)管理级。这一级的管理是量化的管理。所有过程需建立相应的度量方式,所有产品的质量(包括工作产品和提交给用户的最终产品)需要有明确的度量指标。这些度量应是详尽的,且可用于理解和控制软件过程和产品。量化控制将使软件开发真正成为一种工业生产活动。

(5)优化级。优化级的目标是达到一个持续改善的境界。持续改善是指可以根据过程执行的反馈信息来改善下一步的执行过程,即优化执行步骤。如果企业达到了第五级,就表明该企业能够根据实际的项目性质、技术等因素,不断调整软件生产过程以求达到最佳。

CMM 提供的框架,为过程不断改进奠定了循序渐进的基础。这 5 个成熟度等级定义了一个有序的尺度,用来测量一个组织的软件过程成熟度和评价其软件过程能力,这些等级还能帮助组织自己对其改进工作排出优生次序。成熟度等级是已得到确切定义的,也是在向成熟软件组织前进途中的平台。每一个成熟度等级为连续改进提供一个台阶。每一等级包含一组过程目标,通过实施相应的一组关键过程域达到这一组过程目标,当目标满足时,能使软件过程的一个重要成分稳定。每达到成熟度框架的一个等级,就建立起软件过程的一个相应成分,导致组织能力一定程度的增长。

软件产品质量在很大程度上取决于构筑软件时所使用的软件开发和维护过程的质量。软件过程是人员密集和设计密集的作业过程。如果缺乏有素的训练,就难以建立起支持软件过程成功的基础,改进工作也将难以取得成效。CMM 描述的这个框架正是勾画出从无定规的混沌过程向训练有素的成熟过程演进的途径。

美国曾在 1995 年做过软件产业成熟程度的调查,发现在美国的软件产业中,CMM 成熟度等级为初始级的竟占 70%,其特征是软件开发过程不能预测,风险度高;为可重复级的占 15%,其特征是软件开发过程需小心谨慎方能避免失败;为定义级的所占比例小于 10%,其特征是软件开发过程相当稳定,进展顺利且可以预测;为管理级的所占比例小于 5%,其特征是软件过程预测准确、值得信赖;为优化级的所占比例小于 1%,其特征是软件过程能持续改善。所以不管是从提高内部的管理水平和赢得外部客户信任角度来讲,不断进行过程改进、向更高的成熟度迈进都是当今软件企业所必须要做的工作。

2000 年,SEI 发表了 CMMI1.0 来替代原来包括 SW – CMM 等众多模型,以消除不同模型体系所带来的混乱。2002 年第一季度 SEI 分别发布了比较完善的 CMMI 产品集 1.1 版本。SEI 决定,从 2003 年下半年开始全面转向支持 CMMI 产品集,对原来的产品系列的支持将削弱或者停止。在 2003 年 12 月之后,对 SW – CMM 和 EIA/IS731 的支持停止(不再提供公开课程,批准新的主任评估师);在 2005 年 12 月之后,SW – CMM 迁移助手授权结束。

7.4.5　ISO 9000 族标准

最初的软件质量保证系统是在 20 世纪 70 年代由欧洲首先采用的,其后在美国和世界其他地区也迅速发展起来。目前,欧洲联合会积极促进软件质量的制度化,提出了如下 ISO 9000 软件标准系列:ISO 9001、ISO 9000 – 3、ISO 9004 – 2、ISO

228

9004 -4、ISO 9002。这一系列现已成为全球的软件质量标准。除了 ISO 9000 标准系列外,许多工业部门、国家和国际团体也颁布了特定环境中软件运行和维护的质量标准,如 IEEE 标准 729—1983、730—1984、EuroNormEN45012 等。

ISO 9000 国际标准在软件中的应用主要体现在以下内容:

(1) ISO 9001 质量体系是在软件设计、开发、生产、安装和维护时的质量保证的参考文件。此标准应用于所有软件产品和满足各种技术需求的软件维护活动中。它是评价软件质量的首要标准。

(2) ISO 9000 -3 是对 ISO 90001 进行改造后,将其应用到软件工业中对软件开发、供应和维护活动的指导文件。

(3) ISO 9004 -2 是指导软件维护和服务的质量系统标准。它指导和支持软件产品的维护。

(4) ISO 9004 -4 是近年公布的很有用的附加标准,是用做改善软件质量的质量管理系统文件。

另外还有两个作为评价软件的标准:

(1) ISO 9002 适用于评价设计需求。此标准可以代替 ISO 9001,作为面向软件维护而不涉及设计的,为某些咨询公司、计算机培训及服务公司使用的基本标准。

(2) ISO 9003 适用于汇编及测试运行情况的标准,目前已经不再使用。

ISO 9000 具有很多 CMM 的特征。ISO 9000 强调使用图形和文字对过程进行文档编写,保证一致性和可理解性。ISO 9000 的大部分质量要素在 CMM 中都能找到对应的关键实践和关键过程域。目前,学术界普遍认为 ISO 9001 认证企业相当于 CMM 2 -3 等级的水平。

7.4.6 Bootstrap

Bootstrap 是欧洲部分软件公司和大学在 20 世纪联合进行的一个信息技术战略性的研究项目,目的是开发出软件过程评估和改进的方法,项目于 1993 年完成。Bootstrap 改进和发展了 SEI 提出的 CMM 模型,使其可用于欧洲的软件企业,以及与国防无关的众多管理、银行、保险等企业。Bootstrap 引用了 ISO 9000 和 ESA PSS -05 等软件标准,设计了非常详细的过程质量结构,包括组织资源管理、测试方法、生命周期技术等 17 个属性,改进了 CMM 的问卷表和 CMM 成熟度计算方法,使其可用于过程的每一个质量属性,从而得到一个过程质量剖面。Bootstrap 适用于各类软件企业,包括中小型企业和综合性企业中的软件设计部门,在欧洲具有很大的影响。

7.4.7 SPICE

20 世纪 90 年代初,ISO/IEC 第一联合技术委员会注意到软件过程改进和评估的重要性,以及由于缺乏统一的国际标准给软件产业造成的的困惑。1993 年 SC 7 设立第十工作组,发起了制定 ISO/IEC 15504 系列标准的前期工作,项目名称是 SPICE(软件过程改进和能力测定)。在 SPICE 实验成功的基础上,1998 年 ISO/IEC JTC1 正式发布了 ISO/IEC 15504 TR 系列技术报告。ISO/IEC 15504 TR 是一个过程评估的框架,而不仅是一个过程评估模型。这是它与其他软件过程评估模型的一个显著区别。此外,ISO/IEC 15504 TR 不具排他性,只要满足基本框架的要求,就可以与其他评估模型配合使用。

SPICE 标准起步较晚并且建立了"统一标准"的指导思想,这使它具备了许多优点:首先,SPICE 标准注意吸收各种已有模型的优势,取长补短,强调其与各种模型的兼容,同时经过十多年的广泛试验,保证了其很强的实用性;其次,SPICE 标准比 CMMI 模型更加开放,它允许附带外部过程参考模型(PRM)和过程评估模型(PAM),并按照这些模型实行改进和评估,因此比 CMMI 模型更加灵活和实用;再次,SPICE 标准不仅可用于软件过程改进领域,也可扩展运用到其他信息技术相关的过程领域。

SPICE 标准的第五部分是软件过程评估,它的参考模型结合了软件工程过程生命周期标准 ISO 12207,并包罗了 ISO 12207 的 2002 修订版。尽管它的初版还局限于传统的 V 模型,但为扩展至支持迭代开发的敏捷方法预留了切入点。ISO 15504 标准框架的修订,还兼容了 ISO 9001:2000 标准,这也为已通过 ISO 9001 标准的软件企业实施过程改进和评估带来了很大便利。2008 年公布的 SPICE 标准第六部分——系统过程评估,则与系统工程过程生命周期标准 ISO 15288 结合,使标准自然扩展到系统工程领域,覆盖包括硬件在内的整个系统开发。

由于 SPICE 标准更加开放和集成,使其备受产业用户的欢迎。许多对软件开发或过程改进有特殊要求的行业都对 SPICE 标准情有独钟,纷纷建立自己行业特定的 SPICE 标准,其中包括汽车业、航天业、医疗仪器业等。这些行业都是对软件质量要求非常高的行业,其中航天 SPICE 标准 S4S 得到欧洲航天局的推崇和支持,其特色部分是风险管理。

SPICE 标准的开放性特点使它很容易吸引用户的参与和支持。SPICE 标准在不断演进和扩展,最近几个值得关注的进展如下:

(1) SPICE 标准在金融行业异军突起。2008 年,国际上发起研发银行 SPICE 标准,动议起自 2006 年在卢森堡召开的 SPICE 国际会议。2008 年金融行业正式启动了吸引国际性参与、建立开放的创新框架、关注创新服务的管控,它包括五个方面:服务创新管理、可信任服务、推广服务、服务运行与管理、知识密集服务。

(2) SPICE 标准对安全性的重视和集成。现在国际上特别关心关键产品的功能安全,这方面已有国际性标准 IEC61508,此标准是通用的,与领域无关。SPICE 标准则提出了许多领域所特定的安全标准,在汽车领域有 ISOWD26262,其他领域包括航空航天、医疗仪器、铁路、财务等,特定的标准被用来规定和评审安全需求、评价过程的合适性、确定 SIL(Safety Integrity Level)等级、提供人员培训参考等。由于 SPICE 标准是一个更具开放性的标准,目前欧洲正在研究如何将汽车 SPICE 标准与 ISOWD26262 安全评估集成起来,其中一个研究计划是SOQRATES,有 20 多个德国领头企业参加。

(3) 建议开发企业 SPICE 标准。此项目由 2006 年卢森堡 SPICE 国际会议发起,2007 年在韩国首尔 SPICE 国际会议上正式启动。该项目的动因是企业在实施业务过程改进时会面临众多模型和标准的困扰,如 ISO 9000、ITIL、Baldrige、COSO、COBIT 等。这些模型内容上互相重叠,结构和术语上却不一致,这加重了企业在应用和实施方面的负担。为此,美国联邦航空委员会(FAA)曾开发了一个集成能力成熟度模型 iCMM。新动议的目标就是通过国际合作建立企业 SPICE 标准,集成各种业务过程改进模型及标准。迄今已有来自 27 个国家的 90 名专家参与此项活动,形成了一个世界级的团队。

(4) IT 服务管理集成是最新趋势。2007 年 7 月 TC1/SC7WG25 提出了一个20000 – 4 项目,与 ISO 20000 标准结合,研发适合 ITSM/ITIL 的过程参考模型PRM。此标准预计在 2009 年下半年完成,有关 ISO 20000 的过程评估模型 PAM和 ISO 15504 – 8 标准将在 2010 年完成。

(5) SPICE 标准在中小型企业中的成功应用经验。SPICE 标准已在中小型企业中应用,取得许多宝贵的成功经验,被称为是"SPICE for Small Organizations",这对中国广大的中小软件企业特别有参考价值。

迄今已有超过 4000 家企业接受 SPICE 标准的评估。SPICE 标准过去在名声上不及 CMMI/CMM 模型的原因之一是 CMM 模型在市场上起步较早,抢得一些先机;原因之二可能是因为 ISO/IEC 15504 标准文件不能像CMMI/CMM 模型那样可以免费从网络下载,而必须从 ISO 组织购买。但考虑作为一个正式国际标准,加上行业用户的积极支持,它今后的影响力将不可忽视。中国不应无视这方面的发展,否则将丢失一大片市场和合作的机会。

有关 SPICE 标准的技术传播和认证由国际组织"国际评估师认证计划"负责。它是由开发和推广 SPICE 标准的专家委员会组成,与产业界、咨询和培训机构、大学及研究所建立了广泛的联系与合作,它相当于 CMMI/CMM 模型实施中 CMU/SEI(美国卡内基梅隆大学软件工程研究所)的地位。为便于企业认定能力成熟度的需求,SPICE 标准也在考虑建立等级模型,它将成为 ISO 15504 的第七部分。

7.5 软件质量保证

7.5.1 质量保证的概念

什么是质量保证? 它是为保证产品和服务充分满足消费者要求的质量而进行的有计划、有组织的活动。质量保证是面向消费者的活动,是为了使产品实现用户要求的功能,站在用户立场上来掌握产品质量的。这种观点也适用于软件的质量保证。

软件的质量保证 SQA(Software Quality Assurance)就是向用户及社会提供满意的高质量的产品。进一步来说,软件的质量保证活动也和一般的质量保证活动一样,是确保软件产品在软件生存期所有阶段的质量的活动。即为了确定、达到和维护需要的软件质量而进行的所有有计划、有系统的管理活动。它包括的主要功能如下:

(1) 制定和展开质量方针。

(2) 制定质量保证方针和质量保证标准。

(3) 建立和管理质量保证体系。

(4) 明确各阶段的质量保证业务。

(5) 坚持各阶段的质量评审。

(6) 确保设计质量。

(7) 提出与分析重要的质量问题。

(8) 总结实现阶段的质量保证活动。

(9) 整理面向用户的文档、说明书等。

(10) 鉴定产品质量,鉴定质量保证体系。

(11) 收集、分析和整理质量信息。

7.5.2 软件质量保证活动

软件质量保证由各项任务构成,这些任务的参与者有两种人:软件开发人员和质量保证人员。前者负责技术工作,后者负责质量保证的计划、监督、记录、分析及报告工作。

软件开发人员通过采用可靠的技术方法和措施,进行正式的技术评审,执行计划周密的软件测试来保证软件产品的质量。软件质量保证人员则辅助软件开发组得到高质量的最终产品。1993 年美国 SEI 推荐了一组有关质量保证的计划、监督、记录、分析及报告的 SQA 活动。这些活动将由一个独立的 SQA 小组执行(或协助)。

(1) 为项目制定 SQA 计划。该计划在制定项目计划时制定,由相关部门审定。它规定了软件开发小组和质量保证小组需要执行的质量保证活动,其要点包括:需要进行哪些评价、需要进行哪些审计和评审、项目采用的标准、错误报告的要求和跟踪过程、SQA 小组应产生哪些文档、为软件项目组提供的反馈数量等。

(2) 参与开发该软件项目的软件过程描述。软件开发小组为将要开展的工作选择软件过程,SQA 小组则要评审过程说明,以保证该过程与组织政策、内部的软件标准、外界所制定的标准(如 ISO 9001) 以及软件项目计划的其他部分相符。

(3) 评审各项软件工程活动,核实其是否符合已定义的软件过程。SQA 小组识别、记录和跟踪所有偏离过程的偏差,核实其是否已经改正。

(4) 审计指定的软件工作产品,核实其是否符合已定义的软件过程中的相应部分。SQA 小组对选出的产品进行评审,识别、记录和跟踪出现的偏差,核实其是否已经改正,定期向项目负责人报告工作结果。

(5) 确保软件工作及工作产品中的偏差已被记录在案,并根据预定规程进行处理。偏差可能出现在项目计划、过程描述、采用的标准或技术工作产品中。

(6) 记录所有不符合部分,并向上级管理部门报告。跟踪不符合的部分直到问题得到解决。

除了进行上述活动外,SQA 小组还需要协调变更的控制与管理,并帮助收集和分析软件度量的信息。

7.5.3　质量保证的实施

软件质量保证的实施需要从纵向和横向两个方面展开:一方面要求所有与软件生存期有关的人员都要参加;另一方面要求对产品形成的全过程进行质量管理,这要求整个软件部门齐心协力,不断完善软件的开发环境。此外,还需要与用户共同合作。

1. 质量目标与度量

软件度量是对软件开发项目、过程及其产品进行数据定义、收集和分析的持续性定量化过程,目的是对此加以理解、预测、评估、控制和改善。

为了开发高质量的软件,从计划阶段开始,不但需要明确软件的功能,还要明确软件应达到什么样的质量标准,即制定软件的质量目标。为了达到这个目标,要对开发过程中的各个阶段进行检查和评价。在做质量评价时,需要有对质量进行度量的准则和方法,但更重要的是,需要有在软件生存期中如何使用这些准则和方法的质量保证步骤,以及提高该项作业效率的工具。

软件质量度量和保证的条件通常有以下几项:

(1)适应性。必须制定能适应各种用户要求、软件类型和规模的质量标准,并能够度量。

(2)易学性。不需要特殊技术,软件技术人员人人都容易掌握。

(3)可靠性。对同一软件的评价,尽管评价的人或场合可能不同,但评价结果必须一致。

(4)针对性。不是在检查时才改进质量,而必须从设计阶段起就确立质量目标,在各个阶段实施落实。

(5)客观性。从各种不同角度加以评价,并将评价结果定量表示,使得人人都能理解。

(6)经济性。考虑如何才能把质量度量和保证所需要的费用控制在适当的范围内。

2. 软件质量度量与保证的实施

图7-6给出软件质量度量和保证系统在质量保证活动中的5个实施步骤:

(1)目标。以用户要求和开发方针为依据,对质量需求准则、质量设计准则的各质量特性设定质量目标。对各准则的重要程度可以设"特别重要"、"重要"、"一般"三级。

(2)Plan。设定适合于被开发软件的评测检查项目,与此同时,还要研讨实现质量目标的方法或手段。

(3)Do。在开发标准和质量评价准则的指导下,制作高质量的规格说明书和程序。在接受质量检查之前要先做自我检查。

(4)Check。以Plan阶段设定的质量评价准则进行评价。算出得分,用质量图的形式表示出来,参看图7-6。比较评价结果的质量得分和质量目标,看其是否合格。

(5)Action。对评价发现的问题进行改进活动,如果实现并达到了质量目

234

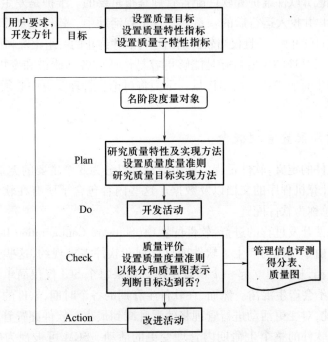

图 7 - 6　软件质量度量与保证体系的管理周期

标就转入下一个工程阶段。这样重复"Plan"到"Action"的过程,直到整个开发项目完成。

7.6　软件配置管理

在编制计算机软件的过程中,变更是不可避免的。在同一个软件项目中,变更要求共同工作的软件小组人员之间增加交流,及时获取变更信息,否则,项目组内的混乱程度将增加。当变更进行前没有经过分析、变更实现前没有被记录、没有向那些需要知道的人报告变更或变更没有以可以改善质量及减少错误的方式被控制时,则不理解性将会产生。

Babich 对配置管理给出的定义是"协调软件开发使得混乱减到最小的技术叫做配置管理。配置管理是一种标识、组织和控制修改的技术,目的是使错误达到最小并最有效地提高效率"。

软件配置管理(Software Configuration Management,SCM)是贯穿于整个软件过程中的保护性活动。因为变更可能发生在任意时间,SCM 活动用来标识变更、控制变更、保证变更被适当地实现以及向其他可能有兴趣的人员报告变更。

明确地区分软件维护和软件配置管理是很重要的。维护是发生在软件已经被交付给客户并投入运行后的一系列软件工程活动中。软件配置管理则是当软件项目开始时就开始，并且仅当软件退出运行后才终止的一组跟踪和控制活动。

软件配置管理的主要目标是能够更容易地适应各种改进和变更，并减少当变更必须发生时所需花费的工作量。下面将讨论在管理变更中必须进行的特定活动。

7.6.1　软件配置管理概念

按照软件的定义，软件过程的输出信息可以分为 3 个主要的类别，即计算机程序、描述计算机程序的文档以及数据。这些内容包含了所有在软件过程中产生的信息，总称为软件配置。

随着软件开发过程的进行，软件配置项（Software Configuration Items，SCI）会迅速增长。由系统规约产生了软件项目计划和软件需求规约，这些然后又产生了其他的文档，从而建立起一个信息层次。如果每个 SCI 仅仅简单地产生其他 SCI，则几乎不会产生混淆。然而，在软件生存期的各个时期，软件的变更都有可能发生，因此，对变更活动进行管理将使混乱减到最小。软件配置管理是一组用于在计算机软件的整个生命期内管理变更的活动。SCM 可被视为应用于整个软件过程的软件质量保证活动。

随着软件开发过程的进展，项目相关人员对需要什么、什么方法最好以及如何实施并且经济效益最好等都有了更多的了解，这些信息成为了大多数变更发生的推动力，是软件开发中必然的事情。变更的起源多种多样，有以下四种基本的变更源：产品需求或业务规则的变更；对信息系统产生的数据、提供的功能或服务的修改；项目优先级别或软件工程队伍结构的变化；预算或进度的限制，对系统或产品进行的重定义。

1. 基线

基线是一个软件配置管理的概念，它帮助我们在不严重阻碍合理变更的情况下来控制变更。IEEE（IEEE Std. 610.12—1990）定义基线如下：已经通过正式复审和批准的某规约或产品，它因此可以作为进一步开发的基础，并且只能通过正式的变更控制过程的改变。在软件工程的范围内，基线是软件开发中的里程碑，其标志是有一个或多个软件配置项的交付，且这些 SCI 已经经过正式技术复审而获得认可。

最常见的软件基线如图 7-7 所示。

软件工程任务产生一个或多个 SCI，在 SCI 被复审并认可后，它们被放置到项目数据库中。当软件工程项目组中的某个成员希望修改某个基线 SCI 时，该

236

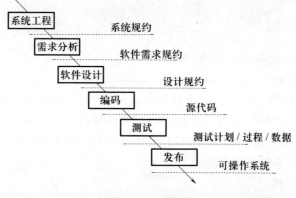

图 7-7　基线

SCI 被从项目数据库复制到工程师的私有工作区中进行修改,在遵循 SCM 控制的情况下,该 SCI 才可以被提交到现目数据库中。

2. 软件配置项

软件配置由一组相关联的对象构成,也称为软件配置项。软件配置项定义为部分软件工程过程中创建的信息,如一个文档、一个全套的测试用例或一个已命名的程序构件等。以下的 SCI 成为配置管理技术的目标并形成一组基线:系统规约、软件项目计划、软件需求规约、初步的用户手册、设计规约、源代码清单、测试规约、操作和安装手册、可执行程序、数据库描述、联机用户手册、维护文档以及软件工程的标准和规程。

除了上面列出的 SCI,很多软件工程组织也将软件工具列入配置管理之下,如特定版本的编辑器、编译器和其他 CASE 工具被"固定"作为软件配置的一部分。因为这些工具被用于生成文档、源代码和数据,所以当对软件配置进行改变时,必然要用到它们。虽然问题并不多见,但有可能某工具的新版本(如编译器)可能产生和原版本不同的结果。为此,工具,就像它们辅助生产的软件一样,可以被基线化,并作为综合的配置管理过程的一部分。

7.6.2　软件配置管理过程

软件配置管理是软件质量保证的重要一环,其主要责任是控制变更。然而,SCM 也负责个体 SCI 和软件的各种版本的标识、软件配置的审计以及配置中所有变更的报告。因此,SCM 的任务包括标识变更、版本控制、变更控制、配置审计和报告。

1. 软件配置中对象的标识

为了控制和管理软件配置项,每个配置项必须被独立命名,然后用面向对象的方法进行组织。在配置管理中可以标识项目的配置对象为基本对象和聚集对象两种类型。基本对象是在软件分析、设计、编码或测试中创建的独立单元,如需求规约的一个段落、模块的源程序清单或一组用于测试代码的测试用例。一个聚集对象是基本对象和其他聚集对象的集合。每个对象都具有一组唯一的标识,用以标识它的特征:对象名是无二义地标识对象的一个字符串;对象描述是一个数据项的列表,它们标识该对象所表示的 SCI 类型(如文档、程序、数据)、项目标识符以及变更和/或版本信息。配置对象的标识必须考虑存在于命名对象之间的关系。一系列自动的 SCM 工具(如 CCC、RCS、SCCS、Aide-de-Camp)可以用来完成 SCM 的各项任务。

2. 版本控制

版本控制利用工具来管理在软件工程过程中所创建的配置对象的不同版本。Clemm[CLE89]给出了在 SCM 中进行版本控制的描述:配置管理使得用户能够通过对适当版本的选择来指定可选的软件系统的配置,这一点的实现是通过将属性关联到每个软件版本上,然后通过描述一组所期望的属性来指定(和构造)配置的。这里提到的"属性"可以简单到赋给每个对象的特定版本号,或复杂到用以指明系统中特定类型的功能变更的布尔变量串。

在过去十多年中,已经提出了一系列不同的版本控制的自动方法,这些方法之间的主要不同在于用于构造系统的特定版本及变体的属性的复杂程度,以及构造过程的机制。在早期的系统中,如 SCCS[ROC75],属性只取数字值;在后来的系统,如 RCS[TIC82],使用了符号化的修改关键字;现代系统,如 NSE 或DSEE[ADA89],则建立了可用于构造变体或新版本的版本规约。这些系统也支持基线概念,因此,排除了对特定版本进行无控制修改(或删除)的可能性。

3. 变更控制

对于大型的软件开发项目,无控制的变更将迅速导致混乱。在对配置对象进行修改时,变更控制能保证质量和一致性,是软件配置任务中的一项重要内容。

在变更控制过程中,首先由用户提交一个变更请求,由变更控制机构来评价技术指标、潜在副作用、对其他配置对象和系统功能的整体影响以及对于变更的成本预测。评估的结果以变更报告的形式提交给变更控制审核者(对变更的状态及优先级作最终决策的人或小组)。对每个批准的变更生成一个工程变更命令,来描述将要进行的变更、必须注意的约束以及复审和审计的标准。将被修改的对象从项目数据库中"检出",对其进行修改,并进行变更复审后,再将对象"登入"到项目数据库,并使用合适的版本控制机制来建立软件的下一个版本。

"检出"和"登入"过程实现了访问控制和同步控制两个主要的变更控制要

素。访问控制管理软件工程师访问和修改某特定的配置对象的权限,同步控制用来确保不同人员完成的并行修改不会互相覆盖而造成混乱。

在 SCI 变成基线之前,只需要进行非正式的变更控制。配置对象的开发者可以进行任何合适的修改,一旦对象经过正式的技术复审并已被认可,则创建了一个基线。SCI 变成基线后,则项目级的变更控制就开始了。这时,为了进行修改,开发者必须获得项目管理者的批准(如果变更是"局部的"),或变更控制审核者的批准(如果该变更影响到其他 SCI)。在某些情况下,变更请求、变更报告和 ECO 的正式生成可以省略,但要管理对每个变更的评价,并对所有变更进行跟踪和复审。当软件产品发布给客户时,就要进行正式的变更控制。

依赖于软件项目的规模和性质,变更控制审核者可能是一个人(项目管理者)或一组人(来自软件、硬件、数据库工程、支持、市场等方面的代表)。变更控制审核者从全局的观点来评估变更对 SCI 之外的事物的影响:变更将如何影响硬件,变更将如何影响性能,变更将如何改变客户对产品的感觉,变更将如何影响产品的质量和可靠性,这些和很多其他的问题需被变更控制审核者处理。

4. 配置审计

软件配置审计的目的是要证实整个软件生存期中各项产品在技术上和管理上的完整性,并要确保所有文档内容的变动没有超出软件规定的范围,使得软件配置具有良好的可跟踪性。软件配置审计有助于确保进行修改时仍能维持质量。通过正式的技术复审和软件配置审计可以保证变更的正确实现。

正式的技术复审关注已经被修改的配置对象的技术正确性,复审者评估 SCI 以确定它与其他 SCI 的一致性、遗漏及潜在的副作用,正式的复审应该对所有变更进行,除了那些最琐碎的变更之外。软件配置审计通过评估配置对象的通常不在复审中考虑的特征而形成正式复审的补充。在某些情况下,审计问题被作为正式的技术复审的一部分提出。但当 SCM 作为一个正式的活动时,软件配置审计就被分开,并由质量保证组单独进行。

5. 状态报告

配置状态报告是一个 SCM 任务,它回答下列问题:发生了什么事,谁做的此事,此事是什么时候发生的,以及将影响别的什么吗?

每当一个 SCI 被赋上新的或修改后的标识或一个变更被变更控制审核者批准时,在配置状态报告中增加一条变更记录条目。每次配置审计完成后,其结果写入配置状态报告中。配置状态报告的输出可以放置到一个联机数据库中,使得软件开发者或维护者可以通过关键词分类访问变更信息。此外,配置状态报告被定期生成,允许管理者和开发者对重要的变更进行评估。

配置状态报告在大型软件开发项目中扮演了重要角色,状况报告提供了关于每个变更的信息给那些需要知道的人,改善了所有相关人员之间的通信,保证了软件开发的有序进行。

复习要点

1. 了解软件质量定义和软件质量度量。

2. 了解软件质量保证、质量保证活动与质量检验的概念。

3. 了解软件质量保证体系与质量保证的实施的概要。

4. 了解正式技术评审概要,包括评审会议、设计质量和程序质量的评审。

5. 了解软件过程与过程改进的概念,包括过程分类与过程模型、剪裁过程、过程模型建造技术、软件过程改进。

6. 了解软件过程能力评估的 CMM 模型,包括过程成熟度的概念、软件机构的能力成熟度模型、关键过程域、关键实践的概念。

7. 了解 ISO9000 国际标准,包括质量管理、质量认证和质量审核的概念,ISO9000 系列标准的特点、科学依据、主要内容,以及 ISO9000 - 3 标准。

练习题

1. 叙述质量管理基本概念:软件质量、软件质量模型、软件质量保证、技术评审。

2. 熟悉掌握 ISO 软件质量评价模型的三层结构,分别有哪些质量特性、子特性,以及相互的影响关系。

3. 了解 GJB 9001A—2001 的基本体系。

4. 如何建立适合于小型开发组织的质量保证体系?

第8章　军用软件工程及其标准

8.1　概　述

软件发展到软件工程学时代,从根本上摆脱了软件"个体式"或"作坊式"的生产方法,人们更注重项目管理和采纳形式化的标准和规范,并以各种生命周期模型来指导项目的开发进程。在此期间出现了 CASE(计机算机辅助软件工程)工具,并被广泛用于辅助人们的分析和设计活动,而且试图通过创建软件开发环境和软件工厂等途径来提高软件生产率和软件产品质量。

随着软件工程学的蓬勃发展,政府部门、软件开发机构以及使用部门等都深切感到了在软件工程领域内制定各种标准的迫切性,于是软件工程标准应运而生。

8.1.1　软件工程标准化的作用及意义

在软件工程化的推动下,软件标准化的范围现已扩展到软件整个生存周期的技术和管理,主要包括软件的开发、测试、文档、质量保证、软件验证和确认、验收等。软件工程标准化就是通过制定、贯彻并监督实施标准,规范软件开发、运行、维护和引退全过程工作和产品,以提高软件产品质量。其作用具体体现在以下几方面:

(1)通过开展软件工程标准化,为软件工程活动规定通用框架和基本要求,有助于保证软件工程活动的完整性、有效性,提高管理的透明度、可控性和有序性。

(2)为软件开发的各单位或人员规定了共同的行为准则,有助于协凋和统一软硬件研制活动。

(3)提供检验软件开发工作成果的共同依据,有助于软件的评审、测试和验收等。

(4)具体规定软件工程的方法,有助于克服由多种方法并用所带来的困难,保证军用软件开发方法与硬件研制的方法相协调。

(5)统一软件产品可能具有相同或相近的属性,有利于提高软件的重用率、互操作性、保障性等。

总之,通过软件工程标准化工作,可以大大提高软件的可靠性、安全性、可维护性、生产率、可移植性,促进软件的重用,从而有效保证产品质量、降低全寿命周期费用、缩短开发周期及部署时间、提高综合保障能力。

软件工程标准化的进程是同软件工程化的发展水平相适应的。随着计算机技术的发展,涌现出了很多大型的软件开发项目,在开发一个软件时,需要有许多层次、不同分工的人员相互配合;在开发项目的各个部分以及各开发阶段之间也都存在着许多联系和衔接问题。如何把这些错综复杂的关系协调好,需要有一系列统一的约束和规定。在软件开发项目取得阶段成果或最后完成时,还需要进行阶段评审和验收测试。投入运行的软件,其维护工作中遇到的问题又与开发工作有着密切的关系。软件的管理工作则渗透到软件生存期的每一个环节。所有这些都要求提供统一的行为规范和衡量准则,使得各种工作都能有章可循。软件工程的标准化会给软件工作带来许多好处,如可提高软件的可靠性、可维护性和可移植性;可提高软件的生产率;可提高软件人员的技术水平;可提高软件人员之间的通信效率,减少差错和误解;有利于软件管理;有利于降低软件产品的成本和运行维护成本;有利于缩短软件开发周期。通过软件工程标准化,可以规定检验软件开发工作成果的共同依据,有助于软件的评审、测试和验收等。

随着人们对计算机软件的认识逐渐深入,软件工作的范围从只是使用程序设计语言编写程序,扩展到整个软件生存期,如软件概念的形成、需求分析、设计、实现、测试、安装和检验、运行和维护,直到软件淘汰(为新的软件所取代)。同时还有许多技术管理工作(如过程管理、产品管理、资源管理)以及确认与验证工作(如评审和审核、产品分析、测试等)常常是跨越软件生存期各个阶段的专门工作。所有这些方面都应当逐步建立起标准或规范来。

8.1.2 软件工程标准分类

软件工程标准是对软件开发、运行、维护和引退的方法和过程所作的统一规定。根据 GB/T15538,软件工程标准体系可分为 4 个部分:过程标准、产品标准、行业标准和记法标准。其中过程标准和产品标准是软件工程标准的最基本也是最主要的组成部分,ISO/JTC1/SC7《软件工程》及我国军用软件工程标准通常也只包括这两部分内容。

过程标准是用来规定软件工程过程中(如开发、维护等)所进行的一系列活动或操作以及所使用的方法、工具和技术的标准,如 GJB 2786《武器系统软件开发》、GB/T 14079《软件维护指南》和 GB/T 15532《计算机软件单元测试》等都为软件工程过程标准。

产品标准是用于规定软件工程过程中,正式或非正式使用或产生的那些产品的特性(如完整性、可接受性)。软件开发和维护活动的文档化结果就是软件产品。这类标准有 GJB 2255《军用软件产品》、GJB 438A《武器系统软件开发文档》、GJB 9385《计算机软件需求说明编制指南》等。以下提供的表 8 – 1"软件工程标准分类表"既可帮助标准化人员管理和规划软件工程标准,也可帮助广大科研人员选用软件工程标准。

表 8 – 1　软件工程标准分类表

项　　目			标 准 类 型			
			过程标准	产品标准	行业标准	记法标准
任务功能	产品工程	需求分析				
		设计				
		编码				
		集成				
		转换				
		排错、调试				
		产品支持				
		软件维护				
	验证与确认	评审和审计				
		产品分析				
		测试				
	技术管理	过程管理				
		产品管理				
		资源管理				
软件生存周期		概念阶段				
		需求阶段				
		设计阶段				
		实现阶段				
		测试阶段				
		制造阶段				
		安装验收阶段				
		运行阶段				
		引退阶段				

根据软件工程标准制定的机构和标准适用的范围,它可分为5个级别,即国际标准、国家标准、行业标准、企业(机构)标准及项目(课题)标准。以下分别对五级标准的标识符及标准制定(或批准)的机构作一简要说明。

1. 国际标准

由国际联合机构制定和公布,提供各国参考的标准。

ISO(International Standards Organization)——国际标准化组织。这一国际机构有着广泛的代表性和权威性,它所公布的标准也有较大影响。20 世纪 60 年代初,该机构建立了"计算机与信息处理技术委员会"(简称 ISO/97),专门负责与计算机有关的标准化工作。这一标准通常标有 ISO 字样,如 ISO 8631—86 Information Processing—Program Constructs and Conventions for Their re Presentation(信息处理——程序构造及其表示法的约定。现已被我国收入国家标准)。

2. 国家标准

由政府或国家级的机构制定或批准,适用于全国范围的标准,如:

GB——中华人民共和国国家技术监督局是我国的最高标准化机构,它所公布实施的标准简称为"国标"。

ANSI(American National Standards Institute)——美国国家标准协会。这是美国一些民间标准化组织的领导机构,具有一定权威性。

FIPS(Federal Information Processing Standards)——美国商务部国家标准局联邦信息处理标准。

BS(British Standard)——英国国家标准。

JIS(Japanese Industrial Standard)——日本工业标准。

3. 行业标准

由行业机构、学术团体或国防机构制定,并适用于某个业务领域的标准,如 IEEE(Institute of Electrical and Electronics Engineers)——美国电气和电子工程师学会。近年该学会专门成立了软件标准分技术委员会(SESS),积极开展了软件标准化活动,取得了显著成果,受到了软件界的关注。IEEE 通过的标准常常要报请 ANSI 审批,使其具有国家标准的性质。因此,看到 IEEE 公布的标准常冠有 ANSI 字头。例如,ANSI/IEEE Str 828—1983 软件配置管理计划标准。GJB——中华人民共和国国家军用标准。这是由我国国防科学技术工业委员会批准,适合于国防部门和军队使用的标准。例如,1988 年发布实施的 GJB 473—88 军用软件开发规范。

DOD – STD(Department of Defense-STanDards)——美国国防部标准,适用于美国国防部门。

MIL – S(MILitary-Standards)——美国军用标准,适用于美军内部。

4. 企业规范

一些大型企业或公司,由于软件工程工作的需要,制定适用于本部门的规范。例如,美国 IBM 公司通用产品部(General Products Division)1984 年制定的《程序设计开发指南》,仅供该公司内部使用。

5. 项目规范

由某一科研生产项目组织制定,且为该项任务专用的软件工程规范。例如,计算机集成制造系统(CIMS)的软件工程规范。

8.1.3 军用软件工程标准化现状

1. 国外软件工程标准现状及发展动向

ISO 是国际标准化团体中最重要的一个组织,其宗旨是在世界范围内促进标准化工作的开展。它发布的标准被越来越多的国家直接采用,因此,其标准也是最有影响的标准之一。ISO/JTC1/SC7 软件工程分委员会已正式发布标准就有 15 项。另一个在软件工程标准化方面相当活跃的组织为 IEEE(电气与电子工程师协会),其标准部和软件工程分委员会经常举办有关软件工程的研讨班,并与有关标准化组织、协会以及政府部门保持密切联系,到目前为止已正式发布的 IEEE 标准为 30 余项。

世界上第一个软件工程标准是由美国军方制定的。美国是国际上软件工程最为发达的国家,尤其是军用软件,20 世纪 70 年代前后美军就开始陆续制定军用软件工程标准,到目前已发布的软件工程标准约 30 项。提高软件生产率、保证软件质量一直是软件界追求的目标。在过去几十年里人们不断探索新技术、新方法和新工具,并为实现这个目标做出了巨大努力。但是,仍有不尽如人意之处,如有成熟的技术方法和工具,但使用起来却千差万别;有严格的标准规范,但管理起来却总是很困难;有标准的开发模型作指导,但这些都起不到很大的控制作用。这里固然有人为因素、技术因素和管理因素,但其中重要的一点是缺少软件过程的约束性。人们渐渐认识到,软件产品开发成败的关键在软件过程。软件过程评估技术和标准的研究成为近年来备受国际社会广泛重视的热点。

1987 年,美国软件工程研究所(SEI)发表了承包商软件工程能力的评估方法标准,1991 年该标准发展成为能力成熟度模型 1.0 版(CMM1.0)。该方法的研究本是受美国政府委托用来评估美国国防部潜在的软件开发承包商软件工程能力的,但在 CMM 试用过程中一个更加重要的作用越来越被人们重视,那就是描述了软件过程不断改进的科学途径,从而使软件开发组织能自我分析,找出提高软件过程能力的方法,所以 CMM 也得到了国际软件产业界和软件工程界的广泛关注和认可。1993 年,ISO 在调研国际社会对软件过程评估标准需求的基础上决定组织制定软件过程标准,1995 年完成了 ISO/IEC 15504《软件过程评估》工作草案,该草案以 CMM 为基础,并吸收了国际上软件过程工作的成果。

2. 我国军用软件工程标准分析

我国软件工程标准化工作在 20 世纪 80 年代初才开始起步,经过十余年的努力取得了喜人的成果,现已颁布国标 22 项、国军标约 15 项,另如航空、航天、电子、机械等部门也基于行业软件管理的需要分别制定了若干行业标准,国内大型工程项目也制定了自己的软件工程标准规范,如 921 工程软件研制管理办法、青鸟工程软件规范等。1983 年军用标准化工作实行统一管理以后,软件工程标准化工作受到各有关方面的重视,取得了可喜的成绩,迄今已颁布的国军标中的大多数标准已被军内外广泛应用,对一些大型信息系统工程及重点武器型号的研制、生产及使用起到了积极的促进作用。按照"积极采用国际标准及国外先进标准"的技术政策,我国军用软件工程标准绝大多数都是参考美国军用标准,并结合我国具体情况制定的,但由于共知的原因,我国军用软件工程标准整体水平还落后于国外先进国家,我国同类标准的出台,一般落后美国军标近 10 年左右。然而,相对于目前我国软件工程化水平而言,这些标准确具有先进性和指导性,至少在今后的几年内仍将会发挥重要的作用。

下面就几个重要的标准进行一下简要分析。

(1) GJB 437《军用软件开发规范》是第一个软件工程国军标,它规定了软件生命周期中软件需求分析、软件设计、软件实现和软件测试的基本要求,同时它还涉及到这些阶段中的软件质量保证、软件配置管理、软件开发管理和软件文档编制等方面的内容。GJB 437 为军用软件开发规定了统一的最低要求,而 GJB 438、GJB 439、GJB 1090、GJB 1267 和 GJB 1268 则是对 GJB 437 要求的补充和细化,在 GJB 437 的实施过程中,常常需要与这些标准配套使用。GJB 437、GJB 438 和 GJB 439 等标准在我国军用软件的开发中曾起到十分重要的作用,然而,随着软件工程技术的迅速发展以及计算机在军事领域中更广泛深入的应用,GJB 437 已难以满足当前软件开发等各方面的需要。

首先,现代武器装备特别是大型武器系统的软件往往嵌入到系统中,与设备或其他分系统密不可分,因此在系统研制一开始就必须考虑软件问题。然而,GJB 437 则是将软件系统作为单纯软件来考虑,淡化了软件与整个武器系统的关系,因此导致系统的要求较难向下分解,软件与设备或其他分系统的接口较难定义,系统集成和测试也较难实现。其次,采用 GJB 437 意味着按照瀑布式开发模型进行软件开发,限制了软件开发人员对目前较先进的开发模型、开发方法的使用,因此也给军用软件的开发工作带来了很大不便。另外,GJB 437 的内容也不够完善,对开发过程中涉及到的风险管理、安全性等问题都未作出规定。对 GJB 437 进行修订或制定新的软件开发标准已经势在必行。

(2) GJB 2786《武器系统软件开发》规定了武器系统软件开发和保障的基本要求,适用于软件生存周期的全过程,为软件的订购方或使用方了解承制方的软件开发、测试和评价工作提供了依据。GJB 2786 克服了 GJB 437 的不足,充分体现了系统工程和软件工程的思想,具有鲜明的特点。特点之一就是提供了承制方在满足合同或任务书要求前提下的灵活性。在标准中,它定义了软件开发的 8 项主要活动,并特别说明这些活动可以重叠,也可以交叉或循环进行,因此 GJB 2786 对许多软件开发模型来说都是可接受的,即其本身可接受多种不同的软件开发方法。标准中唯一带有约束性的是承制方应使用有充分的文件证明的、系统化的软件开发方法,且该方法应支持合同要求的正式审查和审核。

GJB 2786 规定了软件开发的 8 项主要活动,即系统要求分析和设计、软件需求分析、概要设计、详细设计、编码和计算机软件单元测试、计算机软件部件集成和测试、计算机软件配置项测试、系统集成和测试。同时又从软件开发管理、软件工程、正式合格性测试、软件产品评价、软件配置管理、向软件保障阶段转移 6 个方面对上述 8 项活动提出了具体要求。GJB 2786 中每项要求都是唯一的,不存在冗余,一般要求与详细要求具有严格的对应关系,可以很方便地对标准进行一致的剪裁;而且标准只包含要求,没有其他指导或辅助性信息。便于剪裁是 GJB 2786 的另一大特点。

GJB 2786 的参考标准 DOD – STD – 2167A《防务系统软件开发》是美国国防部于 20 世纪 80 年代末期组织强有力的技术队伍,包括各种不同意见的专家、政府部门、学术界及应用领域中的人才共同研究制定的,是这一时期美国标准化工作的一项重要成果。美国国防部规定,凡是国防部关键任务计算机资源项目一律要遵守该标准,足见其位置之重要。但随着技术的发展,DOD – STD – 2167A 于 1994 年 11 月被美军标 MIL – STD – 498《软件开发和文档》所代替,究其原因,主要有以下两方面:一方面是受当时业已开始的美国军用标准改革的冲击;另一方面是进入 20 世纪 90 年代以后,软件工程技术日益普及,软件工具、平台环境开始广泛进展。MIL – STD – 498 与 DOD – STD – 2167A 相比不论在指导思想上,还是标准的内容上都有较大改变,不仅增强了与不同开发模型的兼容性,而且还增强了与非层次结构设计方法以及与 CASE 工具的兼容性,对文档的编制要求也更具灵活性,并对软件重用提出了明确要求。另外,还引进了软件管理标准,更加强调了软件的可支持性及与系统的联系。表 8 – 2 给出了我军主要的 GJB。

表 8 − 2　我军主要的 GJB

标 准 号	标 准 名 称	参 考 标 准
GJB 5000—2003	军用软件能力成熟度模型	
GJB 438A—97	武器系统软件开发文档	DI − MCCR − 8002 8：1986 等
GJB/Z 115—98	GJB 2786(武器系统软件开发) 剪裁指南	MIL − HDBK − 287：1989
GJB 2694—96	军用软件支持环境	DOD − STD − 1467A：1987
GJB/Z 102—97	软件可靠性和安全性设计准则	SWC − TR − 89 − 33；MIL − HDBK − 764：1990 等
GJB 2434A—2004	军用软件产品评价	ISO 9126：1991 等
GJB 2786—96	武器系统软件开发	DOD − STD − 2167A：1988
GJB 439—88	军用软件质量保证规范	MIL − STD − 5277A：1979
GJB 3181—98	军用软件支持环境选用要求	MIL − HDBK − 764：1990
GJB/Z 142—2004	军用软件安全性分析指南	
GJB 1091—91	军用软件需求分析	IEEE − STD − 830：1984；IEEE − STD − 829：1983 等
GJB 1267—91	军用软件维护	FIPS − PUB − 106：1984 等
GJKB 1419—92	军用计算机软件摘要	FIPS − PUB − 30：1974
GJB 1566—92	军用计算机软件文档编制 格式和内容	
GJB 2115—94	军用软件项目管理规范	FIPS − PUB − 105：1983
GJB 2255—94	军用软件产品	DOD − STD − 1703：1987
GJB 5235—2004	军用软件配置管理	ISO/IEC TR 15846
GJB 5234—2004	军用软件的验证和确认	GJB/Z 117—1999；IEEE Std 1012：1986
GJB 5236—2004	军用软件度量	ISO/IEC 9126 − 1：2001；ISO/IEC TR 9126 − 2：2003 等
GJB 2434A—2004	军用软件产品评价	ISO/IEC 14598；取代了 GJB 2434—95
GJB 1268A	军用软件的验收	DOD − STD − 1703(NS)；DOD − STD − 2176； IEEEStd 829：1983；修订了 GJB 1268—91
GJB/Z 141—2004	军用软件测试指南	

8.2　军用软件项目管理(GJB 2786)

　　自从提出软件工程标准后,人们在探索如何实施软件工程的过程中逐渐认识到,要得到高质量的软件,只搞好编程工作是远远不够的,编成之前,还必须进行软件需求分析和软件设计,且其质量对最终软件产品的质量更具有决定作用。

到了 20 世纪 90 年代,才出现了关于软件生存周期的标准,如 IEEE Std 1074：1991《软件开发生存周期过程》,ISO/IEC 12207：1995《信息技术软件生存周期过程》。随着软件工程技术的发展,软件生存周期过程也在不断丰富,2001 年国际标准化组织对 ISO/IEC 12207 发布了新的增补,目前这方面的研究仍在继续。

8.2.1　软件生存周期概念

在 GB/T 11457—1995《软件工程术语》中"软件生存周期"的定义为："从设计软件产品开始到产品不能再用时为止的时间周期。软件生存周期通常包括需求阶段、设计阶段、实现阶段、测试阶段、安装和验收阶段、运行和维护阶段,有时还包括引退阶段。"

软件生存周期模型提供了一个框架,以便描述在软件生存周期内进行软件开发、操作和维护所需要实施的过程、活动和任务。由于工作对象和范围的不同,软件开发人员经验的差异,所采用的软件生存周期模型也有所不同。

在 GB/T 8566—2001《信息技术软件生存周期过程》中描述了软件生存周期过程的体系结构,但没有规定一个特定的生存周期模型或软件开发方法。该标准指出,"采用本标准的各方负责为软件项目选择一个生存周期模型,并把本标准所述的过程、活动和任务映射到该模型中。各参与方还有责任选择和应用软件开发方法,并执行适合于软件项目的活动和任务。"

在 GB/Z 18493—2001《信息技术　软件生存周期过程指南》中指出,"有许多软件生存周期模型。但是,其中有 3 种主要的模型,它们是：瀑布模型、增量开发模型和进化模型。这些生存周期模型中的每一种都可以原封不动地使用,或者也可以把它们结合成一种混合型的生存周期模型。"在该标准中阐述了这 3 种生存周期模型的主要活动、存在的风险和使用的时机。

美国国家航空航天局(NASA)指出,"在整个 NASA 中,从多年的软件工程实践中吸取的一个重要的教训是：没有一个单一的解决方法能够解决所有的问题。没有一个生存周期、分析和设计方法、测试方法、产品评价方法适合于所有的 NASA 软件工程。"因此,在实际的应用中,应该根据具体情况选择适当的软件生存周期模型。

8.2.2　软件生存周期模型选择原则

目前,大多数软件开发项目都采用改进的瀑布模型作为规范化开发的基础,其主要原因如下：

（1）软件开发单位的软件工程工作尚处于初级阶段,软件开发人员和管理人员既缺乏经验,又无历史数据可供借鉴,因此,需要一种比较简单易行的组织方式。

（2）结构化方法学是系统工程中最成熟的方法学，目前大多数软件开发都以结构化开发方法学为基础。

（3）在与结构化方法学相适应的生存周期模型中，改进的瀑布模型最为简单实用，行之有效。

（4）有关软件开发的现行国家标准和军用标准都是以瀑布模型为基础制定的。

随着计算机技术的迅速发展，新型软件支持工具和环境的不断推出，软件开发单位在软件开发经验和数据方面的日益积累，软件开发人员业务素质的逐步提高，可以预料，未来软件开发将会采用更为先进的生存周期模型和技术。因此，在开发一个软件项目时，首先应当为其选定适当的软件生存周期模型，然后按选定的模型开展管理和技术工作，选用相应的标准工具。对于一个软件开发项目，在为其选择生存周期模型是，一般应遵循下述原则：

（1）生存周期模型应与软件项目的特点（如软件规模和复杂性）相适应。

（2）生存周期模型应与所采用的软件开发技术（如软件模型和复杂性）相适应。

（3）生存周期模型应满足整个应用系统的开发进度要求。

（4）生存周期模型应有助于控制和消除软件开发风险。

（5）生存周期模型应有可用的计算机辅助工具的支持。

（6）生存周期模型应与用户和软件开发人员的知识和技能水平相适应。

（7）生存周期模型应有利于软件开发的管理和控制。

在为一个具体项目选择软件生存周期时，通常应考虑项目的特点（如系统的功能和复杂性、软件的规模和复杂性、需求的稳定性、以前开发结果的使用、开发策略和硬件的可用性等），通过选择每个过程的活动、规定活动的顺序和分配给活动的责任来定义的软件生存周期。一个项目可以定义一个或多个软件生存周期。

RTCA DO−178B《机载系统和设备合格审定中的软件考虑》给出了一个项目的示例，该项目使用了 4 种不同的软件生存周期。在图 8−1 中，具有不同软件生存周期的单个软件由 4 个软件部件（W、X、Y 和 Z）组成，其开发过程如下：通过开发软件需求，软件部件 W 实施一系列系统需求，使用那些需求来确定软件设计，将设计转换为源代码，并把软件部件 W 集成到硬件中；软件部件 X 是对在已经合格审定的航空器或发动机中使用的以前开发的软件的使用说明；软件部件 Y 利用了能从软件需求直接编码的、简单的、划分的功能；软件部件 Z 使用了原型策略进行软件开发，其目的是为了更好地理解软件需求并减少开发和技术的风险,它采用原始需求作为开发原型的基础,并使原型在代表被开发系统的、预定的使用环境中进行评估,并用评估的结果来改进软件需求,进而开发出软件部件。

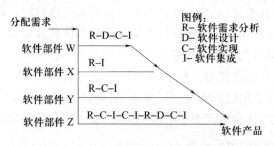

图 8-1 使用 4 种软件生存周期的项目示例

8.2.3 围绕软件开发工作的活动

GJB 2786—1996 正文中关于软件开发管理的 10 条要求就说明了将软件开发活动分为如下 8 类进行组织和管理:系统要求分析和设计、软件需求分析、概要设计、详细设计、编码和计算机软件单元测试、计算机软件部件集成和测试、计算机软件配置项测试以及系统集成和测试。

这 8 类活动可以组成软件开发的 8 个阶段,也可以根据具体软件特点对这些阶段加以调整。该标准详细地描述了这 8 个阶段活动的要求,并将这些要求分为如下 5 类要求:软件开发管理、软件产品的开发活动、正式和个性测试、软件产品评价以及软件配置管理。这 5 类要求实际上综合了软件开发过程中必须实施的各种开发和管理的活动要求。如果认真执行 GJB 2786—1996 的规定,就可以说走上了软件工程化的轨道。每个阶段在这 5 类要求中的独特内容,也有一些共同内容。

8.2.4 GJB 2786—1996 的实施

对于许多军用软件开发单位来说,如何实施软件工程化还是尚未解决的问题。在这种情况下,GJB 2786—1996 为这些单位提供了很好的指导,只要认真实施该标准就走上了软件工程化的轨道。从一些成功实施该标准的实践经验来看,有以下几个值得注意的方面。

(1)组织制定明确的方针。各软件开发单位的主要决策者或各工程项目的主要负责者是否要求本单位软件开发必须工程化,是否有相应的资源保障和奖惩措施,决定着能否认真实施 GJB 2786—1996。

(2)十分重视工作策划。实践表明,有了组织上的明确方针之后,成功实施软件工程化的首要环节是具体的软件项目策划。诸如 GJB 2786—1996 对软件开发活动的共同要求所述，许多内容都要在项目开始时策划好，在软件项目计划中加以阐明。如果不仔细策划，就难免使该标准的许多要求不能落实。

还有一个十分重要的问题，就是不能对任何软件项目都一样对待，而不顾其规模大小、项目特征和具体用途如何。必须根据具体软件项目的特点，对该标准加以裁减，使之更适用。这正是策划的重要任务之一。

（3）选择生存周期模型。根据具体软件项目特点剪裁使用该标准的第一步，就是确定具体适用的软件生存周期模型，确定如何将开发工作分阶段，以便明确定义各阶段的活动和产品。不做好这一步工作就不能制定比较切实可行的、有效的计划。

前面介绍的软件生存期模型和一般选择方法，可作为参考。切不可拘泥于某种理论上的模型，重要的是将软件开发工作分为可控制的若干阶段。这里的关键有两点：一是分阶段；二是可控制。

8.2.5　文档编制

文档的格式和内容是根据 GJB 2786—1996 中各阶段描述的工作任务而产生的，这些文档记载了软件开发过程中的主要活动信息和要求。它们与 GJB 2786 标准各条的关系见 GJB 2786—1996 标准的资料要求和文档的相互引用。承制方应按照要求编写并交付软件文档。

软件开发过程中要编制的文档应是书面文档或电子媒体的形式，若选择电子媒体，则应规定其格式。鼓励使用自动化技术生成文档。在编制文档是可根据任务要求裁减文档，裁减说明和编写要求如下：

（1）裁减说明。根据需要，可以对文档的种类和内容进行裁减。按文档章节标题顺序应与本标准规定的标题相同的原则，若裁减了某章节或某小节，则在被裁去的章节（或小节）的标题下直接加以说明。若裁减的是整章节（包括其所有小节），则仅需在最高层的章节标题下加以说明。

（2）表示形式。为使各文档章节的信息更加清晰可读，可采用图、表、矩阵或其他形式的表示方式进行说明。

（3）页码编制。文档正文的目录使用小写罗马数字编号，文档正文和附录均使用阿拉伯数字顺序编号；若一个文档分为若干卷，则每一卷应重新开始按顺序编号。

（4）文档控制号。书面形式文档的控制号可打印在页的一边或两边（单边或双边）。文档控制号包括文档修订号和卷号。每页的页眉一般应有文档控制号和日期。

(5) 自变量。字母 X 和 Y 为各文档小节编号的自变量。标题上圆括号中的文字在编写时要用实际内容替换。

软件文档由封面、目录、正文、注释和附录组成。

① 封面。封面一般应包括文档控制号、密级、修订日期、系统名、CSCI 名、文档名称、用户单位、管理部门、编制单位、编制人、审核、批准。例如,某工程项目的开发计划封面如图 8－2 所示：

密级：XX

[文档控制号：VOL.X/Y(多卷情况)]
[修订日期：　　　]

[系统名]的[CSCI]的
软件开发计划

合同号：K-9601-03
用户单位：XXX 部队
签约机构：XXXX
编制单位：北京系统工程研究所
编制人：XXX
审核：XXX
批准：XXX

图 8－2　文档封面图

② 目录。当文档内容较长或章节较多时,应编写目录。目录的内容包括章、节、注释和附录的编号、标题及其页码。标题与页码之间用符号"……"连接。注释和附录可以另编页码。

③ 正文。正文是各文档的具体内容,其要求在下面给出。

④ 注释。各文档的注释部分应包括能帮助了解这份文档的所有信息(如背景信息、词汇表、公式),以及本文档使用的所有的缩略语及其含义。

⑤ 附录。各文档的附录应提供文档维护的详细信息(如图、表、分类数据等)。每个附录都应在文档的正文中被引用。为方便起见,附录可单独装订成册。附录应按字母顺序(A、B 等)分类,并且每个附录中的小节编号均需加上附录字母(如附录 A、A1、A2 等)。

各阶段通常都产生的一定的文档,归纳起来总共有以下 16 种：

系统和分系统设计文件(SSDD)；

软件开发计划(SDP)；

软件需求规格说明(SRS)；

接口需求规格说明(IRS)；

软件设计文档(SDD)；

接口设计文档(IDD);

软件产品规格说明(SPS);

版本说明文档(VDD);

软件测试计划(STP);

软件测试说明(STD);

软件测试报告(STR);

计算机系统操作员手册(CSOM);

软件用户手册(SUM);

软件程序员手册(SMP);

固件保障手册(FSM);

计算机资源综合保障文件(CRISD)。

关于这些文档的格式、内容和要求,参见 GJB 438A—1997《武器系统软件开发文档》。实践中需要编制的文档种类和文档内容的详细程度都可以按具体软件项目的特点加以裁减,重要的要符合签约机构的要求,并注意及时性。

8.3　军用软件设计

在 IEEE 610.12—90 中,设计被定义为"定义一个系统或组件的体系结构、组件、接口和其他特征的过程"和"这个过程的结果"。作为过程看待时,软件设计是一种软件工程生命周期活动,在这个活动中,要分析软件需求,从而产生一个能够描述软件内部结构的基础性的框架。更精确地说,软件设计(结果)必须描述软件体系结构(即软件如何分解成组件并组织起来)和这些组件之间的接口,它必须详细地描述组件,以便能构造这些组件。

软件设计在软件开发中起着重要作用:它让软件工程师设计要实现的方案,生成要实现的蓝图,形成各种不同的模型。可以分析和评价这些模型,以确定使用它们能否实现各种不同的需求,可以检查和评价各种不同的候选方案,进行权衡,最后,除了作为构造和测试的输入和起始点外,可以使用作为结果的模型,来规划后续的开发活动。

在《IEEE/EIA 12207 软件生命周期过程》等软件生命周期过程的标准列表中,软件设计由两个处于软件需求和软件构造之间的活动组成:

(1)软件体系结构设计(有时叫做高层设计)。描述软件的组成结构和组织,标识各种不同的组件。

(2)软件详细设计。详细地描述各个组件,使之能被构造。

从软件工程的角度上来看,军用软件设计包括以下几部分内容:软件设计基础、软件设计关键问题、软件结构与体系结构、软件设计质量的分析与评价、软件设计符号和软件设计策略与方法。军用软件设计内容如图8-3所示。

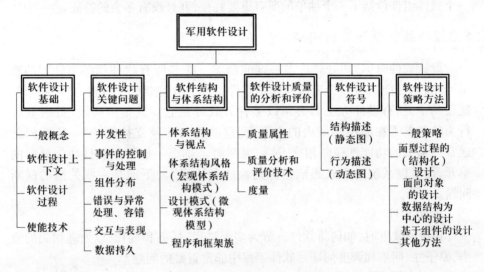

图8-3　军用软件设计内容

8.3.1　软件设计基础

软件设计是一个两步的过程,包括体系结构设计和详细设计。体系结构设计描述软件如何分解和组织成组件(软件体系结构),详细设计描述这些组件的特定行为。软件设计过程的输出是一组模型和人造物品,它们记录了采用的主要决策。

软件设计原理是针对许多不同的软件设计方法和概念的关键观念。软件的主要设计原理包括以下几方面:

(1)抽象。抽象是"遗忘一些信息,使得不同的事物可以当作同样的事物来处理"。在软件设计上下文中,有两个关键的抽象机制——参数化和规范。规范抽象主要有类、过程抽象、数据抽象和控制(迭代)抽象。

(2)耦合与聚合。耦合定义为模块之间相互联系的强度,聚合定义为组成一个模块的各个元素如何相互联系。

(3)分解与模块化。将大型软件分解和模块化为大量小规模的独立模块,一般目标是将不同的功能或责任放置到不同的组件中。

(4)封装与信息隐藏。封装与信息隐藏意味着将元素和抽象的细节分组打包,使得外部不能访问细节。

(5)接口和实现的分离。接口和实现的分离涉及通过规格说明一个公共接

255

口(称为客户)来定义一个组件,并将如何实现细节分离出来。

(6)充分性、完备性和原始性。要实现充分性、完备性和原始性,就要保证一个软件组件包括了一个抽象的所有重要特征,并且没有多余的特征。

8.3.2 软件设计关键问题

设计软件时,必须处理许多关键问题。一些是所有软件都必须处理的质量问题,如性能。另一个重要问题是软件组件的分解、组织、打包方法,这个问题很基本,所有设计方法都必须以某种方式处理它。其他的问题"处理软件行为的某些不在应用领域内的方面,而这些行为涉及支持领域"。这些问题通常与系统的功能性横断相交,被称为剖面,"剖面一般不是软件功能分解的单元,而是以系统的方式影响组件的性能和语义"。下面是一些关键的横断问题。

1. 并发性

在设计软件时,如何将软件分解为多个进程、任务和线程,以处理相关的效率、原子性、同步和调度问题是软件工程中非常重要的问题。

2. 实践的控制与处理

如何组织数据和控制流、如何通过不同的机制(如隐含调用和回调)处理交互和临时事件是软件工程设计的关键性问题。

3. 组件的分布

如果把软件看成是由组件构成的,如何将软件分布到各个硬件上,组件如何通信,如何使用中间件来处理异构软件是软件工程的又一个关键问题。

4. 错误和异常处理、容错

在软件运行和设计中经常会出现错误和异常现象,因此,在软件工程中特别是军用软件如何阻止和容许故障,如何处理异常条件成为军用软件设计的重点问题。

在软件出现故障或违反指定接口的情况下,软件仍能维持规定性能水平的能力,称为软件容错。对于规定功能的软件,在一定程度上具有容错能力,称为容错软件。容错软件有三个共同特性。首先,容错的对象是一个规定功能的软件,这些功能是由"软件需求规格说明"定义的。容错只是为了保证当缺陷导致出现故障时,不会导致失效,并能维持规定功能。其次,容错的能力总有一定限度,因为软件缺陷的多少很难预料,输入信息的构成也很复杂,软件容错总有一定限度。即使是容错软件有时也会失效。第三,软件容错是指在软件自身存在缺陷且运行中出现故障时,它能屏蔽故障,避免失效。实现容错软件的主要方法是使用冗余技术。冗余技术的例子有 N – 版本程序(N – version Program)设计技术和恢复块(Recovery Block)程序设计技术。除了冗余技术之外,实现容错软件的技术还有故障检测技术、故障恢复技术、破坏估计、故障隔离技术和继续服务等技术。

软件容错的主要目的是提供足够的冗余信息和算法程序,使系统在实际运行时能够及时发现程序设计错误,采取补救措施,以提高软件可靠性,保证整个计算机系统的正常运行。软件容错技术主要有恢复块方法和 N - 版本程序设计,另外还有防卫式程序设计等。

(1)恢复块方法。故障的恢复策略一般有两种:前向恢复和后向恢复。前向恢复是指使当前的计算继续下去,把系统恢复成连贯的正确状态,弥补当前状态的不连贯情况,这需有错误的详细说明。后向恢复是指系统恢复到前一个正确状态,继续执行。这种方法显然不适合实时处理场合。

1975 年,B. Randell 提出了一种动态屏蔽技术叫做恢复块方法。恢复块方法采用后向恢复策略。它提供具有相同功能的主块和几个后备块,一个块就是一个执行完整的程序段,主块首先投入运行,结束后进行验收测试,如果没有通过验收测试,系统经现场恢复后由一后备块运行(图 8 - 4)。这一过程可以重复到耗尽所有的后备块,或者某个程序故障行为超出了预料,从而导致不可恢复的后果。设计时应保证实现主块和后备块之间的独立性,避免相关错误的产生,使主块和后备块之间的共性错误降到最低限度。验收测试程序完成故障检测功能,它本身的故障对恢复块方法而言是共性,因此,必须保证它的正确性。

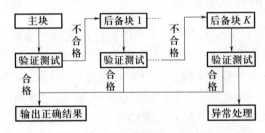

图 8 - 4　恢复块方法

(2)N - 版本程序设计。1977 年出现的 N - 版本程序设计,是一种静态的故障屏蔽技术,采用前向恢复的策略,其设计思想是用 N 个具有相同功能的程序同时执行一项计算,结果通过多数表决来选择(图 8 - 5)。其中 N 份程序必须由不同的人独立设计,使用不同的方法,不同的设计语言,不同的开发环境和工具来实现。目的是减少 N - 版本软件在表决点上相关错误的概率。另外,由于各种不同版本并行执行,有时甚至在不同的计算机中执行,必须解决彼此之间的同步问题。

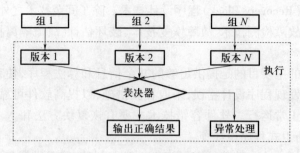

图 8 – 5　10N – 版本程序设计

（3）防卫式程序设计。防卫式程序设计是一种不采用任何一种传统的容错技术就能实现软件容错的方法,对于程序中存在的错误和不一致性,防卫式程序设计的基本思想是在程序中包含错误检查代码和错误恢复代码,使得一旦错误发生,程序能撤消错误状态,恢复到一个已知的正确状态中去。其实现策略包括错误检测、破坏估计和错误恢复三个方面。

除上述三种方法外,提高软件容错能力亦可以从计算机平台环境、软件工程和构造异常处理模块等不同方面达到。此外,利用高级程序设计语言本身的容错能力,采取相应的策略,也是可行的办法。软件容错虽然起步较晚,但具有独特的优势,费用增加较少。而硬件容错的每一种策略都要增加费用。目前,软件容错已成为容错领域重要分支之一。

8.3.3　软件结构与体系结构

严格地说,软件体系结构是"一个描述软件系统的子系统和组件,以及它们之间相互关系的学科"。体系结构试图定义结果软件的内部结构(根据牛津英语词典,"结构"是某个事物被构造和组织的方式)。但是,在 20 世纪 90 年代中期,软件体系结构开始作为一个更广泛的学科出现了,它涉及以更一般的方式研究软件结构和体系结构,这引发了大量的关于在不同抽象层次上设计软件的思想,其中一些概念在特定软件的体系结构设计中有用(如体系结构风格),也在详细设计中有用(如低层的设计模式)。但它们也可以用于设计一般的系统,导致了程序族(也称为产品线)的设计。可以认为,多数这些概念是试图描述或复用一般的设计知识。

（1）体系结构和视图。可以描述软件设计的不同高层剖面并形成文档,这些剖面通常称为视图:"一个视图表示了软件体系结构显示的软件系统某个特定特性的某个特定方面"。这些不同的视图与关联软件设计的不同问题相关,如逻辑视图(满足功能需求)与进程视图(并发问题)、物理视图(分布问题)与开发视图(设计如何分解为实现单元)。其他作者使用了不同的术语,如行为、功能、结构和数据模型视图。总之,软件设计是多剖面的产品,它由设计过程产生,并由一些相对独立和正交的视图组成。

体系结构风格是"施加在一个体系结构上的、定义一组或一族满足它们的体系结构的一组约束"。体系结构风格可以被认为是提供软件高层组织(宏观体系结构)的元模型。不同的作者已经标识了大量的主要体系结构风格:

① 一般结构(如分层、管道线、过滤器、黑板);

② 分布式系统(如客户/服务器、3级结构、代理);

③ 交互式系统(如模型—视图—控制器、表现—抽象—控制);

④ 自适应系统(如微内核、反射);

⑤ 其他(如批处理、解释器、过程控制、基于规则)。

(2) 设计模式(微观体系结构模式)。简单地讲,模式是"给定上下文中普遍问题的普遍解决方案"。体系结构风格可以被认为是描述软件高层组织的模式(宏观体系结构),其他设计模式可用于描述较低层次的、更局部的细节(微观体系结构):①创建型模式(如构造者、工厂、原型、单件);②结构型模式(如适配器、桥接器、组合、装饰器、剖面、代理);③行为型模式(如命令、解释器、迭代器、协调器、备忘录、观察者、状态、策略、模板、访问者)。

(3) 程序和框架族。另一个复用软件设计和组件的途径是设计程序族,又成为软件产品线。标识族中成员的公共特性,使用可复用可裁剪组件来解决族内成员之间的可变性问题,就可以实现程序族。

在面向对象编程中,一个关键概念是框架:可以通过适当的特定插件(又成为热点)实例化的、部分完成的软件子系统。

8.3.4 软件设计质量的分析与评价

本节包含大量的与软件设计特别相关的质量和评价主题,多数主题也包含在软件质量知识域中。

1. 质量属性

对于得到一个高质量(可维护性、可移植性、可测试性、可追踪性、正确性、健壮性、目的的适应性)的软件设计,多种质量属性都认为是重要的,可区分为在运行时间可区别的质量属性(性能、安全性、可用性、功能性、可使用性)、运行时间不可区别的质量属性(可修改性、可移植性、可复用性、可集成性、可测试性)、与体系结构本质量相关的质量属性(概念完整性、正确性、完备性和可构造性)。

2. 质量分析与评价技术

有多种工具和技术来帮助人们确保软件设计的质量。

（1）软件设计评审。有正式的和半正式的，通常是以小组方式进行，来验证和保证设计结果的质量（如体系结构评审、设计评审和检查、基于场景的技术、需求追踪）。

（2）静态分析。正式或半正式的静态（不可执行的）分析技术，可以用于评价一个设计（如故障树分析或自动交叉检查）。

（3）模拟与原型。这是评价设计的动态的技术（如性能模拟或可行性原型）。

3. 度量

使用度量可以评定或定量估计软件设计的不同方面：规模、结构、质量。已经提出了许多度量，它们多数依赖产生设计的方法。这些度量可以分为以下两类。

（1）面向功能（结构化）设计的度量。通过功能分解得到的设计结构，通常表示为结构图（有时称为层次图），可以计算其多种度量。

（2）面向对象设计度量。设计的总体结构通常表示为类图，可以计算多种度量，也可以计算每个类内部的内容的度量。

8.3.5 软件设计符号

有许多表达软件设计成果的符号和语言，一些主要用于描述设计的结构组织，另一些用于描述软件行为。某些符号主要在体系结构设计中使用，另一些则主要用于详细设计，少部分可以用于这两个步骤。另外，一些符号通常用于特定方法的上下文中。这里，将符号分为描述结构（静态）视图和行为（动态）视图两类。

1. 结构描述（静态视图）

下面的符号，主要是（但不总是）图形，描述和表示软件设计的结构方面，即它们描述主要的组件和组件间的联系（静态视图）：

（1）体系结构描述语言（Architecture Description Languages，ADL）。文本（通常是形式化的）语言，以组件和组件间相互联系的方式描述软件体系结构。

（2）类图和对象图。用于表示类或对象的集合，以及它们之间的联系。

（3）组件图。用于表示组件集合和组件间联系。

（4）协作责任卡（Collaboration Responsibilities Cards，CRC）。用于表示组件（类）的名称、责任和协作组件名称。

（5）部署图。用于表示一组（物理）节点及其相互联系，表示了系统的物理外观。

（6）实体联系图。用于表示存储在信息系统中数据的模型。

（7）接口描述语言（Interface Description Languages，IDL）。类编程语言，用于定义软件组件的接口（输出的操作的名字和类型）。

（8）Jackson 结构图。以顺序、选择和重复的方式描述数据结构。

（9）结构图。用于描述程序的调用结构（一个模块调用的其他模块，调用某个模块的其他模块）。

2. 行为描述（动态视图）

下面的符号和语言，一些是图形的，一些是文本的，用于描述软件和组件的动态行为。多数符号用于详细设计。

（1）活动图。用于表示从活动（在一个状态机内进行的非原子执行）到活动的控制流。

（2）协作图。用于表示发生在一组对象之间的交互，重点是对象、对象的链接、对象在链接上交换的消息。

（3）数据流图。用来表示数据在一组处理过程之间的流动。

（4）决策表和决策图。用于表示条件和行动的复杂组合。

（5）流程图和结构化流程图。用于表示控制流和要完成的对应活动。

（6）序列图。用于表示一组对象之间的交互，重点在按时间顺序的消息交换。

（7）状态变迁与状态图。用于表示状态机中，状态之间的控制流。

（8）形式化描述语言。文本语言，使用来自数学的基本符号（如逻辑、集合、顺序）来严格和抽象地定义软件组件接口和行为，通常形式是前置条件和后置条件。

（9）伪码和程序设计语言。结构化的类编程语言，通常在详细设计阶段，用于描述一个过程或方法的行为。

8.3.6 软件设计策略与方法

有各种一般的策略来帮助指导设计过程。与一般的策略不同，方法则更为专门，方法通常建议和提供了与方法一起使用的一组符号，并描述了遵循方法时要使用的过程，以及使用方法的指南。这些方法作为传递知识的手段和作为软件工程师小组的公共构架，很有用处。

（1）一般策略。常常被引用的设计过程中有用的一般策略是分而治之和逐步求精、自顶向下与自底向上、数据抽象与信息隐藏、使用启发式规则、使用模式和模式语言、使用迭代和增量方法。

（2）面向功能（结构化）设计。这是软件设计的一个经典方法，分解的中心集中在标识主要的软件工程上，然后以自顶向下的方式，不断详细描述和精化这些功能。结构化设计通常在结构化分析后进行,产生数据流图对应的过程描述。研究人员提出了各种策略(如变换分析和事务分析)和启发式方法(如扇入/扇出、影响范围/控制范围)来将一个数据流图变换为通常用结构图表示的软件体系结构。

(3)面向对象的设计。已经提出了许多基于对象的软件设计方法,这个领域从 20 世纪 80 年代中期的基于对象的设计(名词 = 对象,动词 = 方法、形容词 = 属性)发展到面向对象的设计,其中,继承和多态性起着关键的作用,在发展到基于组件的设计,其中,可以定义和访问元信息(如通过反射)。虽然面向对象设计源于数据抽象,人们提出了责任驱动的设计作为面向对象设计的另一个选择。

(4)数据结构为中心的设计。数据结构为中心的设计(如 Jackson 方法、Warnier – Orr 方法)从程序要操纵的数据结构开始,而不是从程序要完成的功能开始。软件工程师首先描述输入输出的数据结构(如使用 Jackson 的结构图),然后基于这些数据结构图来开发程序的控制结构。人们提出了各种启发式规则来处理特殊情况,例如,当输入结构与输出结构不匹配时的情况。

(5)基于组件的设计。一个软件组件是一个独立的单元,具有良定义的接口和可以独立组合和部署的依赖性。基于组件的设计要解决为了改进复用而提供、开发、集成这些组件有关的问题。

(6)其他方法。还有一些其他非主流的方法,即形式化和严密的方法。

8.4 军用软件编程要求

软件编程阶段的任务是利用所选定的编程语言把详细设计阶段所细分的软件单元及对每个软件单元所作的接口设计、数据设计和处理过程的逻辑设计转化成计算机能够"理解"的代码形式。软件编码应遵循一定的编码规则,这些规则是因所选编程语言的不同而不同。目前,常用的有 C/C ++ 、Java 等。对于安全性关键软件还要制定安全性专用的编码规则,这些规则将识别安全性关键代码注解的需求和对可能降低软件安全性的某些语言特征的使用限制。因此,下面按基本要求和特殊要求分别论述,在论述基本要求时因无法罗列所有各类编程语言的编码规则,在此仅选择其共性要求进行阐述。

8.4.1 军用软件编程的一般准则

军用软件编程的一般准则如下:

(1)可追踪性。欲编码的每个软件单元应源自详细设计所分解的功能模块。

(2)完备性。每个软件单元的代码应对应于设计时所定义的处理,并有相同的控制逻辑结构。

（3）独立性。每个软件单元的代码应对应于一独立编译单位。每个软件单元应有单一的功能。

（4）数据规则。设计时所标识的数据在代码中应有相同的名字；变量和常数的助忆符应代表它们的物理和功能特性；语言关键字和保留字绝不能用作变量名；一个变量应有且只能有一个名字；禁用变量等价和无名公用区；一致性；所有数据应在一个说明块中给出一个显式类型（除循环变量外）；一个特定类型所定义的数据，每次使用时均应按此类型使用；代数变量的单位应选择成与此变量的所有使用相一致；所有变量均需在其说明处加注释；所有变量均应显式初始化，此初始化应在其首次使用前完成，如果变量在函数执行内部初始化或者在一迭代处理中重复初始化就会降低效率；默认值应定义；尽量避免使用全局数据，软件单元之间的数据通信尽可能使用参数传递方法；同一表达式中所使用的变量类型不应混用。在表达式求值前应显式完成转换。

（5）处理规则。禁止对代码作动态修改；避免使用复杂的编程技巧；为提高执行效率和存储效率，可以使用特殊结构，在整个软件单元中应该用清晰、简单明了的注释，说明此结构；每个软件单元只能有一个入口和一个出口；在算术表达式中应尽量使用括号；代码应结构化；在一个软件单元中路径或分枝越多，其复杂性也就越大；所以应设法减少软件单元中的条件语句或循环语句的个数；条件语句的编码应高效率；控制结构应完整；对每个条件点的所有条件和处理均应定义；当一条件测试成功时，应预见所有假定不可能的情况重新合成为"其他情况"；循环变量只能由专门的循环控制语句修改，不能由循环体内所执行的其他处理所修改（修改控制变量不仅使软件单元的逻辑变得复杂，而且会给测试带来严重问题）；与循环无关的计算要放在循环体外；与完成有关功能无关的可执行代码段是无效的，且耗费存储空间，有时可能会招致意外的、不确定的后果，故应删除此类代码段。

（6）调用规则。调用序列应遵循下列规则；接口应是显式参数，输入/输出参数应按约定顺序存放（如输入、输出、状态码）；为了处理层次化，所交换的数据应遵循下列原则，即控制参数应由调用者定义、输入数据应由调用者定义、输出数据应由调用者定义、控制要返回至调用者。

（7）异常处理规则。当一个软件单元的输入数据会影响处理的进展（选择变量或循环变量），或者有发生溢出（表的长度、数组下标、除数、开平方）危险的情况下，应对这些数据的定义域进行检查；关于"比较"的建议：比较门限，应测试上溢，且不应等于上、下门限；与特殊值或决策表有关部分的活动，应测试所有值，在开始处理前要检查每个输入。为了避免在发现不完整的或不正确的输入数据之前走过了若干处理步,所以在处理开始前要完成对所有输入数据的检查;在处理期间要检查"关键"输出参数的合理性;有一错误时,要把一错误码返回给调用者;任何调用低层软件单元者应该测试由此被调用者所返回的状态码;若为错误,此调用者则应执行或调用异常处理过程;此规则也适用于对系统服务例程的调用。

(8)表示法规则。软件单元的规模应受限制,例如,软件单元的规模一般不大于 60 源代码行,最多不超过 200 源代码行。软件单元应按块方式组织成:首部块(描述此软件单元的引言)、数据块(包含全局数据和私有数据)、初始化块(对变量赋初值)、处理块(包含全部可执行代码)。标号的规则:应该遵循对标号的约定;软件单元内部的标号的作用是允许控制结构编码时做必要的分支,标号也仅用于此种情况;若使用数字标号,则应按其出现的顺序编号之;代码缩进应使代码易读。应指出的是,在处理块中基本的结构应是:顺序、选择、迭代(缩进格式),这些基本结构应以可读、易识别为原则;代码越结构化,其自描述性就越好;不要把多条语句写在一行代码中;应区别处理下列几类注释:软件单元的注释;单元内部代码段的注释;单个语句的注释。每个软件单元首部的注释,建议用表 8 – 3 中的内容。

表 8 – 3　几种代码注释

名字	软件单元标识符	被调者	扇出软件单元名	
作用	用途和功能	语言	编程语言	
类型	(子)例程/函数/过程	版本号	Vx. yz	
输入	文件名或输入参数表	生成者		日期
输出	文件名或返回值参数表	修改者		日期

应广泛使用注释,其目的是说明代码逻辑,构成顺序代码段的任何语句组都应引入注释,描述该段的功能和逻辑(其命名规则应与详细设计文档中相同);注释应按功能观点书写,它应清楚地解释该代码,主要指出它是干什么的、如何干的,以及何时干的,注释不要重复,使每个注释都有用。

(9)编程风格。应使用结构化或面向对象的编码技术;写得清晰,而不过于追求灵巧;遵循命名规则,选用不易混淆的名字;调用公用例程(函数、过程),不要重复表达;尽量避免使用临时变量;用缩进法划定语句组;别修补糟糕的程序,干脆重编;对递归定义的数据结构采用递归过程;检验输入数据的合法性和合理性;标识错误的输入,尽可能纠正它;用统一的方式处理文件结束标志;使输入数据易准备,输出数据易理解;使用统一的输入格式;使输入数据易校对;保所有变量在使用前已初始化;在分支语句中,注意等号与不等号的使用;禁止循环多重出口;不要对浮点数作相等比较;别贪"效率"之小利,而忘程序之清晰、简单;使变量名、语句标号有意义;使语句的排列能说明程序的逻辑结构;别注释太少或太过分(约1/4)。

8.4.2 军用软件编程的特殊要求

在软件编码期间实现软件对安全性关键的控制。安全性需求通过设计传递到编码级。安全性关键编码任务应加以明确标识。程序员应不仅考虑到明显的安全性相关的设计因素,而且应认识到可能引入损害安全性控制的非安全性关键代码中的差错类型,并发出有关差错的警报信息。

(1)安全性关键软件编程规则。安全性关键软件编程应遵守以下规则:代码应实现设计过程中所确定的安全性设计特征和方法;应对安全性关键代码加以注释,以使未来因代码更动而引起危险状态的可能性降低;应分析代码,并按照"代码安全性分析"确定潜在的危险;应验证软部件的安全性要求在软件单元层中是否得到正确实现,以确保准确符合软件工程和安全性设计的要求(注:每个软件单元的代码验证应在将该软件单元集成到软部件之前完成);编码标准:实际上是指应使用合适的编程语言的"安全"子集,这些标准之所以需要是因为大多数编译程序的工作方式可能是不可预测的(例如,动态存储器分配就是不可预测的,在安全性关键的应用中,在一个具体编译过程中控制对哪些存储器单元赋值是很重要的,由编译程序进行默认选择可能是不安全的等);软件开发人员在软件编码和实现中应使用软件安全性编码检查单,以验证早先在设计过程中所标识的安全性要求;防错编程:运用防错编程技术可能减轻(但不能控制)危险,这种技术将一定程度的容故障综合到代码中,有时它借助于运用软件冗余或严格检查输入、输出数据和命令来实现。

(2)语言标准化。采用标准化的程序设计语言进行编程。在同一个系统中,应尽量减少编程语言的种类;应按照软件的类别,在实现同一类软件时应只采用一种版本的高级语言进行编程,必要时,也可采用一种机器的汇编语言编程。应选用经过优选的编译程序和汇编程序,杜绝使用盗版软件。为提高软件的可移植性和保证程序的正确性,建议只用编译程序实现的标准部分进行编程,尽量少用编译程序引入的非标准部分进行编程。

(3)汇编语言的编程限制。暂停(Halt)、停止(Stop)及等待(Wait)指令要严格控制使用。

(4)高级语言的编程限制。原则上不得使用 GOTO 语句。在使用 GOTO 语句能带来某些好处的地方,应控制 GOTO 的方向,只许使用前向 GOTO(转移到GOTO 语句所在代码行以下的代码行),不得使用后向 GOTO。

（5）McCabe 指数。软件单元的圈复杂性（即 McCabe 指数）应小于 10。

（6）软件单元的规模。对于用高级语言实现的软件单元，每个软件单元的源代码最多不应超过 200 行，一般不超过 60 行。

（7）命名规则。变量命名要清晰。通常的命名有头字母大写命名法和下划线命名法。头字母大写命名法如 InitialValue、ObjectPosition 等。下画线命名法如 initial_value、object_position 等。也可用带类型说明的头字母大写命名法，如 intInitialValue 表明是 int 的类型，flObjectPosition 表明是 float 的类型，而用 tempInitialValue 来表明其是一个临时变量。变量的命名对程序的理解及维护起着非常重要的作用，特别要注意：如果利用文字编辑工具进行变量名替换时，没有一个很好的变量命名体系往往是要出问题的。应以显意的符号来命名变量和语句标号，例如，可用 Fire 来表示点火标志，而不用 X1 等来表示点火标志。

尽量避免采用易混淆的标识符（如 R1 和 Rl、D0 和 DO 等）来表示不同的变量、文件名、语句标号等。

（8）面向对象的程序设计风格。面向对象的程序设计风格除了包含上述所列内容外，还应包括为适应该方法所特有的概念而应遵循的新准则。

命名约定：例如，类和对象的名字应当是名词，或者形容词 + 名词；属性的名字应当是名词，或者形容词 + 名词；服务的名字应当是动词 + 名词。

语法需求：例如，一个类至少含有一个属性用来唯一地标识由类说明的每个对象；一个类至少含有一个服务，使类说明的每个对象能进行操作。

类的服务应是功能单一和高内聚的，其规模应有适度控制（如代码行不超过 200 行，圈复杂性不大于 10）。

设计简单的类，保持功能独立性，一个类应该只有一个用途，便于开发、管理、测试、修改和重用。

类之间的"交互耦合"应尽可能松散（如当两个类是"交互耦合"（通过消息连接来实现）时，尽量降低消息连接的复杂程度）。

类之间的"继承耦合"应尽可能紧密（如当两个类是基类和派生类关系时，派生类应是基类的一种具体化，派生类应尽量多继承基类的属性和服务，它们之间结合得越紧密越好）。

建立可重用的应用基础类库。

8.5　军用软件维护

在许多项目中，特别是在长生存周期项目中，软件维护必然是项目的一个重要注意事项。由于产品成本和时限的约束以及 GB/T 8566 的最佳惯例未得到遵循,交付的软件常常不完善。因而,必需能纠正运行中发现的故障。软件经常需要改进,以满足变更了的用户需求,软件维护因此成为软件生存周期成本的一个重要部分。可以综合运用软件工具、方法和技术进行软件维护。

软件维护是软件产品交付使用后,为纠正错误或改进性能与其他属性,或使软件产品适应改变了的环境而进行的修改活动。GJB 1267—91 中定义软件维护一般分为改正性维护、适应性维护和完善性维护三种类型。

8.5.1 软件维护组织

在进行软件维护工作时,必须建立软件维护组织。该组织应包括维护管理机构、维护主管、维护管理员以及软件维护小组。

软件维护组织的主要任务是审批维护申请,制定并实施维护计划,控制和管理维护过程,负责软件维护的复查,组织软件维护的评审和验收,保证软件维护任务的完成。

8.5.2 软件维护过程

维护过程包含为修改现行软件产品同时保持其完整性所必需的活动和任务。这些活动和任务是维护者的责任。GJB 1267—91 按步骤描述维护任务,这些步骤是执行维护活动和任务的示例。维护者要确保维护过程在任何软件产品开发之前已经存在并发挥作用。当提出软件产品维护要求时,应启动维护过程。

一旦该过程启动,应立即制定维护计划和规程并且分配维护专用资源。软件产品交付后,为响应修改请求或问题报告,维护者应修改代码和相关的文档。软件维护的总目标是修改现行产品同时保护其完整性。这个过程对软件产品的支持从其开始到迁移到新环境,直至退役。软件产品最终退役时本过程即告结束。组成维护过程的活动有过程实施、问题和修改分析、修改实现、维护评审/验收、迁移以及退役等。

输入由维护活动加以转换或利用以形成输出。各种控制提供指导以确保维护活动产生正确的输出。输出是维护活动产生的数据或对象。对于维护活动所使用的 GB/T 8566 的支持类和组织类生存周期过程给予支持。图 8-6 给出了维护过程的概貌。

1. 过程实施

在过程实施期间,维护者建立维护过程期间应执行的计划和规程。维护计划应与开发计划并行制订,维护者还应建立这项活动期间需要的组织接口。

为有效地实施维护过程,维护者应制定维护策略并形成文档。为此,维护者

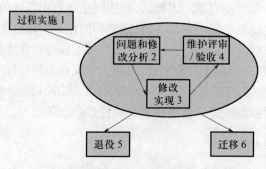

图 8-6　维护过程

应执行下列任务:制定维护计划和规程;建立修改请求/问题报告规程;实施配置管理。维护者应为实施维护过程的活动和任务制定并执行计划和规程,形成文档。维护计划应包含所使用的系统维护策略文档,而维护规程应给出更详细的关于如何实际完成维护的方法。为制定有效的维护计划和规程,维护者应执行下列任务:协助需方提出维护概念、确定维护范围、分析维护组织的替代方案;确保书面指定软件产品维护者;进行资源分析;估算维护成本;进行系统的维护性评估;确定移交需求;确定移交里程碑;确定应使用的维护过程;以运行规程的形式编制维护过程文档。

维护者应建立接收、记录、追踪问题报告、用户修改请求以及向用户提供反馈的规程。无论何时遇到问题,都应记录并进入问题解决过程。维护者应执行下列任务:

（1）为修改请求/问题报告制定标识编号方案。

（2）为修改请求/问题报告制定分类和排列优先顺序的方案。

（3）制定趋势分析规程。

（4）确定运行员提交修改请求/问题报告规程。

（5）确定如何向用户提供初始反馈。

（6）确定如何为用户提供变通办法。

（7）确定数据如何录入状态统计数据库。

（8）确定向用户提供何种后续反馈。

2. 问题和修改分析

在问题和修改分析活动期间,维护者要分析修改请求/问题报告,复现或验证问题同时提出修改实施意见。维护者在采取维修行动之前要编制修改请求/问题报告、结果和实施意见的文档以求得批准所选择的修改意见。

为确保所要求的修改请求/问题报告可行,维护者宜执行以下任务:

（1）确定维护者是否为实现变更申请适当配备了人员。

（2）确定项目是否为实现变更申请做了适当的预算。

（3）确定是否有足够的可用资源，这种修改是否影响推进中的或预定的项目（对于问题报告可能不需要）。

（4）确定要考虑的运行问题。例如，对系统接口需求、系统的预期有用生存期、运行优先级别、安全性和保密性等的预期有哪些变更，如果不变更，对保密性是否有影响（对于问题报告可能不需要）。

（5）确定安全性和保密性含义（对于问题报告可能不需要）。

（6）确定短时期成本和长时期成本（对于问题报告可能不需要）。

（7）确定修改的利益价值。

（8）确定对进度的影响。

（9）确定所要求的测试和评价的级别。

（10）确定实现更改的估算管理成本（对于问题报告可能不需要）。

3．修改实现

一旦修改请求/问题报告获准，软件维护人员将开始软件维护工作。维护工作与新软件开发工作相似，分为需求分析、设计、实现、测试等步骤。在维护阶段应做好维护记录。维护工作必须按照 GJB 437、GJB 438、GJB 439 和 GJB 1091《军用软件需求分析》中的有关规定执行。在"修改实施"活动期间，维护者修改软件产品并测试修改的软件产品。确定现行系统中拟更改的元素；确定受修改影响的接口元素；确定拟更新的文档；更新软件开发文件夹。

修改后的软件必须进行回归测试。修改工作结束后，维护人员必须编写软件维护记录和软件归档更改清单，并同软件问题报告、维护申请和维护计划一起作为软件文档保存。

4．维护评审和（或）验收

这项活动确保对系统的修改是正确的，并且这些修改是使用正确的方法按批准的标准完成的。维护者应与授权修改的组织一起实施评审以确定已修改的系统的完整性。维护评审和验收执行下列任务：

（1）从需求到设计，到编码追踪修改请求/问题报告。

（2）验证代码的可测试性。

（3）验证编码标准是否得到遵循。

（4）验证只对必要的软件部件作了修改。

（5）验证新软件部件集成的正确性。

（6）检查文档确保其已予更新。

（7）执行测试。

（8）拟制测试报告。

5. 迁移

在系统的生存周期期间,可能应修改系统,以便其在不同的环境中运行。为了将某个系统迁移到某个新环境,维护者需要确定完成迁移所需的活动,然后考虑实现迁移所要求的步骤并且形成文档。维护者通过以下活动实现迁移:遵循GB/T 8566—2001、制定迁移计划、通告此迁移的用户、提供培训、通告完成情况、评估新环境的影响以及归档数据。

6. 软件退役

软件产品一旦结束使用生存周期,必须退役。进行分析以帮助作出软件产品退役决定。这种分析通常基于经济考虑,可以包含在退役计划中。分析中应确定下列做法从成本考虑是否合适:保留过时的技术;通过开发新软件产品转向新技术;开发新软件产品以达到模块化;开发新软件产品以便利于维护;开发新软件产品以达到标准化;开发新软件产品以有利于销售商无关性。

可以用新软件产品替换旧的软件产品,但是在某些情况下不会替换。为了使某软件产品退役,维护者要确定完成退役所要求的行动,然后提出实现退役所要求的步骤并形成文档。应考虑对退役软件产品存储的数据的访问。

8.6　军用软件验收

军用软件的验收包括验收申请、被验收方应提交的材料、软件验收计划、验收组织、软件验收测试和验收审查。

8.6.1　软件验收申请

被验收方向验收方提交软件验收申请报告,概要说明申请验收的软件满足验收所要求条件的情况。软件验收申请报告应由被验收方的负责人签字。

对于委托开发软件,验收申请报告主要内容应包括软件名称、软件研制任务来源、软件用途及组成、主要功能与性能、软件研制情况、研制阶段评审情况、软件测试情况、配置管理情况及满足主要战术技术指标情况等。

对于现货软件及其他软件,验收申请报告的主要内容应包括软件名称、软件用途及组成、主要功能与性能以及文档清单。

验收方在收到软件验收申请报告后,应当及时了解被验收软件的功能、性能及文档等方面的内容,检查其是否与合同规定的要求相一致,并对被验收方提出的软件验收申请报告进行审查,对符合验收条件的应予以批准,并通知被验收方,对不符合验收条件的应退回被验收方,并说明原因。

8.6.2 被验收方应交的材料

对于委托开发的软件,被验收方在提交软件验收申请报告时,应提供被验收软件的确认测试报告及其评审结论,以及合同中规定的文档清单和软件产品清单。

对于现货软件及其他软件,被验收方在提交软件验收申请报告时,应提供被验收软件的产品规格说明,以及合同中规定的文档清单和软件产品清单。

被验收方在接到软件验收申请的批准通知后,应及时向验收方提交合同中规定应交付的软件产品及其相关文档。

8.6.3 软件验收计划

(1)验收计划要求。验收计划由验收方依据合同组织制定。验收计划应包括验收目的、验收内容、技术条件、验收方法、进度安排、人员组成、验收准则等内容。

验收计划应充分考虑被验收软件的完整性级别。根据合同书以及被验收软件完整性级别的不同情况,确定是否由军方认可的军用软件测评机构进行验收测试、验收审查和验收评审。高完整性级别软件必须由军方认可的军用软件测评机构进行验收测试、验收审查和验收评审。

验收计划在得到验收方和被验收方的协商认可后实施。

(2)验收准则。依据 GJB 2786—1997 的有关规定要求,制定验收准则。验收准则由验收方提出,征求被验收方意见后,由验收方确定。

(3)验收进度。验收计划应根据被验收软件的完整性级别和其他具体情况,合理安排验收过程的进度。

(4)验收记录。验收计划应对验收过程中的验收记录工作提出要求。

8.6.4 验收组织

1. 组织及人员组成

软件验收方负责指定或成立专门的验收组织。根据验收计划和被验收软件的具体情况,验收方可选取以下验收组织形式:

(1)军用软件测评机构;

(2)软件验收小组。

军用软件测评机构应从军方认可的军用软件测评机构中选取。软件验收小组成员应具有与被验收软件相关的专业知识,以及一定的软件测试能力和经验。

2. 验收组织的任务

验收组织实施软件验收计划,包括下列任务:

（1）制定验收测试计划、验收审查计划；

（2）进行验收测试和验收审查；

（3）进行软件验收评审。

8.6.5 软件验收测试和验收审查

1. 基本要求

验收测试和验收审查是验收评审前必须完成的两项主要检查工作，由验收组织负责实施。

验收测试应参照 GJB/Z 141—2004 的要求进行。验收组织应根据软件验收计划制定验收测试计划和验收审查计划。验收测试计划文档格式应符合 GJB 438A 的规定或满足双方约定的要求。验收审查计划应包括审查目的、审查范围、审查对象、审查内容、审查准则、审查方法、人员分工、进度安排等。

2. 验收测试和验收审查步骤

验收测试和验收审查的具体步骤如下：

（1）制定验收测试计划和验收审查计划，作好验收测试和验收审查准备；

（2）进行验收测试和验收审查，建立完整的验收测试记录和验收审查记录；

（3）编写验收测试报告和验收审查报告。

3. 验收测试内容

应根据合同规定的要求确定验收测试内容。

（1）检查合同提出的功能和性能要求；

（2）检查合同提出的其他质量要求；

（3）由双方商定的其他测试。

4. 验收审查内容

应根据合同规定的要求确定验收审查内容。验收审查包括功能验收审查和物理验收审查。功能验收审查验证被验收软件的功能和接口与合同要求的一致性。物理验收审查检查文档的完整性、程序和文档的一致性、文档和文档的一致性、交付的产品与合同要求的一致性等情况。

8.7 军用软件标准的实施程序

一般来说，军用软件标准的实施应采取如下步骤：

（1）订购方提出软件采办需求；

（2）根据需求，初步选用和剪裁适用的软件军用标准；

（3）订购方提出招标书、含软件标准要求；

（4）承制方编制投标方案及标准实施的方案；

（5）确定承制方,订购方和承制方可商讨并修改标准实施的方案；

（6）签订合同；

（7）承制方纳入产品研制规范及图样中；

（8）传递各类文件；

（9）执行并监督。

军用软件标准在制定的过程当中,考虑到广泛适用性和普遍性,往往制定得比较详细和严格,因此软件国军标并不是必须百分之百执行,在使用时可根据实际情况对软件国军标进行剪裁。当然,标准的减裁必须在软件研制合同中进行商定,以免后期产生不必要的争议。军用软件的剪裁是指对选用标准中的每一项要求进行分析、评估和权衡,确定其对特定产品的适用程度,必要时对其进行修改、删减或补充,并通过有关文件提出适合特定产品最低要求的过程。通过对标准的剪裁,允许执行标准时有一定的灵活性,这也为订购方和承制方协商签订合同提供了基础,也使标准的普通性要求转变为特定型号或产品必须执行的强制要求,打破过去贯彻实施标准中存在的不考虑时间、场合和条件要求百分之百无条件执行的做法。

1. GJB 剪裁的原则

对软件军用标准剪裁的重要原则是权衡考虑近期效益与长远影响,例如：

（1）对用户所需支持文档的剪裁,近期可以省时省力,但如不适当,在长期使用和支持软件的费用上可能会产生严重的相反效果；

（2）对软件产品评价的剪裁,能够节省时间和费用,但如不适当,很可能导致软件产品质量的下降而造成返工；

（3）对软件配置管的剪裁,在短期内能够省时省力,但是如果承制方失去了对软件版本及其文档的跟踪,要重新建立它们将需要更大的时间和费用的投入；

（4）对审查与审核的剪裁,可以节省时间和费用,但如不适当,会由此降低对软件开发过程的控制及对订购方的透明度。

2. GJB 剪裁的时机

标准剪裁时机的选择也是非常重要的。例如,GJB 2786 的剪裁通常是一个渐进的活动。在合同谈判之前,订购方和承制方应针对项目的具体情况进行初步剪裁。在初步剪裁的基础上,洽谈合同,进行详细具体的剪裁,并正式签订合同。在开发期间,根据实际需要,可对 GJB 2786 再进行剪裁,但该期间的剪裁内容须得到订购方项目主管部门的认可。

3. 标准剪裁时考虑的主要因素

标准剪裁时要考虑的主要因素如下：

（1）软件开发所对应的武器系统研制阶段。一般包括论证阶段、方案阶段、工程研制阶段、定型阶段和生产运行阶段 5 个主要阶段。

（2）订购方的政策。对使用程序设计语言的要求，安全性分析的要求，软件质量方面的要求等。

（3）软件开发的策略。

① 是由一个承制方完成所有的软件开发工作，还是把工作分配给几个承制方？

② 是否把正式评审和审查作为项目的里程碑？

③ 是否进行独立的验证与确认？

（4）软件保障方案。软件保障方案规定软件将被支持多久，是否希望软件在一段时间后更改，如何批准执行这些更改？软件保障方案引出了对剪裁要作如下考虑：

① 谁负责软件保障？

② 软件开发承制方是否提供培训？

③ 软件开发承制方是否计划进行责任转移？

以 GJB 2786 为例，它将软件的研制作为系统研制的一部分，支持系统基于自顶向下的设计思想，即军用软件的的研制以确定系统级的要求为开端，通过系统分析和设计将产生系统功能要求，并建立功能基线。功能基线则将要求分配给软硬件技术状态项目，而一旦功能基线确定了应可以开始软件配置项的开发。

（5）影响到剪裁的特性如下：

① 软件是否用来实现用户接口？

② 系统对软件的规模时间是否有限制？

③ 软件的错误是否会导致系统安全性的破坏或危及生命？

④ 系统对软件的规模及完成时间是否有限制？

⑤ 部分或全部软件是否实现固化？

（6）软件类型。标准剪裁时也要考虑软件的类型，如对于新开发软件、修改的软件或者非开发软件，其适用的软件标准的剪裁是不一样的。

（7）标准剪裁时要考虑的其他因素。

① 软件的关键性。

② 软件的技术风险。

③ 软件的项目规模。

复习要点

1. 了解软件工程标准化的概念,包括软件工程标准化意义、软件工程标准的层次、软件工程的国家标准、军用标准。
2. 了解 GJB 2786—1996 的主要内容。
3. 了解军用软件开发的步骤和内容。
4. 了解军用软件标准的实施程序。

练习题

1. 根据软件工程标准制定的机构和标准的适用范围有所不同,它可分为五个级别,即(A)、(B)、(C)、(D)和(E)。(A)由国际联合机构制定和公布,通常冠有 ISO 字样;而 GB、ANSI、JIS 等属于(B);IEEE、GJB 等属于(C);(D)的实例是(F);(E)是专用的软件工程规范,如(G)。

供选择的答案:

A~E:① 国家标准　　② 国际标准　　③ 企业规范　　④ 项目规范
　　　⑤ 行业标准

F,G：① DOD - STD　　② FIPS(NBS)　　③ BS　　　　④ MIL - S
　　　⑤ IBM 的《程序设计开发指南》　　⑥ CIMS 的《软件工程规范》

2. 军用软件标准的实施程序。

参 考 文 献

[1] 郑人杰,殷人昆,陶永雷. 实用软件工程. 北京:清华大学出版社,2002.

[2] 周之英. 现代软件工程. 北京:科学出版社,2003.

[3] Yang Fu-qing. Software reuse and related technology. Computer Science,1999,26(5):1-4.

[4] Garlan D,Shaw M. An introduction to software architecture. Technique Report. CMU/SEI-94-TR-21. Carnegie Mellon University,1994.

[5] Allen R,Garlan D. A formal basis for architectural connection. ACM Transactions on Software Engineering and Methodology,1997,6(3):213-249.

[6] IEEE ARG. IEEE's Recommended Practice for Architectural Description. IEEE P1471-2000,2000.

[7] Kazman R,Bass L,Abowd G,et al. Scenario-Based analysis of software architectures. IEEE Software,1996: 47-55.

[8] Tao Wei. Architecture-Centric software product line development[Ph. D. Thesis]. Beijing University of Aeronautics and Astronautics,1999.

[9] 于卫,杨卫海,蔡希尧. 软件体系结构的描述方法研究. 计算机研究与发展,2000,37(10):1185-1191.

[10] 陶伟. 以体系结构为中心软件产品线开发[D]. 北京:北京航空航天大学,1999.

[11] 周莹新. 电信软件体系结构的研究[D]. 北京:北京邮电大学,1997.

[12] 宫云战. 软件测试教程. 北京:机械工业出版社,2008.

[13] 徐仁佐. 软件可靠性工程. 北京:清华大学出版社,2007.

[14] Frederick P. Brooks. 人月神话. 李琦,译. 北京:人民邮电出版社,2007.

[15] 熊伟. 软件质量管理新模式. 北京:中国标准出版社,2008.

[16] 苏秦,等. 软件过程质量管理. 北京:科学出版社,2008.

[17] 总装备部电子信息基础部标准化研究中心. 军用软件工程系列标准实施指南. 北京:航空工业出版社,2006.